指文® **海洋文库** / S008

德国战列舰
"俾斯麦"号覆灭记
BISMARCK
THE FINAL DAYS OF GERMANY'S GREATEST BATTLESHIP

【瑞典】尼克拉斯·泽特林 【瑞典】米凯尔·塔梅兰德 著

胡毅秉 译

吉林文史出版社
JILINWENSHICHUBANSHE

图书在版编目（CIP）数据

德国战列舰"俾斯麦"号覆灭记 / (瑞典) 尼克拉斯·泽特林，
(瑞典) 米凯尔·塔梅兰德著；胡毅秉译. -- 4版. -- 长春：吉林
文史出版社，2019.2
ISBN 978-7-5472-5954-2

Ⅰ. ①德… Ⅱ. ①尼… ②米… ③胡… Ⅲ. ①战列舰－史料－
德国 Ⅳ. ①E925.61

中国版本图书馆CIP数据核字(2019)第029517号

中文简体字版权专有权属吉林文史出版社所有
吉林省版权局著作权登记图字：07-2018-0036

DEGUO ZHANLIEJIAN BISIMAI HAO FUMIEJI
德国战列舰"俾斯麦"号覆灭记

著/【瑞典】尼克拉斯·泽特林 【瑞典】米凯尔·塔梅兰德 　　译/胡毅秉
责任编辑/吴枫　特约编辑/王轩
装帧设计/王星
策划制作/指文图书　出版发行/吉林文史出版社
地址/长春市人民大街4646号　邮编/130021
电话/0431—86037503　传真/0431—86037589
印刷/重庆共创印务有限公司
版次/2019年2月第1版　2019年2月第1次印刷
开本/787mm×1092mm　1/16
印张/19　字数/333千
书号/ISBN 978-7-5472-5954-2
定价/89.80元

目　录

第三部

前　　言

战列舰"俾斯麦"号（Bismarck）的军旅生涯异常短暂，其中在海上航行的时间只有区区九天，然而她所引发的关注热情却持续了半个多世纪。虽然她只有这一次战斗航行，但或许正是围绕在她身边的种种谜团，吸引着历史学家、职业军人和普通读者的好奇心。毫无疑问的是，"俾斯麦"号的吨位、航速、非常有效的装甲带和武器的威力与效率也进一步激发了人们对她的兴趣。她下水时，与英国战列巡洋舰"胡德"号（Hood）并列为当时全世界海洋上最大的战舰。随着这两个巨人在充满戏剧性的丹麦海峡（Denmark Strait）战役中相遇，一段扣人心弦的海战传奇便流传后世，至今仍令众多读者心驰神往。无线电静默被打破的原因是什么？为什么"俾斯麦"号出发前没有把燃油舱加满？在最后一战中，她究竟是不是在船员操作下自沉的？除此之外，还有众多未解之谜随这艘德国战列舰一起进入坟墓，至今仍令那些搜寻答案的研究者困惑不已。

有关"俾斯麦"号短暂一生的核心问题之一就是她究竟为何被派到大西洋。将她部署到那里的根本目的是什么？她似乎漫无目的地被派遣出海，然后先是在丹麦海峡（Denmark Strait）被发现，打了一场令她挂彩的大战后，摆脱了追击她的英国舰队，转而驶向被德国占领的法国，结果又被再次发现。最终她时乖命蹇，再添新伤，孤独而悲愤地战斗到最后。本书的目的之一就是在英、德海洋战略的背景下描述"俾斯麦"号的故事，并说明这两国的贸易、经济和历史如何成为其海洋战略的主要决定因素。当然，本书的大部分篇幅还是会用于描述"俾斯麦"号那充满戏剧性的航程，不过我们也会讨论上述战略究竟是明智还是愚蠢至极。

撰写"俾斯麦"号的故事时，我们也逐渐认清了一个事实：偶然、巧合或纯粹的运气在海战中起着很大的作用，至少在"莱茵演习"行动（Operation Rheinübung）这一战中就是如此。我们可以想到无数的例子：被误解的命令，错误的假设，不必要的冒险。如果程度严重，只需一次这样的情况，就可以使胜利变为彻底的失败；即使程度轻微，几次这样的不幸综合起来，也能产生连锁反应，导致意料之外的结果。我们享有事后研究之便，自然不难发现，差错和误判有时甚至可以带来优势。但由于大型军舰的建造、物资供给和人员培训都需耗费巨资，被委托指挥她们以及在上面服役的大批军官和水兵都要担负沉重的责任。除责任重大之外，他们还要面对情报稀缺、敌军意图难料、友军情况不明、身心疲惫和众多其他艰难与不测，需要交上好运才能使战斗或行动以胜利告终。

试图追溯大西洋上舰船活动的人都会遇到一个难题，那就是时间，因为舰船要穿越覆盖多个时区的浩瀚大洋。"俾斯麦"号起初使用的是 1940 年在德国施行的夏令时。随着舰船向西越行越远，日落时间会逐渐推迟，除非对船上的时钟做相应调整。而吕特晏斯海军上将也确实在 5 月 23 日 13 时命令"俾斯麦"号和"欧根亲王"号（Prinz Eugen）将舰上所有时钟拨慢一个小时。[1] 因此，这两艘军舰此后使用的是中欧标准时间。英国人也使用夏令时，但与德国人不同的是，他们把时钟设定为比标准时间快两个小时。所以，陆地上的德国时间和英国时间在这一时期恰好是一致的，而在吕特晏斯的分舰队中，时间要慢一个小时。当然，海上的英国军舰为适应自己所在的时区，也曾调整过时钟。我们在描述事件时，尽量使用中欧夏令时，但是读者请记住，不同舰船上的时钟可能有差异。[2]

在"柏林"行动（Operation Berlin，1941 年 1—3 月）中提供的时间则是例外，本书中此次行动的几乎所有事件都是从德国分舰队的角度描述。我们决定直接使用当时两艘德国战列舰上设定的时间。而在这次行动期间，舰队穿越了多个时区，这就使问题进一步复杂化了。

处理各种电报时，我们遇到了另一个与时间有关的问题。每条电文撰写时都会注明时间。但是，电报需要经过编码、发送、接收、译码后才会呈交到作为收件人的指挥官手上，这一过程可能需要许多分钟或是多个小时，因此要确定具体的时间可能很棘手。各种史料不一定会把电报被收件人看到的时间说得很清楚。所以，我们不建议读者过于从字面意思上采信书中的时间。为缓解这一问题，在对各种行动的描述中，我们在没有把握的情况下尽量不使用确切的措辞，但完全不提时间是不可能的。

海上使用的各种术语对作者和读者都提出了挑战。许多海军中习以为常的词语对我们这样的旱鸭子来说可能很难理解。既然本书显然是以海战为主题，我们便选择在一定程度上使用特定的海事术语，但由于我们希望让更广泛的读者群体阅读本书，而他们可能和我们一样不熟悉各国海军使用的术语，所以我们已经努力将专业术语减少到了最低限度。

我们所仰仗的部分文献具有多种版本乃至语言。其中最重要的是布克哈特·冯·米伦海姆－雷希贝格（Burkhardt von Müllenheim-Rechberg）的著作，我们有这本书的瑞典文版和英文版，当然还有德文版。我们在脚注中所提到的该书所有参考页码都是指德文版。因为"俾斯麦"号舰员的幸存者非常少，"胡德"号的幸存者则更少，所以我们非常依赖米伦海姆－雷希贝格和特德·布里格斯（Ted Briggs）这两人的回忆。作为作者，我们广泛研究了其中一人的想法和印象，并逐渐与另一人成为某种形式的老相识。因此我们得知米伦海姆－雷希贝格在"俾斯麦"号沉入海底 62 年后的 2003 年 6 月初辞世时深感惋惜。在本书写作时，特德·布里格斯尚在人世，而且身体健康。如今他是 1941 年 5 月 21 日随"胡德"号离开斯卡帕湾（Scapa Flow）的 1400 多人中唯一的幸存者。

序　章

英国首相温斯顿·丘吉尔在 1941 年 5 月一个星期五的晚上离开伦敦去契克斯阁（Chequers Court）[1]度周末时，心情并不好。在眼下的这场战争中，命运还不曾青睐他的同胞。英国陆军在一年前被逐出欧洲大陆，而法国——英国最强大的盟友——在那之后不久就投降了。经过 1940 年 5 月和 6 月的灾难之后，英国差一点儿被逼得退出战争。只是因为有皇家海军、皇家空军和英吉利海峡给德国人造成的障碍，她才得以继续战斗。尽管如此，截至此时，在这场战争中她遇到的全是挫折、失败和灾难。

在刚刚过去的这个星期，局势似乎变得更加严峻了。德国的闪电战锋芒不减。最近有一颗航空炸弹毁坏了下议院和许多周边建筑。在大西洋，德国潜艇的活动越来越猖獗，几天前有一支船队在一次攻击中就损失了七艘商船。北非和中东的局势也好不到哪里去。伊拉克发生的叛乱威胁到了英国在当地至关重要的石油来源，而在利比亚，一个叫隆美尔的德国将军（他此时尚未成名）已经从苏尔特（Sirte）推进到埃及边境，并且正在围攻托布鲁克（Tobruk）。

最近的危机发生在克里特岛，那里遭到德国空降兵的突击，爆发了激烈而混乱的大战。英国首相起初得到消息说，德国人的进攻可能被挫败了。敌人损失惨重，最初传到伦敦的报告令人感到形势一片大好。但是随后战局急转直下。突然之间，丘吉尔就不得不接受这样的事实：失败已经不仅仅是一种可能性，而且眼看就要成为现实。

祸不单行的是，伦敦又接到消息说，德国新造的战列舰"俾斯麦"号出现在卡特加特海峡（Kattegat），还有一艘重巡洋舰相伴。她曾在被占领的挪威的卑尔根（Bergen）锚泊，但后来又趁着坏天气出港，不知所踪。此时此刻，没有人知道她在哪里。她是完成使命之后回德国去了，还是打算冲进浩瀚无垠的大

---

[1] 译注：位于英格兰白金汉郡的一处乡间庄园，是英国官方规定的首相别墅。

西洋？如果是后一种情况，那么在大西洋各条航线上缓慢前行的英国护航船队可能就要大难临头。丘吉尔特别担心一艘正在驶向中东的大型运兵船。

在契克斯阁与家人和受邀的宾客共进晚餐时，丘吉尔的坏心情并没有得到缓解。他几乎一声不吭地吃饭，沉思着大英帝国面临的惨淡局面。他仅仅对罗斯福总统派到英国来管理租借武器装备的特使埃夫里尔·哈里曼（Averell Harriman）说了几句话，又和将在契克斯阁度过这个周末的两位将军伊斯梅（Ismay）与波纳尔（Pownall）略作交谈。饭后，丘吉尔的女婿来到钢琴边，开始弹奏路德维希·冯·贝多芬的"热情奏鸣曲"。

或许是因为满脑子都想着克里特岛的惨重伤亡，丘吉尔转向他的女婿，高声喝道："现在不行，奥利弗！今晚我最不想听的就是葬礼进行曲。"

"怎么了？"一时摸不着头脑的女婿问道。"您不喜欢吗？"

"不准在我家里弹葬礼进行曲，"首相说，他显然是把这段音乐当成了别的什么曲子。家人和客人们都笑了。

当天深夜，首相听到了令他略感欣慰的消息。巡洋舰"萨福克"号（Suffolk）发现了正在驶向大西洋的"俾斯麦"号。"萨福克"号立即在巡洋舰"诺福克"号（Norfolk）的协助下开始追踪德国分舰队。海军中将兰斯洛特·霍兰（Lancelot Holland）已经带着战列巡洋舰"胡德"号和全新的战列舰"威尔士亲王"号（Prince of Wales）出海。他的分舰队正在沿着截击"俾斯麦"号的航线行驶，有望在零点过后的某个时刻与这艘德国战列舰交战。

这会不会是打一场胜仗的机会呢？或许可以抵消到目前为止所有败仗的政治后果？当然了，在海战中几乎什么情况都有可能发生，但如果这两艘英国主力舰可以和"诺福克"号、"萨福克"号一起攻击"俾斯麦"号以及唯一与她相伴的巡洋舰，那么结果似乎是显而易见的。丘吉尔有直通海军部和第一海军大臣达德利·庞德（Dudley Pound）的电话线，而庞德已经向他保证，会在海军部一直留守到针对"俾斯麦"号的作战结束。在海上发生的任何特殊情况都将尽快通报给首相。

时间一小时一小时地过去，电话铃始终没有响起。丘吉尔的妻子和其他家属都已就寝；而伊斯梅与波纳尔也熬不住了。首相和哈里曼在零点过后又一起等了几个小时，但凌晨 3 时将至时，他们也终于上床去了。

第二天早上丘吉尔醒来时，天空是一片铅灰色，异常强劲的大风横扫英格兰。在因为灯火管制而拉上的窗帘后面，淅淅沥沥的雨滴敲打着窗户。

首相惊愕地注视着刚刚把他叫醒的秘书。接着他想起了昨晚的事。

"我们干掉她了吗？"他高声大喊。"我们干掉'俾斯麦'号没有？"

秘书摇了摇头。

"没有，"他回答，"但不幸的是，'胡德'号已经沉了。"

第一部

以往战争的教训

德国海军在第一次世界大战之前的二十年间进行了大扩张，其背后的逻辑却令人费解。1871 年，德国在奥托·冯·俾斯麦首相的领导下实现统一。在各陆军强国环伺之下，年轻的德意志国家将陆军置于优先地位，但随着其工业的发展，她也能够将相当多的资源投向海军。1898 年，德国宣布建造 12 艘装甲巡洋舰，两年后再增建 20 艘。几年以后，其巡洋舰力量的扩充计划也公之于世。虽然海军对扩军兴致高涨，但德国其实有充分理由限制其规模。事后可以很清楚地看到：拥有一支强大海军的德国必然会将大不列颠赶到自己的对立面。

当时，英国和法国仍然是一对显而易见的冤家。而自 1870—1871 年的普法战争以来，法国对德国的怨恨就从未消逝。既然法国最有可能成为敌人，那么德国在未来与英国发展良好关系似乎就是顺理成章的事。但是，德国海军的扩张却使她失去了英国的支持。制海权历来就是英国外交政策和军事战略的支柱。英国的经济早已适应了越洋贸易，而各种原材料和制成品的进口对这种经济有着绝对关键的意义。这个岛国自 16 世纪以来就在逐渐增加对全球海洋和越洋贸易的影响力。她曾经多次受到挑战，但每次斗争之后都会变得更加强大，在 19 世纪，英国对全球海洋的统治更是达到了巅峰。

在这样的背景下，德国海军的扩张引起英国人的警觉也就不足为奇。对德国人来说，更明智的策略也许是缩减其海军发展计划，避免英国人在受到刺激后与法国人结盟对抗德国。这样的策略对德国长远的雄心壮志几乎没有影响，却能防止英国从朋友变为仇敌，更好地帮助德国实现目标。然而现实是，在海军军备竞赛的推波助澜下，欧洲形成两大阵营，一个以德国为主导，另一个由英法主导，最终在第一次世界大战中大打出手。

在第一次世界大战中，德国拥有一支强大的海军，但并未真正强大到可以挑战皇家海军的程度。海上发生的唯一大规模战役是 1916 年的日德兰之战。双方都试图将这一战称作自己的胜利，但战斗结果并不明朗。英国人损失的军舰比较多，但他们也迫使众多德国军舰在战后接受修理。不仅如此，皇家海军还逼迫公海舰队退回其基地，在战争的余下时间里始终龟缩不出。这是一个重大成功，因为英国人的主要目的就是保护对其战争能力至关重要的商船运输。

当然，双方都对日德兰之战进行了彻底的分析，以从中吸取有用的经验教训。在英国，研究者特别关注战列巡洋舰的易损性和射击控制问题。在第一次世界大战之前，英国的第一海军大臣约翰·阿巴思诺特·费希尔（John Arbuthnot Fisher）元帅曾经提出，应该用战列巡洋舰取代战列舰。战列巡洋舰以牺牲装甲防护为代价，兼备航速高和火力强的特点。按照设想，它们可以凭借高效的火力在很远的距离与敌舰交战，而高航速则让它们可以自由决定战斗的时间、地点和方式。由于三艘英国战列巡洋舰在日德兰海战中被击中后就爆炸沉没，它们的防护遭到质疑。英国专家们确信，德国的战列巡洋舰虽然被多次命中，却并没有沉没。

有一个问题也与战列巡洋舰的易损性有一定关系：德国人能够在远距离快速取得命中，而且通常会抢在英国的炮手击中目标之前。对英国的战列巡洋舰来说，这是一个严重的不利之处，毕竟它们的设计理念是在远得足以使敌人无法有效还击的距离上与之交战。日德兰海战的经验促使英国人削减了战列巡洋舰的生产计划。在日德兰之后，英国只有三艘战列巡洋舰完工，其中两艘是此前已经下水的"反击"号（Repulse）和"声望"号（Renown）。第三艘就是战列巡洋舰"胡德"号。此时距离"胡德"号完工时日尚早，后来一些从日德兰海战中吸取的经验教训被纳入其设计。

对德国人来说，从日德兰得到的经验教训主要不是在舰船设计方面。他们要解决的问题远比舰船设计更触及根本，那就是如何实现行动自由。强大的皇家海军拥有众多位置有利的基地，因而可以阻止德国海军染指大西洋。在造舰方面，德国也根本没有希望扭转局面。诚然，在德国的造船厂中有不少大型军舰将要完工，但是皇家海军未来服役的军舰数量只会比这更多。

德国人在战术上处于守势，在战略上却恰恰相反。英国人是在保卫其商船运输，而尝试对其发动攻击的是德国人。由于德国海军被困在北海沿岸几个位置很不利的基地中，英国海军成功地捆住敌人手脚。德军突入大西洋的所有尝试都以失败告终。德国人找到的变通办法是从水下穿越英军封锁，而不是在水面上突破或绕过它。潜艇最终成为德国人在第一次世界大战中攻击英国海运的首要武器。

但是，虽然德国潜艇在第一次世界大战中击沉商船无数，严重损耗英国的战争潜力，却没能使英国退出战争。克服来自其最高领导层的顽固反对后，英国人最终采用了护航船队制度，将德国潜艇的威胁降低到可以应付的程度。德国的潜艇战也成为美国总统伍德罗·威尔逊（Woodrow Wilson）1917年做出对德宣战决定的主要原因之一。美国的参战在很大程度上促成了德国在1918年年底的战败。在四面楚歌之下，德国不得不请求停战，随后被迫接受《凡尔赛条约》。为永久消除德国海军的威胁，英国人要求德国人交出其所有战舰。但是，德国人选择了凿沉其大部分军舰，而不是交给曾在战场上与他们厮杀的对手。尽管如此，随着这些德国军舰沉入海底，英国人还是实现了他们的主要目的。

《凡尔赛条约》对德国强加了众多限制，包括削减其海军规模。她被全面禁止建造潜艇，也被禁止建造任何排水量在10000吨以上的水面舰艇。这样的限制使德国的海军战略家们只能满足于对未来战争进行各种空想，因为具有实际作战价值的德国海军已经不存在了。

英国以战胜国的身份结束了第一次世界大战，但这是一场代价骇人的胜利，无论在政治、经济，还是在人民的苦难方面，都是如此。普罗大众为避免同样类型的大屠杀再次发生，几乎愿意付出任何代价。由于战后存在普遍的厌战情绪，人们强烈支持削减军费开支的主张。

美国和日本通过第一次世界大战增强了实力，有更多底气挑战英国的海上霸主地位。而法国和意大利的矛盾成为迫近的阴云，全球海军军备竞赛的恶兆隐约浮现。如果各国都将大笔资金用于建造大型舰船，她们已经被掏空的经济必将不堪重负。为防止海军军备竞赛再起，1921—1922年在华盛顿召开一次会议，限制各签约国的海军规模。德国并未参加此次会议，因为她已经受到《凡尔赛条约》的严格限制，但第一次世界大战的各大战胜国——美国、英国、法国、日本和意大利——都参加了。会上，与会国家就各自作战舰队的总吨位上限达成一致。皇家海军可以完成两艘纳尔逊级战列舰的建造，但其他战列舰和战列巡洋舰的建造工程都被叫停。一些已经开工的战列舰项目正被改造成航空母舰。

间战岁月

毫不令人奇怪的是，德国海军的军官们在第一次世界大战结束后不仅有充分理由反思他们的战略理念，也有理由反思海军战略。在《华盛顿条约》限制战列舰产量的情况下，海军强国纷纷投入资源发展航空母舰。在那些年里，人们对于飞机将以何种方式、在多大程度上影响海军作战一直莫衷一是；也尚未有人预见到水雷和潜艇的应用可能对海军作战方式产生什么样的影响。

对皇家海军来说，仅全面贯彻它改进后的战术和作战理念并不能解决问题；战略形势或许也正在发生明显不利于它的变化。第一次世界大战期间，日本曾与英国并肩作战，但在远东发生的一系列事件却是不祥之兆，因为它们表明日本可能会成为英国的敌人。即便英国在世界其他地方的利益未受威胁，与日本的冲突也会造成严重后果。而如果在欧洲爆发了战争，日本又在远东发难，那么英国就不得不依赖美国的支援。

大不列颠需要进口不计其数的各类产品，从汽车到原油，从谷物到罐头肉，不一而足。她的国内粮食产量只够喂饱大约一半的人口。由于显而易见的原因，这些产品必须通过海路才能运到英伦三岛。为进行贸易，英国掌握着4000艘商船，任何时刻都有至少2500艘在海上航行。[1] 皇家海军最重要的任务就是保护生死攸关的海上航道。但是，皇家海军还承担着许多其他任务，因为大英帝国的版图覆盖了全球相当大的一部分。在20世纪30年代，一个问题逐渐显现：帝国的庞大领土对皇家海军提出了过高的要求，一旦战争爆发，就会使其不堪重负。如果法国能与意大利保持平衡，美国能遏制住日本，那么英国的战略尚能维持，但若来自法国或美国的支援消失，局势就将变得不可收拾。

因为从美国和加拿大至英国的贸易路线在接近英国本土时汇聚在一起，所以保护北大西洋的航线就特别重要。但在当时，北大西洋贸易航线似乎并未面临多少危险。日本和意大利都不可能对英国的北大西洋贸易航线构成严重威胁，而德国的水面舰队实在太弱小，远没有到能够有效挑战皇家海军的地步。德国的潜艇倒是能构成比较严重的威胁；对此，皇家海军把大量希望寄托在一种技术解决方案上。由于对第一次世界大战时德国的潜艇攻击印象深刻，英国人研制了 ASDIC，它是一种能够探测水下潜艇的系统。皇家海军自信地认为，在 ASDIC 的帮助下，可以有效应对德国潜艇的威胁。虽然德国在 1933 年阿道夫·希特勒掌权后开始重新武装，但当时英国在北大西洋的优势似乎显得绰绰有余。建造大型战舰需要时间，而德国在这一时期没有一艘这样的现役军舰。建造潜艇需要的时间较少，但是皇家海军相信 ASDIC 系统足以解决潜艇威胁。

在德国海军司令部，除英国的海上优势之外，还讨论了另一些问题。在德国，海军总是被认为低陆军一等。而随着德国空军作为一个独立军种而成立，海军又退居老三的地位。不过这也不足为奇，德国最危险的敌人是苏联、波兰、捷克斯洛伐克和法国，而她们全都是拥有强大陆军的陆地强国。直到 20 世纪 30 年代中期，波兰、捷克斯洛伐克和法国或许都有击败德国的能力。就算到后来，如果这三个国家能够有效合作，仍然有可能让德国尝到失败的苦果。此外，苏联人也应该被纳入战略考虑中。虽然苏联与德国在陆地上并不接壤，但在有波兰和捷克斯洛伐克参与的战争中，她仍有可能出兵干涉。在这样的背景下，德国唯一现实的选择就是建立一支强大的陆军和一支专门与陆军协同的空军。无论是战略空军还是强大的海军，都只有在持久战中才能产生决定性的结果，而这样的战争德国无论如何都没有希望打赢。

和英国一样，德国国内也没有多少原材料出产。而战争一旦爆发，就不可能通过海路进口，所有进口都不可避免地要通过陆上路线。因此，德国海军的主要任务不是保护本国的海上航线，而是攻击其他交战国的贸易航线。至于这个任务究竟应该如何实现，德国人还没有找到确定的答案。在第二次世界大战中，英国最终成为德国在海战中的首要敌人，但事实上，以英国为敌的战争从来都不是希特勒所追求的，他真正希望的是英国置身于欧洲大陆的战争之外。除法国外，其他所有可能与德国交战的国家在海上都没有重大利益。而使用海军从德国进攻法国是非常不切实际的。所以总的来说，德国人并不清楚一旦战争爆发，德国海军应该扮演什么样的角色。

在德国海军内部，发挥更为突出作用的希望从未泯灭。德国海军的军官们坚持认为，若有必要，与英国交战的重任必将主要落在海军肩上。当然，如何承担起这样的重任就比较难说了。德国海军潜艇兵的指挥官卡尔·邓尼茨（Karl Dönitz）将军相信自己已经找到解决之道。如果德国潜艇在夜间上浮到水面发起攻击，那么 ASDIC 系统将很难发现它们，因为这种系统是为探测潜入水下的潜艇而设计的。在黑暗的掩护下，水面船只上的观察员几乎不可能看见潜艇的低矮轮廓，而这些船只的高大轮廓在亮度较高的夜空映衬下将清晰可辨。邓尼茨相信，如果潜艇也结队作战，即使运输船队有敌人的战舰护航，仍然可以对其发起攻击。在 20 世纪 30 年代的后五年中，德国海军开展的小规模试验表明，他的理论可能是正确的。但是，德国海军的大多数高级军官都不愿把大笔经费花在潜艇上，因为他们仍然坚信大型水面舰船的价值。

德国人在第一次世界大战结束后建造的第一批大型军舰是三艘很难分类的战舰。她们有时被称作袖珍战列舰，有时又被称作装甲巡洋舰和重巡洋舰。她们名为"德意志"号〔Deutschland，后来改名为"吕措"号（Lützow）〕[①]、"海军上将斯佩伯爵号"（Admiral Graf Spee）和"海军上将舍尔"号（Admiral Scheer）。这些军舰装备了 28 厘米口径的火炮，具有相当不错的装甲防护。她们使用的是柴油发动机，因此最大航速只有 26 节，但作战半径特别大。她们的设计目的是在大西洋上攻击敌人的船只。如果遭遇敌人的战列舰，她们可以利用优于对手的航速逃脱，面对速度较快的敌人，则可以使用她们的重炮与之交战。优异的作战半径使她们能够在远离母港的海域活动，包括南大西洋和印度洋。德国人将这种策略称为"Kreuzerkrieg"，意即巡洋作战。

袖珍战列舰的设计也有某些缺陷。英国的战列巡洋舰"反击"号、"声望"号和"胡德"号比她们更快，防护更好，火力也更强大。不仅如此，法国战列巡洋舰"敦刻尔克"号（Dunkerque）的完工与德国人建造 3 艘袖珍战列舰大致在同一时间。与德国的袖珍战列舰相比，她同样航速更快，装甲防护更好，搭

---

① 编者注：原书作者在引用一些文件、对话时，为表述清晰和便于理解，自行补充了少量文字。为与引用原文区分，这些补充文字统一使用方括号［］括起来。本书中需要用到嵌套括号时，外层括号为六角括号〔〕，还请读者注意区别。

载武器更强大。不过德国的袖珍战列舰不太可能与这些对手中的任何一个遭遇，因为法国海军和英国海军一样，除追逐德国的袖珍战列舰以外，还有其他任务要完成。但未来将有更多战舰问世，而且几乎可以肯定，她们的航速和战斗力都会超过德国的袖珍战列舰。德国人自己的绘图板上也有这样的战舰，很快就会投入建造。

尽管如此，从袖珍战列舰上可以看出德国人未来的海战策略。在广阔无垠的海洋上，她们既可单独作战，也可结成小群作战。她们平时可以避开主要的船运航线，然后出其不意地攻击落单的商船或缺少强大护航力量的运输船队。这种策略的一个必要前提是补给船，德国人将这种舰船部署在大洋上很少会有船只出没的偏僻区域。战舰可以利用这些补给船加油、补充弹药和获取各种物资。此外，她们还必须在不被察觉的情况下从本土基地运动到大西洋，也就是穿越北爱尔兰—冰岛—格陵兰岛一线。在战争已经爆发的情况下，要做到这一点会特别困难，因为此时皇家海军肯定会部署在各种有利位置，封锁大不列颠岛和挪威之间的各条路线。但是，如果军舰在战争爆发前就已起航，那么一旦战争爆发，就可以通过无线电命令她们展开巡洋作战。尽管如此，为了让船员得到休息，为给舰船提供维护或是修理战斗中受到的损伤，袖珍战列舰迟早还是要回到德国。而为回到德国，然后重新进入大西洋作战，她们就不得不两次穿越被皇家海军控制的水域。无论德国人是怎么考虑这些问题的，他们的策略始终有着内在缺陷。

20世纪30年代，海军军备竞赛如火如荼地展开。继三艘袖珍战列舰之后，德国海军1935年开始建造两艘大型军舰——"沙恩霍斯特"号（Scharnhorst）和"格奈森瑙"号（Gneisenau）。她们有时被称为战列巡洋舰，但这并不十分贴切，因为战列巡洋舰的特点是牺牲防护来换取高航速。这两艘战舰速度确实很快，最高可达32节，但是她们的防护水平也很不错。不过她们的火力比较贫弱，因为她们并没有得到原定为她们配备的6门38厘米主炮，而是各安装了9门28厘米主炮。毫无疑问，与其他德国战舰相比，这两艘军舰更适合在大西洋上开展巡洋作战，不过她们还是有一个弱点。"沙恩霍斯特"号和"格奈森瑙"号的动力来自新型的高压蒸汽轮机，这种发动机不仅重量轻、占据空间小，而且具有很高的输出功率。不幸的是,它们的可靠性不如旧式发动机,在大西洋上长时间活动时,这显然是个严重的缺陷。

"沙恩霍斯特"号和"格奈森瑙"号服役前,"俾斯麦"号和"蒂尔皮茨"号(Tirpitz)的建造工作就已开始。德国的设计师们希望这后两艘军舰能够领先于其他所有国家的海军。与"沙恩霍斯特"号和"格奈森瑙"号一样,俾斯麦级的一些特点也表明,她们是用来破坏大西洋商船运输的。她们装有12门15厘米炮,这种火炮非常适合攻击商船、运输船以及预计会为船队提供护航的轻型军舰。这样一来,就可以留着大型主炮,用于对付出现在天边的,与她们更为相称的对手。尽量节俭地使用38厘米主炮具有重要意义,因为这种高性能火炮的炮管损耗速度很快。

20世纪30年代的后五年,德国海军的许多高级军官日益确信,攻击运输船队的水面舰船将在与英国的战争中扮演重要角色。英国人当然会坚定地保护对他们来说生死攸关的商船运输,他们可运用的手段有很多。英国本土舰队将基地设在奥克尼群岛(Orkneys)中的斯卡帕湾,可以快速抵达挪威和苏格兰之间的水域。他们还可以在这一带布设水雷,以阻止德国舰船进入大西洋。对德国人来说,剩下的唯一通道就是英吉利海峡,但这个狭窄的海峡封锁起来更容易,而且德国人似乎也不太可能尝试让水面舰船通过这条海峡。

英国海军的规模确实非常庞大,但是其中也包含了许多相当老旧的舰船。战列舰队的舰龄尤其大,因为其中许多舰船是在第一次世界大战期间建造的。第二次世界大战1939年9月开始时,"纳尔逊"号(Nelson)和"罗德尼"号(Rodney)是英国最新式的战列舰,然而她们的舰龄也已经有近15年了,而且她们23节的最高航速基本上不足以应对德国人所设想的战争方式。有5艘新式战列舰正在建造中,但其中最早的一艘也要到1940年下半年才有望服役。

尽管皇家海军许多舰船舰龄过大,但是仅考虑其规模,德国人就不得不避免大型军舰之间的交战。前文已经提到,高航速是避免战斗的方法之一;另一种方法当然就是避免被发现。在这个问题上,有两个因素特别重要:空中力量和雷达的发展。德国人和英国人都在雷达的研制上取得了显著进展,但此时还很难评估这种装备对海战方式的影响。空中力量此时已经是相当成熟的技术体系，但对于它影响海战的方式和程度，军人们依然意见不一。此外，海军和空军经常会陷入琐碎的意气之争，在德国和英国都是如此。皇家空军几乎从成立时起就一门心思想着通过轰炸工业地区和城市来迫使对手屈服。在皇家空军的指挥官们眼中，海战几乎是一种不必要的浪费。这对皇家海军非常不利，因为探测尝试突入大西洋的德国舰船时，航空侦察可以发挥极大作用。当然，英国人也认为德国人会尽量利用黑暗和恶劣天气的掩护来避免被探测到，但是从德国的北海港口运动到英伦三岛北面的水域需要较长时间。只有在运气很好的情况下，才能全程获得不适合侦察机活动的条件。海防司令部是皇家空军中负责与海军配合的单位。它虽然能分配到飞机，但往往是老旧的型号，数量也不够。

德国方面的情况也好不到哪儿去。德国人确实在一些特定行动中即兴地完成了海军和空军之间非常出色的配合，但这其实是依靠下级指挥官的主动性实现的，而不是各军种最高指挥官制定合理条令的结果。要想在大西洋上的海战中有效发挥作用，需要各种专门的装备、部队和技术，但是赫尔曼·戈林领导的德国空军没有表现出任何为此开展长期研究与发展工作的意向。

在间战时期，英德两国的海军战略家们思索如何进行下一场战争时所遇到的困难并无什么独特之处。军队在和平年代必然要依靠许多假设来为未来战争做准备。战争的目的和参战方可能会有很大差异。而间战时期显而易见的快速技术进步又使这个问题变得更加困难。潜艇、飞机、水雷、航母或战列舰究竟该如何发展，在当时是没有办法给出明确答案的。

初 步 尝 试

1939 年 9 月 1 日，"德意志"号和"海军上将斯佩伯爵"号都在海上等待着攻击英国和法国商船的命令，而"海军上将舍尔"号还躺在船坞中，她的轮机需要维护。此外，德国的补给船已经部署到大西洋。其中一艘是"阿尔特马克"号（Altmark），她的任务就是支援"斯佩伯爵"号。但是德国人的补给船还有其他用途。战舰追求的是俘获猎物，而不是将其击沉，因为这样一来就可以将商船运载的宝贵货物据为己有。而且德国船员可以转移到商船上，将她们开回德国。俘虏则会从德国战舰转移到补给船。

在战争最初的日子里，希特勒曾经犹豫是否要批准巡洋作战。他似乎仍然抱着不与英国开战的希望，不愿采取任何可能增加英国人对德国敌意的行动。但他的希望最终破灭了，1939 年 9 月底，大西洋上的德国战舰接到了展开行动的指示。两艘袖珍战列舰只取得了微小的战果。"斯佩伯爵"号击沉 9 艘商船，而"德意志"号仅仅击沉或俘获了 3 艘。不过这已足以使同盟国对这些袭击者的威胁深感担忧，组织了多支特混舰队来搜捕这几艘德国军舰。这个任务并不轻松。德国军舰装备了大功率的无线电发射机，能够干扰商船发出的求救信号。由于可用的情报极为稀少，盟军很难确定德国袭击者的方位。发现商船损失的时间往往与其实际沉没的时间相隔数天之久。因此，英国海军部不得不依靠过时的情报来寻找敌人。同盟国方面也不清楚海上究竟有多少艘德国袭击舰。

最终，英国的一支特混舰队在南美洲近海找到了"海军上将斯佩伯爵"号。这支舰队实力较弱，仅包括一艘重巡洋舰和两艘轻巡洋舰。她们的航速都快于这艘德国军舰，因此后者几乎无法避免战斗。英军指挥官亨利·哈伍德（Henry Harwood）上校毫不犹豫地发起攻击。此后的战斗中，英国重巡洋舰"埃克塞特"号（Exeter）被重创，被迫退出战斗，但是两艘轻巡洋舰继续与敌人缠斗。"海军上将斯佩伯爵"号也被击伤，舰长朗斯多夫（Langsdorff）上校决定驶向乌

·

拉圭的蒙得维的亚，在这个中立国港口栖身。两艘英国轻巡洋舰在他身后紧追不舍。

抵达蒙得维的亚港之后，朗斯多夫上校面临艰难的抉择。他不知道港外的两艘英国巡洋舰是不是附近仅有的敌舰，也不知道是否有更多敌舰正在赶来。最终他决定将自己的战舰炸沉，然后自杀身亡。"海军上将斯佩伯爵"号的损失是德国海洋策略的一次挫折。她在损失前仅仅取得了有限的战果。"德意志"号利用恶劣天气返回德国，在 11 月 15 日抵达港湾，也未能取得显著的战绩。在此次作战之后，这艘军舰就改名为"吕措"号。

在战争初期被用于巡洋作战的并非只有这些袖珍战列舰。"沙恩霍斯特"号和"格奈森瑙"号在 1939 年初秋完成海试和训练，随即被派遣出海，破坏英国商船运输。这两艘战舰在不久前配备了被称为 Dete 或 E.M. II 的机密设备，也就是后来人们所熟知的雷达。

1939 年 11 月 22 日，两艘战列舰离开威廉港（Wilhelmshaven），"格奈森瑙"号担当旗舰。这支舰队的指挥官是马沙尔（Marschall）将军。在离开北海岸边、穿越德国布雷区中留出的通道之后，这支分舰队将航速提高到 27 节，同时使用新式雷达搜索敌人的舰船。屏幕上没有出现任何目标。11 月 22 日中午，两艘战列舰在苏格兰和挪威之间穿过，并未发现英军有任何反制措施。天气逐渐转坏。风力越来越大，海上的浪头一个高过一个。就连这些战列舰也开始摇晃，舰上有好几个水兵开始晕船，大浪不断地拍打着甲板。到了夜里，这两艘军舰将航向转到冰岛方向。夜深时，风力终于减弱，让两艘战列舰上的许多人松了一口气。[1]

11 月 23 日黎明时，天气晴朗，能见度极好。直到午后近黄昏时，地平线上才出现了一个像是商船的船影，位于冰岛至法罗群岛的中途。那是正在这一带巡逻的一艘武装商船——英国的辅助巡洋舰"拉瓦尔品第"号（Rawalpindi）。她是被派出来协助搜寻袖珍战列舰"德意志"号的，英国人估计后者此时正在前往自己的母港。[2]

在"拉瓦尔品第"号上，舰长爱德华·肯尼迪（Edward Kennedy）目视着冬日的太阳沉入地平线下。海上风平浪静，北方的一团团浓雾似乎比先前更近了。这些雾气飘向远方的几座冰山，而后者刚才还在渐近的暮色下闪烁白光。

"舰桥!"前桅上的瞭望员大喊。"右舷舰尾方向发现船只!"

肯尼迪把注意力从北面转到南面,发现了一艘大型战舰的剪影。那就是正直奔"拉瓦尔品第"号而来的"沙恩霍斯特"号。通过望远镜稍作识别后,肯尼迪错误地以为那肯定是"德意志"号。于是这位舰长下令"各就各位!"很快又发出了转舵向左的命令。他的军舰向北转向,同时发射了漂浮烟幕弹。接着,一名通信军官向本土舰队报告,发现一艘敌舰,可能就是"德意志"号。遇到这种情况,皇家海军并不指望辅助巡洋舰与敌人交战,但它们应该协助皇家海军的主力攻击敌人。

随着警钟响彻全舰,"拉瓦尔品第"号向着浓雾的方向驶去,但速度实在太慢。这时肯尼迪看见那艘德国船用一盏信号灯向他发来信号。

"停船!"一名信号兵向他报告了信号的意思。

提出这个要求后,德国人的一门舰炮迸发出火光,不久"拉瓦尔品第"号前方就腾起了一股水柱。肯尼迪没有理会德国人,继续向着浓雾驶去,但他知道自己不可能及时躲进雾中了。有人告诉他漂浮烟幕弹的烟雾已经消散时,他对形势的危急程度有了更清醒的认识。肯尼迪很快下令改变航向,这一次他朝着一座能够提供一些掩护的冰山前进。

突然,在东边更远处出现了另一艘大型战舰,有那么一刻,"拉瓦尔品第"号上的船员们希望那是一艘英国巡洋舰。但实际上,那是"格奈森瑙"号,英国人也很快认出她是一艘德国战列舰。肯尼迪已经完全意识到,他的船在劫难逃了。"沙恩霍斯特"号的信号灯发来又一条讯息时,肯尼迪转身面对舰桥上的军官们。

"我们要和这两艘船战斗,它们将会击沉我们——就是这样。再见了。"他和大副握了握手,然后原地转身,命令全舰做好战斗准备。肯尼迪是在皇家海军传统教育下成长起来的军官,对他来说投降是不可想象的。这艘辅助巡洋舰准备迎接战斗。

在"沙恩霍斯特"号的前桅楼上,舰长霍夫曼(Hoffmann)上校见到"拉瓦尔品第"号向右转舵,有点不相信自己的眼睛。"她在干什么?"他惊讶地喊道。"她不会是想要攻击我们吧?"但是随着"拉瓦尔品第"号完成转向,朝着东

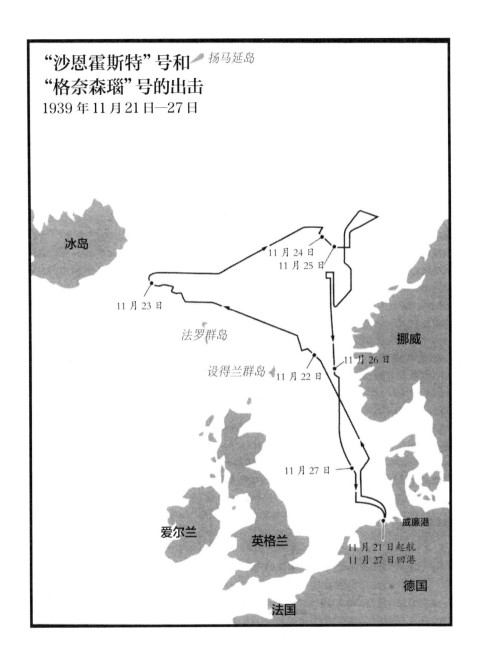

"沙恩霍斯特"号和
"格奈森瑙"号的出击
1939 年 11 月 21 日—27 日

扬马延岛

冰岛

11 月 24 日
11 月 25 日

11 月 23 日

法罗群岛

挪威

设得兰群岛　11 月 22 日

11 月 26 日

11 月 27 日

爱尔兰　英格兰

威廉港

11 月 21 日起航
11 月 27 日回港

德国

法国

南偏南方向继续接近，这艘辅助巡洋舰看起来确实像是要发起攻击。霍夫曼三次要求"拉瓦尔品第"号停船并让其船员安全离开，但是这艘辅助巡洋舰丝毫没有显露出照办的意思。双方的距离快速缩短，不久就减至5000米出头。霍夫曼终于决定击沉这艘桀骜不驯的敌船，但先开火的却是"拉瓦尔品第"号。它左舷的15厘米炮对"格奈森瑙"号打了一次齐射，虽然命中目标，但是没有造成任何破坏。不久以后，这艘英国军舰又对"沙恩霍斯特"号打了一次右舷齐射，同样取得命中，但也没有造成破坏。看来德国军舰的防护水平实在太强了。

　　不过，德国人对"拉瓦尔品第"号的炮火也不能等闲视之，他们很快做出回应。"沙恩霍斯特"号射出的第一发炮弹就击中了舰桥下方的救生艇甲板。报务室被摧毁，爆炸产生的破片击穿舰桥的地板，杀死了那里的大多数人。对可怜的"拉瓦尔品第"号的快速处决就这样开始了，因为德国人在这么短的距离几乎不会失手。射击控制系统被打坏，接着右舷的一门炮也失去了战斗力。弹药提升机的电力被切断。从舰桥的大屠杀中幸存下来的肯尼迪命令剩下的七门舰炮各自为战，靠人力将弹药运到炮位上。

　　更多炮弹击中"拉瓦尔品第"号。她的操舵机构被摧毁了。炮火将她从头到尾完全覆盖，她的舰炮一门接一门地陷入沉默。有人高声喊着舰长已死的消息，与德国战列舰的搏斗逐渐成为求生的挣扎。一艘救生艇在被放到海面时翻了个底朝天。在甲板上，几发炮弹滚离一门被击毁的舰炮，几个水手赶紧将它们扔到海里，以防它们滚到火焰中发生爆炸。一个装填手嘶吼着要战友来帮忙——他已经被震昏了头，并不明白那些战友已经全死了。

　　随着"沙恩霍斯特"号射出的一发炮弹命中"拉瓦尔品第"号的一个弹药库，不可避免的毁灭终于到来。炮弹引发的爆炸将这艘不幸的辅助巡洋舰炸得四分五裂，迅速沉没。几艘救生艇已经被放到海上，一些船员坐了进去。还在"拉瓦尔品第"号上的人只能跳进冰冷的海水中。不幸的是，"沙恩霍斯特"号靠得太近，她的尾流掀翻了其中一些救生艇。德国人决定留下来搭救英国水手，但就在救援工作进入高潮时，他们突然发现了一艘身份不明的船只。本土舰队已经收到"拉瓦尔品第"号最初发出的报告，派出轻巡洋舰"纽卡斯尔"号（Newcastle）和"德里"号（Delhi），以及吨位比她们更大的姐妹舰"萨福克"

号和"诺福克"号。"纽卡斯尔"号最先赶到战场。德国军舰看到这艘英国战舰后就中断救援，在暮色中扬长而去。这艘英国巡洋舰徒劳地试图跟踪，但是航速无法与她们相比。于是她不得不掉回头来，搭救"拉瓦尔品第"号的幸存者。"拉瓦尔品第"号全舰 276 人中只有 38 人生还。[3]

对于英国人调遣更多战舰到这一海域的速度，马沙尔将军似乎做出了远远快于实际情况的估计，因此他命令自己的分舰队返回德国基地。不久海上能见度恶化，正好方便他避开英国人的耳目返航。气压计的读数明显下降，海上开始刮起大风。"沙恩霍斯特"号和"格奈森瑙"号几乎没有减速，冒着恶劣天气以 27 节的速度赶路。在 11 月 27 日，她们抵达了威廉港。[4]

经过这几次在大西洋上开展巡洋作战的笨拙试探之后，战略形势发生重大变化，致使德国人暂时放弃了进入大西洋的尝试。斯堪的纳维亚半岛突然吸引了希特勒的注意。有几个因素使他开始对北欧产生兴趣。德国海军总司令雷德尔（Raeder）元帅主张入侵挪威，理由是德国海军有可能在挪威沿岸找到比德国本土好得多的基地。这些基地不容易被皇家海军封锁，而且潜艇和水面舰艇都可以使用。此外，德国人也非常担心皇家海军切断从纳尔维克（Narvik）港到德国的瑞典铁矿石运输线。德国要想将战争打下去，铁矿石必不可少。希特勒起初并不在意这些警告，但会见挪威法西斯政党头目维德昆·吉斯林（Vidkun Quisling），又看到盟军计划出兵斯堪的纳维亚半岛的情报后，他决定占领挪威和丹麦。这场行动的代号是"威悉演习"（Weserübung），为此而进行的准备工作使大西洋上的巡洋作战不得不暂停。

德国 4 月 9 日进攻挪威和丹麦时，她的大部分海军都参与了行动。然而事实很快证明，德国人制定计划时所依据的几个前提都是错的。除其他问题之外，挪威人的抵抗也比预期顽强。德国人曾希望他们的油轮能够悄悄抵达挪威港口，但事实证明这是妄想。德国海军蒙受惨重的损失：1 艘重巡洋舰、2 艘轻巡洋舰和 10 艘驱逐舰沉没。此外还有 2 艘战列舰、1 艘重巡洋舰、2 艘轻巡洋舰和 1 艘袖珍战列舰负伤，需要在船坞中修理几个月才能恢复战斗力。在 1940 年夏天，只有重巡洋舰"海军上将希佩尔"号（Admiral Hipper）能够用于大西洋的作战。在几乎没有任何舰船可用的情况下，新近占领的基地也就没有了多少价值。

巡洋作战的计划在 1940 年夏天又不得不进一步推迟。德国海军按计划要在登陆大不列颠岛的"海狮"行动（Operation Sealion）中发挥重要作用。海军必须让其寥寥无几的大型舰船保持待命状态，以备该作战发动时使用。直到 9 月 17 日，希特勒搁置了"海狮"行动计划，雷德尔和他的同僚才能开始认真地重新思考深入大西洋发动袭击的行动。

皇家海军也一直在针对"海狮"行动做准备。她有相当一部分驱逐舰和护航舰船留守在英吉利海峡的各个港口中，以防范德军入侵。由于大量护航舰船在坐等德军登陆，德国的潜艇得以恣意攻击护航力量薄弱的英国商船队。虽然英国人无法知道希特勒做出了什么决定，但是从 9 月中旬开始，他们越来越有把握认定，德国人在 1940 年不可能登陆，至少在天气恶劣的秋季无法实施这样的行动。因为德国人缺少真正的登陆舰艇，不得不依赖平底货船和其他各种航海性能有限的船只，所以无风浪的天气是登陆的前提条件。此外，海军力量的劣势也使德国人严重依赖空军的空中支援，而德国空军同样需要好天气才能有效作战。

从 9 月中旬开始，不适合登陆作战的天气很可能会长期持续。而因为不列颠之战没能达到严重削弱皇家空军的目的，意味着她仍然是一支不可小觑的力量，所以德国人在近期登陆的威胁显然解除。皇家海军得以将众多舰船派到大西洋上为商船队护航。因此在 1940 年下半年，商船损失明显减少。于是雷德尔就有充分理由动用水面舰艇，增加对大西洋上运输航线的压力。简单说来，他希望让德国海军执行他所认为的主要任务，即打击英国的跨洋贸易。

英德双方都开始将更大比例的资源投入到大西洋上的战斗，但是德国拥有几个有利因素，这使她获胜的希望比一年前更大。法国已经被迫退出战争，意大利参战，这意味着地中海的局势发生巨变。为遏制墨索里尼的野心，皇家海军不得不将众多舰船派遣到亚历山大港和直布罗陀。而在德国征服挪威之后，本土舰队承受的压力由于需要巡航的海域扩大而变得更重。

对德国人来说，是时候开始实施打击英国海上贸易的行动了。

准　备

1940年6月一个阴雨绵绵的早晨,伯卡德·冯·米伦海姆－雷希贝格(Burkard von Müllenheim-Rechberg)上尉抵达汉堡,开始在战列舰"俾斯麦"号上任职。此时德国武装力量连战连捷,德国陆军即将打完自开战以来最大的一场胜仗。法国已经失去了她的军队,而英国也已经将自己的远征军从敦刻尔克撤走。尽管如此,温斯顿·丘吉尔还是在一次面向全国的广播讲话中宣布:"我们绝不会投降。"然而在当时,基本上看不出同盟国有打赢这场战争的希望。

米伦海姆－雷希贝格比命令要求的时间早到了一天,便决定先在旅馆暂住。正值而立之年的他出生于军人世家,已经在德国海军中服役了11年。他父亲在第一次世界大战期间阵亡于法国的阿戈讷(Argonne)。他的弟弟是德国空军的一名军官,在第二次世界大战爆发的次日死于波兰。米伦海姆－雷希贝格本人是一名炮手,曾在"沙恩霍斯特"号上服役,亲身参与了击沉"拉瓦尔品第"号的战斗。他将在"俾斯麦"号上担任第四枪炮长。

吃过早饭后,米伦海姆－雷希贝格来到码头,第一次见到了战列舰"俾斯麦"号。尽管甲板和上层建筑上挤满了干活的工人,尽管脚手架、机械、电缆和焊接设备遮挡住了大部分船体,这艘强大战舰透出的霸气却丝毫不减。她的轮廓像极了"沙恩霍斯特"号,但是每一个地方都更大、更长、更宽。她的主炮是德国战列舰有史以来搭载的最强火炮,同时还有众多较小的火炮和防空武器作为补充。米伦海姆－雷希贝格从远处端详了自己的新家几分钟,然后上船向人打听舰长室的位置。他在这艘即将成为全军最强战舰的战列舰上见到指挥她的人时,心里不由自主地感到有些紧张。

"米伦海姆－雷希贝格上尉奉命上舰报到。"

恩斯特·林德曼(Ernst Lindemann)上校比米伦海姆－雷希贝格大16岁,身材消瘦,但意志坚强如钢。他野心勃勃,但是从未让自己的野心影响到身边的人。在林德曼手下服役的船员都将他视作无私而优秀的领导者，对他非常敬重。林德曼用明亮的蓝眼睛目不转睛地审视米伦海姆－雷希贝格时，这位年轻的军官在最初的几秒钟内就认定自己跟对了领导。"俾斯麦"号的舰长微笑着对他说："欢迎上舰。"

林德曼很快就让米伦海姆－雷希贝格熟悉了他在这艘船上的职责。"我认为我的目标就是，"这位舰长说，"让这艘强大而美丽的军舰尽快做好迎接战斗的准备。我期待你全心全意地加入这个集体"。

米伦海姆－雷希贝格回答说，他将尽自己的最大努力履行好职责。

"你应该已经知道了，"和米伦海姆－雷希贝格一样当过炮手的林德曼接着说，"因为你接受的训练就是指挥大口径舰炮的炮火，所以你的战位将在舰艉的射击控制中心。不过在这艘船服役之前，这项工作应该没什么需要你忙的，所以我决定让你担任我的副官"。

这个任命让米伦海姆－雷希贝格惊喜交加。他的工作将因此变得有趣得多。

"哦，对了，还有一件事，"林德曼在说完指示后又补充道。"今后，我希望听到大家用阳性单词来谈论'俾斯麦'号。称呼一艘这样强大的军舰只能用他，而不是她。"

喜欢咬文嚼字的人可能对这样打破海军用语传统的行为感到不寒而栗，但"俾斯麦"号无疑是一艘非常强大的军舰。而在第二次世界大战爆发时，战列舰的时代其实并未开始多久。迟至美国内战（1860—1865年）时，木制军舰仍在与早期的金属舰船并肩作战。在那以后，海军科技的发展步伐开始加快，但要等到英国的"无畏"号（Dreadnought）出现，才有了第一艘真正意义上的现代化战列舰。这艘军舰装备了统一口径的主炮，1905年服役。虽然其他大型战舰大多因此成为明日黄花，但研制类似军舰的并非只有皇家海军一家。在第一次世界大战期间，海军科技的进一步发展导致了更大更强的战舰涌现。战争1918年结束时，已经有了更为惊人的设计，但随后的和平和华盛顿海军会议使各国的战列舰生产陷入停顿。直到20世纪30年代，下一场战争的可能性开始浮现时，各国政府才再次开始增加海军的造船经费。因此，许多国家的海军在第二次世界大战中都有两代战列舰并存的现象。

第一次世界大战后，德国海军的情况与英国海军明显不同。德国被《凡尔赛条约》剥夺了所有大型军舰，希特勒掌权后，不得不从零开始重建海军。所以，与皇家海军不同的是，1939 年战争爆发时，德国海军的装备以现代化的舰船为主。但是，德国海军的舰船数量还是偏少，而且仍然没有航空母舰和火力强大的战列舰。不过，这种情况似乎正在改观。"俾斯麦"号和她的姐妹舰"蒂尔皮茨"号的建造工作进展顺利。这两艘被德国海军寄予厚望的军舰均于 1936 年开工。

按照国际条约，战列舰的排水量不能超过 35000 吨。德国人设计"俾斯麦"号和"蒂尔皮茨"号时，从一开始就无视了这条限制，不过这么干的并不是只有他们一家。"俾斯麦"号的设计排水量是 41700 吨（满载排水量超过 50000 吨）。英国的英王乔治五世级战列舰也超过了 35000 吨，但并不像"俾斯麦"号和"蒂尔皮茨"号超标如此之多。当时在美国、意大利和法国建造的战列舰也超过了条约限制。

德国的这两艘战列舰比皇家海军中的同代对手更大，所有超额重量都被用在了装甲防护上。装甲占其总重量的 41%。[1] 而在英王乔治五世级上，装甲只占到总重量的 32%。[2] 当然，战列舰的防护水平还取决于设计布局和装甲钢的质量，但是这些比例足以说明德国人设计"俾斯麦"号时对防护的重视程度。

如此庞大的战舰当然耗费不赀。"俾斯麦"号的总成本接近 2 亿帝国马克，这在当时是一笔巨款。作为对比，同样的金额可以为德国人买来近 1700 辆主战坦克，或者数量差不多的战斗机。另一个惊人的数字是建造这艘军舰所需的工时。据估计，造船厂在这个建造工程上花费了近 600 万个工时，当然，各路分包商花费的工时并未计算在内。[3]

即便是德国这样的军事强国，也没有几家公司能承接如此规模的工程。"俾斯麦"号的建造合同被交给汉堡的布洛姆 & 福斯公司（Blohm & Voss），威廉港的海军造船厂则领受了建造"蒂尔皮茨"号的任务。1936 年 7 月 1 日，"俾斯麦"号的龙骨开始铺设，四个月后，"蒂尔皮茨"号也宣告开工。这两艘军舰在船台上静卧了将近三年，逐渐显露出设计的模样。德国人还计划建造更多战列舰，也就是比俾斯麦级更大的军舰。但是，只要"俾斯麦"号和"蒂尔皮茨"号还在船台上，这些造舰计划就不得不等待。

1939年2月14日，纳粹权力机器中的众多头面人物来到汉堡的布洛姆 & 福斯造船厂，其中包括希特勒、海因里希·希姆莱、赫尔曼·戈林、约阿希姆·冯·里宾特洛甫和马丁·鲍曼。德国海军总司令雷德尔元帅也亲临现场。这艘战列舰下水和命名的时候到了。"铁血宰相"奥托·冯·俾斯麦的外孙女多罗特娅·冯·勒文费尔德（Dorothea von Loewenfeld）获得了为她命名的荣誉。希特勒在数千人面前发表演说，号召这艘战列舰的全体舰员发扬俾斯麦宰相的决心和精神。[4]

希特勒讲完后，"俾斯麦"号立即开始威严地滑进易北河中，但在德国海军接舰前，还有许多工作尚待完成。事实上，德国海军又等了一年半，才能开始测试这艘全新的战舰。

工程的浩大不仅体现在高昂的造价上，也体现在漫长的建造时间上。从"俾斯麦"号动工之日算起，德国海军等了将近五年才得到一艘完成战斗准备并配齐全训船员的战列舰。此外，在建造这艘战舰之前，德国人还花了数年时间讨论、研究、设计、制图和规划，才敲定了最终设计方案。

一艘战列舰就像一个小型社区。舰上人员总数约有2000，他们需要有足够的居住空间才能经受数周或数月的海上漂泊。他们必须处理好个人卫生问题，因此舰上还必须配备包括众多淋浴器在内的卫生设施。此外，他们还需要一些娱乐。在"俾斯麦"号上有一个供应啤酒的酒馆。这艘战列舰还自带面包房和洗衣房，多达数百千克的脏衣服只要一天时间就能清洗完毕。舰上也需要医生，并配备了多个可以实施外科手术的手术室。同样，舰上还有一个设备齐全的牙医诊所，专门解决各种困扰水兵的牙科问题。有一个裁缝工场负责缝补和修改服装，因为在长达数月的海上航行中这是必不可少的。裁缝、面包师和洗衣工等专职人员在战斗中还要承担其他职责，例如为医务人员打下手。

当然，除种种生活设施之外，还有各种关系到军舰火力和生存性的设计。"俾斯麦"号有8门38厘米炮，安装在4个双联装炮塔中。每门炮的炮管都有近20米长，重量超过100吨，而一个完整的炮塔，算上所有装甲，重达1000多吨。炮塔在轴承座圈上旋转，但它们实际上并未固定在座圈上，仅仅是靠起重机吊放在炮塔座上的。安放到位之后，自身可观的重量就足以使它们稳如泰山。

在将来的行动中，从有利的位置加入战斗至关重要，而这就需要出色的情报支援。英国和德国的部分战舰已经安装了雷达（但奇怪的是，双方似乎都不太相信自己的对手已经有了雷达），但尚未广泛运用。雷达技术当时还处于早期发展阶段，换言之，不同舰艇上的雷达性能差异极大。许多早期的雷达系统很容易损坏，因而必须在船上配备熟练的技术人员，以便进行快速修理。

另一个重要的情报来源是水听器，它被用于侦听螺旋桨之类的来源发出的噪声。为充分发挥水听器的情报价值，同样需要熟练的操作人员。

许多其他岗位也需要专业技能。"俾斯麦"号上安装的发动机是很先进的型号，设计输出功率是 13.8 万马力，但在试航中它的输出超越了这一指标。关于其实际输出功率，在不同的资料中可以找到 15 万—16.3 万马力不等的数字。[5] 无论最终数字是多少，可以确定的是这种发动机足以使"俾斯麦"号的航速达到 30 节以上，超出了设计人员的计算结果。这样的机器要求操作者具备相当精深的专业知识。因为这种发动机专为"俾斯麦"号和"蒂尔皮茨"号设计，所以操作者必须熟悉它的情况。在海上，轮机兵和机修兵要负责使战舰保持高速机动的能力，这对战舰的生存至关重要。所以，他们必须能够发现在海上可能发生的任何问题或损坏，并进行修理或控制其影响。

战列舰上还有各种负责损害管制的团队。最重要的是负责防火和灭火的团队以及负责使船体保持合理水密性的团队。虽然战舰是金属结构的，但火灾仍然是主要的危险。船上有许多易燃物质，例如电气元件、布料、木材、纸张和各种液体。此外，"俾斯麦"号满载时还要携带约 1000 吨弹药和 8000 吨燃油。因此，火灾的隐患非常严重，更何况这还是一艘用于战斗的舰船。大型火炮的弹药堆放在有装甲保护的隔舱中，通过机械方式装入炮膛，因为炮弹的重量远远超过了人力所能操作的范围。这艘军舰上还有众多高射炮，因为它们射速非常高，所以部分弹药必须存放在相应炮位的附近。即便只是被火力较弱的武器击中，高射炮附近也可能燃起大火。

虽然"俾斯麦"号有 18000 吨装甲，炮塔本身也有装甲，但她还是不能得到全面的装甲保护。[6] 装甲最为集中的地方是最为生死攸关的部分，例如轮机舱和弹药舱等地。这种设计在各国海军的舰船上很常见，军舰的大部分区域是缺乏装甲保护的。

军舰设计时的一个假设是：战斗很可能导致船体进水。损害管制团队要在很大程度上担负起应对这种情况的任务。一旦发生漏水，各路损害管制小组就要尽力封堵漏洞，而这可能是困难与危险并存的工作。为应对涌入的水流，他们可能有意对舰上很大一部分区域注水，目的是将船体扶正。如果右舷进水，他们就可能用水泵对左舷的舱室注水。同样，如果舰首漏水，则可能将水泵入舰尾。泵水系统是精心设计的，足以控制住规模较小的漏水。

如果海面足够平静，可以通过对舰首注水将螺旋桨抬高至水线以上，从而使损管人员能够修理螺旋桨或船舶。像"俾斯麦"号这样庞大的军舰可以在进水数千吨后仍然不出严重问题，部分原因在于她被分成了 22 个水密隔舱段，每个隔舱段又有进一步的细分。设计师对于她的生存性似乎已经做了面面俱到的考虑。

对战列舰而言，敌人的炮弹并非唯一威胁。水面舰艇、潜艇或飞机发射的鱼雷也构成严重威胁。在间战时期，航空鱼雷对大型战舰的重大威胁已经清晰显现。在战列舰拥趸眼中恶名昭彰的美国陆军航空兵军官比利·米切尔（Billy Mitchell）曾安排过一次试验，用飞机空投的炸弹击沉了一艘在第一次世界大战后被移交给战胜国的德国战列舰。但是第二次世界大战中的实战将会证明，很难用重磅炸弹命中在海上运动的舰船。俯冲轰炸机的投弹精度比较高，但是它们无法挂载严重毁伤现代化战列舰所必需的重磅炸弹。[7] 不过，鱼雷就另当别论了。它们可以由较小的飞机发射，包括在航母上起降的舰载机。而因为鱼雷是在水线以下引爆的，所以能够造成严重的毁伤。战列舰庞大的水下表面意味着一切使用装甲来防护鱼雷的想法都不切实际。事实上，战列舰水下防护系统的设计目的是尽可能在远离舰船要害部位的地方引爆鱼雷。此外，精心布置的水密隔舱划分也是提高军舰承受鱼雷攻击能力的重要因素。足够大的舰宽可以为水下防护系统发挥效用创造机会，而"俾斯麦"号的舰宽大到了不同寻常的 36 米，比英国最大的战列舰还宽 4 米。[8]

与英国对手相比，"俾斯麦"号还有一些优势。她的防护水平比英国战列舰强，航速也略胜一筹，尽管军舰所能达到的实际航速会因她携带的燃油量多寡而变化。另一个重要优势是她优秀的作战半径，特别是以 25 节以上的速度航行时，她可以行驶两倍于对手的距离后再加油，这一点对于大西洋上的作战极为重要。

"俾斯麦"号的主炮是8门38厘米炮，安装在前后各两座双联装炮塔中，这种主炮布局在英国和德国的战列舰上都已经应用过好多次。大多数1920年以前下水并且第二次世界大战爆发时仍在役的英国主力舰都采用这种主炮布局，战列巡洋舰"胡德"号就是如此。不过，"俾斯麦"号的主炮更加先进，不仅射程更远、射速更高，而且其弹丸能够穿透更厚的装甲。

很显然，"俾斯麦"号与可能和她交战的敌舰相比有多个优势，因此人们对她的实战表现寄予厚望。但是，海战的胜败并不只取决于舰船的性能。她的舰员必须训练有素，而指挥官必须具备必要的经验。在"俾斯麦"号上服役的水兵年龄大多在21岁左右，而且全都是志愿兵。他们首先接受了基础的军事训练，随后在布洛姆＆福斯公司建造"俾斯麦"号期间接受了各自担当的具体职务的专业培训。一部分舰员还在造船厂中协助工作，尤其是那些负责各种技术系统的人员。例如，许多后来在轮机部门服役的人员都曾经协助将发动机、高压蒸汽管道和消防系统安装到这艘战列舰。同样，一些炮手也参与了舰炮的安装工作。此外，还有一些舰员被派到分包商的工厂，以学习关于发电机和其他电气部件的知识。[9]

到1940年夏天，"俾斯麦"号已经接近完工。8月24日，她被德国海军正式接收。这一天是个多云的日子。东方吹来的凉风扫过汉堡城，在易北河上掀起朵朵白色的小浪花。"俾斯麦"号的舰员们在舰上集合，从前甲板一直排到后甲板。林德曼对部下发表了讲话。米伦海姆－雷希贝格就在人群中，与他同在的还有副舰长汉斯·厄尔斯（Hans Oels）中校、第一枪炮长阿达尔贝特·施奈德（Adalbert Schneider）少校、第二枪炮长赫尔穆特·阿尔布雷希特（Helmut Albrecht）少校、航海长沃尔夫·诺伊曼（Wolf Neumann）少校和轮机长瓦尔特·莱曼（Walter Lehmann）少校。

两个月前米伦海姆－雷希贝格刚开始在"俾斯麦"号上服役时，战争似乎很可能会在不久之后结束，这艘战列舰的舰炮也将不必发出怒吼了。但是德国与英国缔结和约的希望随着夏日的流逝变得越来越渺茫。7月初，皇家海军在奥兰（Oran）攻击法国海军并击沉了他们的部分舰船，明白无误地显示了英国人的战斗决心。不久以后，帝国元帅赫尔曼·戈林指挥的德国空军加强了对英国空袭的力度，但是皇家空军抵抗的顽强程度超出预期。林德曼对手下的官兵讲话时，他无疑认为自己的军舰将会投入战斗。

"'俾斯麦'号上的士兵们，"他用这样的话语作为开场白，"经过漫长等待后，我们美丽强大的军舰服役的日子终于到来了。"他感谢了布洛姆 & 福斯造船厂为交付这艘军舰而做出的艰苦努力，并表示他期望每个官兵都尽心尽力，使"俾斯麦"号成为合格的战争机器。德意志民族正处于需要用军事手段解决问题的重大时刻。

"政治问题不是靠演说、射击表演或歌舞来解决的，"他引用了作为这艘战列舰舰名来源的政治家的名言，"它只能靠铁和血来解决。"德国海军的旗帜升上了桅杆。"俾斯麦"号至此正式成为一艘战舰了。[10]

巡洋作战

　　随着"海狮"行动在 1940 年秋天偃旗息鼓，雷德尔元帅和他在德国海军中的同僚又开始将注意力放到他们所信奉的战法上。继 1940 年春天的重大损失之后，随着众多舰船从船坞返回，海军内部又产生了乐观情绪。有望在短期内完全恢复战斗力的军舰包括"格奈森瑙"号和"沙恩霍斯特"号。她们曾在 1940 年 4 月德军进攻挪威期间组成一支特混舰队，当时指挥这支舰队的是马沙尔将军。如果此时再将她们一同派往大西洋，那么她们将成为打击英国商船运输的强大力量。冬季的长夜也会增加她们避开敌人耳目突入大西洋的机会。雷德尔终于可以对敌国商船运输线发起他鼓吹已久的大规模战争行动了。他的意图不仅仅是击沉商船，他还希望皇家海军被迫采取的反制措施也会扰乱英国贸易。

　　德国海军自 1940 年春季起就部署了一些水面舰艇来打击英国商船运输，但这些舰船并不是正规的战舰。德国人动用的是所谓"Hilfkreuzer"（辅助巡洋舰），也就是和英国的"拉瓦尔品第"号并无多少不同的武装商船。[1] 这类船将武器安装在暗门后面或以其他方法伪装，既能有效地掩人耳目，又能在猎物出现时迅速做好开火准备。为避免被识破，这些船只大多数时候都打着伪装的旗帜航行。她们的战斗力远不足以和正规战舰交手，德国海军也不指望她们取得什么了不起的战绩。但是，辅助巡洋舰可以在正常护航船队航线之外巡弋，寻找独行的商船，借着伪装接近到一定距离，然后击沉或俘获对方。德国人通常喜欢把他们的武装商船部署到印度洋和南大西洋等海域，因为那里有很多船只在没有护航的情况下航行。有军舰保护的船队则要留给自 1939 年秋季以来还不曾出现在大西洋上的正规德国军舰来对付。

　　1940 年，第一艘到达大西洋的德国战舰是袖珍战列舰"海军上将舍尔"号。战争爆发时，需要大修的她正在威廉港里。锚泊期间她曾用自己的高射炮击落一架"惠灵顿"式轰炸机，但除此之外她并未参与战争第一年的战斗。最终完成整修后，她的舰员还需要经过一番训练才能做好迎接战斗的准备。于是她被派往波罗的海进行一个月的高强度训练，最终被上级认为达到实战要求。1940年10月23日，她在格丁尼亚（Gdynia）起锚，进入波罗的海一路西行。在经过丹麦之后，又掉头北上。她在未被敌人觉察的情况下继续向大西洋前进，离开格丁尼亚一个星期后，穿过格陵兰和冰岛之间的丹麦海峡。对德国人来说最困难的第一阶段行动至此成功结束，"海军上将舍尔"号可以开始搜寻猎物了。[2]

她并不需要等待多久。11月5日早上，她发现了独行的"莫潘"号（Mopan）并迅速将其击沉。几小时后，"海军上将舍尔"号上的瞭望员发现了一批更为诱人的猎物——HX84护航船队。这是一支英国的商船队，其中至少有37艘商船。其护航力量仅包括一艘军舰，那就是武装商船"杰维斯湾"号（Jervis Bay）。由于此时离日落时间不远，"杰维斯湾"号的舰长爱德华·费根（Edward Fegen）决定迎击"海军上将舍尔"号，让自己护航的商船队化整为零，在德国军舰逼近前借助黑暗掩护能逃多少是多少。费根的决定意味着他自己的军舰注定要毁灭。这是一场绝望的、一边倒的战斗。商船队中的一名水手认为这一仗就像是一只牛头犬和一头大熊撕打。舰龄40年的"杰维斯湾"号只装备了152毫米炮，有效射程太短，根本无法对德国战舰造成毁伤。尽管如此，英国人还是不停地开炮，并释放烟雾来保护船队中的商船。战斗在24分钟后结束，结局当然只能有一个。"杰维斯湾"号成为一堆燃烧的废铁。随后"海军上将舍尔"号击沉5艘商船，又击伤了另外3艘，但船队的其余船只都成功逃脱。稍后，"杰维斯湾"号勇敢的舰员中有65人被瑞典货船"斯图勒霍尔姆"号（Stureholm）搭救。[3]

接下来是平淡无事的几天，直到11月12日，"海军上将舍尔"号与油轮"欧罗费尔德"号（Eurofeld）和补给船"诺德马克"号（Nordmark）会合。补充柴油和补给物资花了几天时间。此外，"海军上将舍尔"号还把68名从"莫潘"号上抓获的俘虏转移到补给船上，然后继续搜寻她的猎物。但是此后的战果并不突出。过了将近一个月，她只能在自己的战绩清单上再添两艘船。接着，这艘袖珍战列舰再度与补给船会合。"海军上将舍尔"号利用这一次机会给自己的柴油发动机做了一些保养，然后在12月15日开始驶向南大西洋。[4]

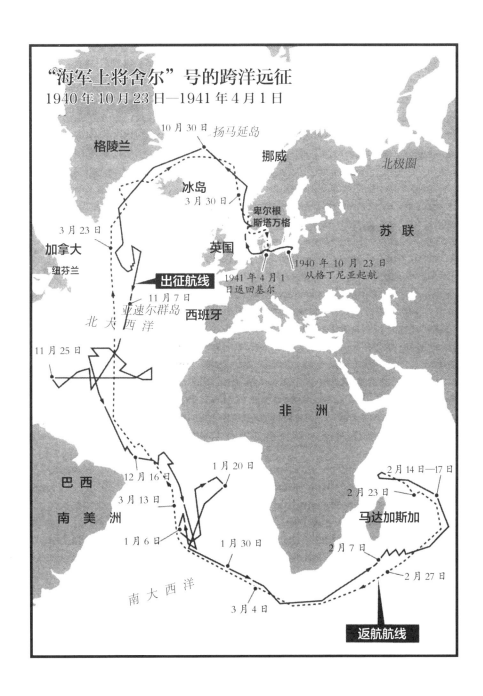

"海军上将舍尔"号的跨洋远征
1940年10月23日—1941年4月1日

"海军上将舍尔"号在大西洋活动时，重巡洋舰"海军上将希佩尔"号也在准备实施同样的行动。其实她早在9月24日就曾出海，试图进入大西洋，但是还没穿过斯卡格拉克海峡（Skagerrak）轮机就出了问题。于是她不得不打道回府，在船坞中待了两个月才再次做好战斗准备。11月30日，她在威廉·迈泽尔（Wilhelm Meisel）上校指挥下离港袭击大西洋上的护航船队。这次行动的代号是"北海巡游"（Nordseetour）。起初她寻找同盟国舰船的努力都是徒劳，还不得不在极端恶劣的天气下挣扎求生。她的轮机接连发生故障，不过至少还能暂时修复。"海军上将希佩尔"号在12月12日、16日和22日三次利用德国补给船补充燃油，但是在海上航行了三个星期，连一艘敌国船只都没有发现。不过，在平安夜的前一天晚上，她的雷达终于接收到一个回波。她发现了位于菲尼斯特雷角（Cape Finisterre）以西大约600海里处的英国WS5A运兵船队。和七个星期前遭到"海军上将舍尔"号攻击的HX84船队不同的是，WS5A船队有英国海军的正规战舰护航：重巡洋舰"贝里克"号（Berwick）和几艘小型军舰。迈泽尔上校并未发现英国人的护航力量，他尾随着这支船队，打算在黎明后发起攻击。但在天色尚暗之时，迈泽尔先拉近与护航船队的距离，发射了几发鱼雷，然而无一命中。这位德军指挥官并不甘心，准备在破晓时用自己的舰炮再次攻击。几乎与此同时，"海军上将希佩尔"号的瞭望员发现了"贝里克"号。迈泽尔立刻决定先攻击这艘英国巡洋舰。在随后的战斗中，"贝里克"号遭到重创，不得不主动撤退，但她争取到了足够的时间让船队解散，所有商船都逃过了"海军上将希佩尔"号的虎口。这艘德国巡洋舰并未中弹，但迈泽尔还是决定中止作战，驶向布雷斯特（Brest）。促使他做出这一决定的主要原因是，他想修好轮机的毛病。在圣诞节当天，落单的货轮"杜马"号（Dumma）被发现和击沉。这是"海军上将希佩尔"号在"北海巡游"行动中取得的唯一战果。她在12月27日抵达布雷斯特。[5]

"北海巡游"行动和"海军上将希佩尔"号与"贝里克"号的交手暴露了德国海军巡洋作战理念的缺陷。虽然这艘德国军舰在战斗中毫发无伤，但她无疑冒了很大风险。如果遇到与之实力相当的护航舰船，这艘德国军舰可能至少要受一些损伤，其机动能力也可能被削弱。考虑到雷德尔意图实施的战法，这是非常严重的危险。

　　就在"海军上将希佩尔"号抵达布雷斯特的同一天，柏林举行了一次有希特勒、雷德尔和另外几位海军高级将领参加的会议。德国海军已经在筹划"海军上将希佩尔"号的下一次出航，希特勒想知道这一行动的目的。雷德尔解释说，"海军上将希佩尔"号只会攻击敌军的补给线，以商船队作为主要目标，避免与护航舰船交手。她应该只在敌方护航舰船火力明显弱于自己的情况下才与之

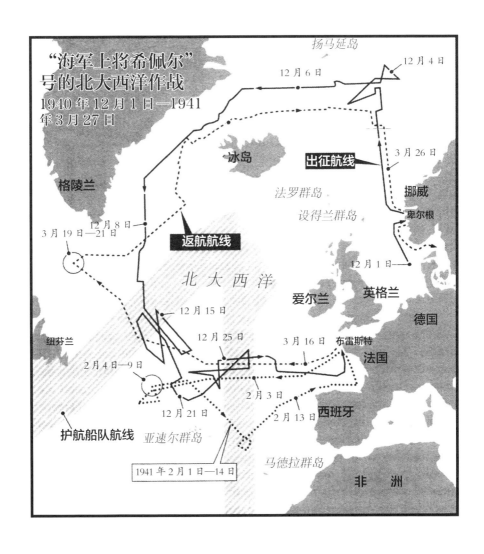

交战。希特勒对此表示赞同。可能正是这次讨论，导致迈泽尔与英国重巡洋舰交战的决定遭到了上级的批评。[6]

"海军上将希佩尔"号无所事事地度过 1940 年的最后几个星期。唯一的例外是在 12 月 18 日，这一天她的水上飞机发现了冷藏船"杜克萨"号（Duquesa），船上运载着大量食品，其中包括大约 1500 万个鸡蛋和 3000 吨肉类。这艘船被俘后，她的货物大大方便了在大西洋上活动的德国舰船。当时除"海军上将舍尔"号和"海军上将希佩尔"号之外，还有武装商船"雷神"号（Thor）和"企鹅"号（Pinguin），以及几艘偷渡船和被俘的船只在大西洋出没。"杜克萨"号持续为多艘德国舰船供应食品，直到两个月后才被最终击沉。[7]

"海军上将舍尔"号和"海军上将希佩尔"号在大西洋上大开杀戒时，"格奈森瑙"号和"沙恩霍斯特"号这两艘战列舰也准备去同一片水域作战。她们 12 月 28 日起航，但是极端恶劣的天气导致"格奈森瑙"号受损，因此这两艘船不得不早早返航。"格奈森瑙"号很快得到修复，但是作战被迫推迟一个月。

在此期间，"海军上将舍尔"号一直巡弋于南大西洋。她没能取得任何值得一提的战果。她没能发现任何护航船队，但是在 1 月 17 日俘获一艘挪威油轮，并将其遣送往波尔多（Bordeaux）。三天以后，"海军上将舍尔"号又击沉两艘货船，但此后她的运气就用完了。1 月下旬，她决定动身前往印度洋，希望在那里找到更好的袭击机会。"海军上将舍尔"号在 2 月 3 日经过好望角（Cape of Good Hope）以南。[8]

截至此时，德国海军在大西洋上的舰船一直没有取得重大战果，但雷德尔还是一味期待着"沙恩霍斯特"号和"格奈森瑙"号到达跨大西洋商船航线后会更成功。"格奈森瑙"号的倒霉故障反倒让指挥这支分舰队的吕特晏斯将军有了更多时间思考如何让自己的两艘战列舰发挥出最大作用。因为她们比"海军上将希佩尔"号和"海军上将舍尔"号强大得多，所以吕特晏斯可以毫不犹豫地攻击有军舰护航的船队。迈泽尔攻击有巡洋舰护航的 WSA5 时，他的行动可谓是有勇无谋的鲁莽之举。因为考虑到德国海军的大型舰船数量稀少，保存实力至关重要，否则德国海军就不可能对英国商船航线保持威胁。而手握两艘战列舰的吕特晏斯立场就大不相同，因为英国人基本上不可能在护航力量中编入比巡洋舰更强的舰船。不过，吕特晏斯还是必须避免德国军舰受到损伤。基于谨慎的考虑，他必须在远距离上与敌人交战，以免被鱼雷所伤。[9]

自己的分舰队抵达大西洋前，吕特晏斯还不必回答如何攻击护航船队的问题，他需要先完成一段困难重重的航程。主要的问题是波罗的海、大小贝尔特海峡（Danish Belts）和卡特加特海峡的海冰。1941 年 1 月的严寒导致大小贝尔特海峡的海冰厚度达到 30 厘米左右。若是在正常情况下，吕特晏斯更愿意借黑暗掩护通过大小贝尔特海峡，以免被岸上人员发现，但此时面对满是浮冰的海面，要在夜里通过狭窄的海峡似乎是不可能的。德国分舰队不得不在光天化日之下穿过海峡，同盟国的特工和丹麦抵抗组织的人员都可以轻易看到这些军舰。在通过大贝尔特海峡（Great Belt）之后，他的两艘战列舰将驶向斯卡恩（Skagen），在那里与护航舰艇会合，然后继续朝挪威方向前进。

即将实施的这次行动代号"柏林"，与此前那些小打小闹相比，这是一次认真得多的贯彻巡洋作战理念的尝试。吕特晏斯是领导"柏林"行动的合适人选，因为他是德国海军中航海经验最丰富的军官。1914 年他曾指挥一支鱼雷艇部队，在第一次世界大战中经常出战。德军 1940 年 4 月入侵挪威时，吕特晏斯指挥"格奈森瑙"号和"沙恩霍斯特"号，负责掩护在纳尔维克和特隆赫姆（Trondheim）的登陆。[10]

吕特晏斯是个意志刚强、深谋远虑的指挥官，他认真考虑了自己可以选择的几种方案。吕特晏斯希望尽可能长时间地保持行动自由，而且不习惯冲动行事。事实上，他会谨慎地权衡风险和机遇。"柏林"行动能否成功，在很大程度上取决于这支分舰队能否在公海上避开敌人监视并保持突然性要素。在估计英国护航船队离港时间、所用航线和航行速度时，指挥官必须表现出过人的判断力，从而尽量准确地评估实施攻击的风险。如果判断错误，就会严重降低击沉大量英国船只的概率。[11]而吕特晏斯似乎确实拥有规划和实施这类作战行动所必需的才能。

"柏林"行动提供了德军巡洋作战理念的最佳实施案例。这场行动的第一阶段是突破封锁进入大西洋。

从基尔（Kiel）到卡特加特海峡和斯卡格拉克海峡的航道不仅狭窄多冰，而且部分海域布有水雷，分舰队只有在破冰船、扫雷舰、反潜部队和其他护航力量的协同下才能安全而不失隐秘地穿越。为让这两艘战列舰能在大西洋活动几个月，油轮和补给船必须先期部署到位。必须早早确定会合地点和联络信号，从而尽可能减少可能被英国人截获的无线电通信。[12]

无线电通信是个大问题。为降低被英国人截获电报的风险，德国人使用了大量代号来表示各种坐标。他们给海上的许多地点指定了简短的代号，例如"黑3"或"红15"之类。敌人没有必要的密码本，是无法解读电报内容的。除此之外，借助代号还可以缩短实际发报时间，增加无线电定位难度，以防敌人估算出发报者的位置。[13]

发报的船只使用多种频率和电报类型。两艘战列舰使用超短波互相通信，因为这种电波很难在稍远的距离外被截获。舰船与岸上指挥部之间的通信则使用其他频率。天气预报使用特定的专属频段，各舰与德国空军之间的通信也是如此。考虑到地理因素，这两艘战列舰不太可能在遥远的大西洋上与德国空军配合，但是在这次作战的开始阶段和收尾阶段，可能需要与空中力量协同。与供应船的通信要遵守特别的规定，使用特别人员将被俘船只开到比斯开湾（Bay of Biscay）里德方控制的港口也一样。[14] 所有这些细节都必须在作战开始前下发的命令中注明。但是，吕特晏斯强调，一旦率领这两艘战列舰到达北大西洋，他就会视情况自主决策。[15]

"你们现在就假装死掉了"

1940 年 9 月 14 日，"俾斯麦"号将她的船头转向易北河。在这条大河两岸，没有多少人注意到她的离去。夜里她在布伦斯比特尔（Brunsbüttel）下锚，那里就是易北河汇入北海的地方。当天晚上，英国轰炸机司令部空袭港口，"俾斯麦"号上的高射炮开了火。[1]

这样的空袭对德国人来说并不陌生。在战争的这一阶段，英国飞机屡屡在夜间袭击德国港口。轰炸机司令部的目的是扰乱德军为"海狮"行动而进行的准备，而北海的德国港口都在其飞机可以轻易打击的范围内。不过，虽然英军的目标主要是运输船，"俾斯麦"号仍有中弹的风险，而炸弹造成的损伤可能会延误她的行程。不过对德国人来说幸运的是，他们有一片广大的海域可以用来隐藏舰船，几乎不会遭到敌机的任何袭击，那就是波罗的海。另一个幸运之处在于，他们不必绕日德兰半岛航行，因为可以利用北海—波罗的海运河（Nordostsee–Kanal）将舰船从布伦斯比特尔转移到基尔。"俾斯麦"号在 9 月 16 日就通过这条运河进入了波罗的海。在运河中航行并不能高枕无忧，虽然没有遇到空袭，但狭窄的航道意味着必须打起十二分精神行船。舰员们全神贯注地在各自岗位上待命，所有水密舱门和房门一律紧闭。让这艘具有大功率主机的大型军舰在运河中机动并非易事，不过最终一切都按计划进行，这艘战列舰于 9 月 17 日夜晚停泊到了基尔港。[2]

为调校舰炮，"俾斯麦"号在基尔逗留了一个星期，然后启程前往格丁尼亚。在波罗的海，舰员们得以对这艘军舰进行全面测试，同时展开训练，以求最大限度发挥出她的能力。对一艘战列舰而言，火力当然是重中之重。1940 年 11 月，"俾斯麦"号开始综合性射击演习，并在此后将这种活动重复了许多次。演习的意义不仅在于确保舰员熟练掌握装备，还在于让"俾斯麦"号在投入实战之前暴露她的缺陷。参加射击演习的不仅包括操作舰炮的人员，还包括负责火控、观察、测距和其他许多任务的人员。综合性训练活动则要求舰员在本职工作之外掌握其他本领，例如，有些练习就旨在训练他们掌握部分火控系统无法工作时的应急操作程序。这类知识在实战条件下可能是无价之宝。当然了，舰员们还需要练习执行一些较为琐碎的任务：收发信号、加密、在警报响起时快速到达战位、损害管制、救助伤员，等等。所有的缺陷和问题都必须在实战开始前消除。

测试"俾斯麦"号

要想在远距离命中敌舰，需要考虑许多因素。"俾斯麦"号的大口径主炮能将 800 千克的弹丸发射到 36 千米之外。在如此远的距离上，即便是一艘长 250 米的战列舰，也是很难击中的目标，需要考虑多种变量。首先，开炮的军舰自身的航向、航速、横摇和纵摇都会影响射击。准确估算目标距离固然重要，但因为炮弹可能需要长达一分钟的时间才能到达目标，所以还必须正确估算炮弹的速度和飞行路线。射击远距离目标时，炮弹沿着很高的抛物线飞行，而高空的大气条件可能与海平面的条件有所差异。空气密度、风向和另一些参数都必须纳入考虑。

为快速而统一地进行这些计算，需要使用各种传感器将数据输入计算机。这里所说的计算机是现代电子计算机的机械式前身。为防计算机受损或接收到错误的数据，还要以人工计算作为备份。没有人指望首次齐射就命中目标，但如果炮弹落点偏得不是太远，那么也许细微的校正就已足够。观察员通常会看到炮弹落海时溅起的水柱，那和多层大厦一样高，因此很容易看到，而且至少在参战舰艇不太多时，观察员不会混淆来自不同舰艇的炮弹所激起的水柱。

虽然有各种技术装备的辅助，在整个射击系统中，人始终是至关重要的组成部分。以测距为例，德军使用的是体视式测距仪，这种仪表非常精确，但是在战斗初期对操作员有很高要求，会导致他们早早地感到疲惫。英军使用的系统则略显简单，但是在战斗中自始至终都可减轻操作员的负担。

在射击演习中，大口径主炮大多数时候使用的是次口径训练弹，这是因为全口径弹射击时的磨损太大而不得不采用的方法。"俾斯麦"号 38 厘米主炮炮管预期寿命大约是 200 到 250 发，超过这个寿命以后，就会因为磨损而导致精度大降。[3] 训练弹的射程虽然不如实弹，但足可解决训练需求。此外，使用训练弹时，后坐力也会大大降低。这也意味着，实战中的某些压力在训练中是不会出现的。

不过，这些主炮第一次发射全口径炮弹的日子终于还是到来了。在这艘战列舰上，人人都难抑兴奋之情。没有人能够确定，开火时的压力会对这艘军舰产生什么影响。轮机部门奉命使主机全功率运行，锅炉里的热量迅速聚集，压强达到 56 个大气压。一切与"俾斯麦"号机动能力有关的部件都必须经得起主炮开火时的震动，因为这艘战舰可能需要在战斗中高速机动。突然间，一声巨大的轰鸣盖过了海浪的声音。随着 8 发 800 千克的弹丸以 3000 千米 / 小时的速度飞出炮口，"俾斯麦"号发生侧向震颤。这些炮弹只用了不到 5 毫秒就通过整根炮管，但就在这短暂的时间内，这些主炮产生的功率超过 6000 万马力。[4]

这样的舷侧齐射即使对一艘大型战列舰而言也是沉重的压力，但"俾斯麦"号的主机和其他所有设备一样，继续完美地运行着。一些固定得不够牢靠的小物品被震飞了，有几个灯泡熄灭了，但整艘船在海面上保持着相当稳定的姿态，这要归功于她那大得不同寻常的舰宽。各门主炮用大约 20 秒重新装填完毕后，她就立即完成了下一次齐射的准备。舰员们此前就对他们的军舰充满信心，而这次实弹射击演习使他们的信心进一步高涨。

实战中的胜负在很大程度上取决于军官能否做出正确的决定，他们需要把天气、风向和光照条件等因素都考虑在内，利用这些客观条件为自己提供优势。"俾斯麦"号上有施奈德、阿尔布雷希特和米伦海姆 – 雷希贝格等一批出类拔萃的舰炮指挥官，这次测试的结果也非常鼓舞人心。训练部门的指挥官福斯（Voss）上校走访这艘战列舰，他离开时，最后走向施奈德，说出了这样的道别语："我衷心祝愿，第一艘出现在'俾斯麦'号炮口前的敌舰将是'胡德'号，而你将会打沉她。"[5]

除射击训练之外，另一个重要任务是了解这艘军舰在各种气象条件下和战术机动时的表现。"俾斯麦"号是一艘具有良好适航性的军舰，她的横摇和纵摇都很和缓。即使在做急转弯时，她的倾斜程度也相当小。当然，她在最大蒸汽压力下的航速也接受了测试。测量到的最高航速是 30.8 节，就如此的庞然大物而言这是惊人的速度，足以使她甩掉当时世界上的大多数主力军舰。

在早期测试阶段，舰员们试验过是否能够只使用螺旋桨来控制这艘军舰转向。他们将船舵锁定在正中位置，然后尝试让三个螺旋桨以不同的速度运转。一般来说，只要各个螺旋桨采用合适的转速组合，就可以实现转向，但这个方法在"俾斯麦"号上效果并不好。她无法以此维持航向，会在海风吹拂下发生不可控的运动。造成这个问题的原因是三个螺旋桨间距太小，产生的力矩不够。但是这个毛病似乎不太可能在战斗中造成严重后果，因此舰上也许没有几个人为此担心。[6]

尽管如此，操舵机构受损的风险毕竟还是存在的，有一项反复进行的演习就是"操舵机构被击中后的措施"。米伦海姆－雷希贝格后来回忆了演习时的一幕场景。这种演习假定有一部分隔舱被海水淹没。按照演习条例，这些舱室中的人员被假定已在爆炸中丧生，或者已被急速涌入的海水淹死。在一次演习中，许多水兵按惯例把帽子反戴，以表示自己扮演的是死者。

"可是如果真发生了这种事，"一个水兵问道，"我们会死吗？"

"当然会，"领导这次演习的弗里德里希·卡迪纳尔（Friedrich Cardinal）上尉回答说，"所以你们现在就把帽子转过去，假装自己死掉了。"几秒钟后，或许是意识到了自己这些话可能对士兵产生的影响，他又试图淡化这个事实。"不过么，当然了，"他微笑着对水兵们说，"这地方中弹的概率大概只有十万分之一，几乎为零。"[7]

日后许多人将会苦涩地回想起他这番断言。

训练、测试和评估期间，"俾斯麦"号与一艘比她小得多的军舰——潜艇U-556号建立了亲密的关系。这两艘军舰都是在布洛姆＆福斯造船厂建造的，而且常常停泊在同一个港湾里。U-556号的艇长是赫伯特·沃尔法特（Herbert Wohlfarth）上尉，在德国海军中有着"骑士帕西法尔"①之名，也被公认是个本性难移的淘气鬼。1941年1月他离开造船厂测试自己的潜艇，看到了同样在海

---

① 译注：帕西法尔就是亚瑟王圆桌骑士中的珀西瓦尔，是圣杯的守护者。

上进行试航的"俾斯麦"号。沃尔法特眼中闪过一丝狡黠的笑意，随即用旗语向"俾斯麦"号发送了一条简短的讯息。在这条讯息的开头，他违背礼仪，唐突地用对待平级军官的口气称呼林德曼。讯息的后半段也好不到哪儿去，因为它的内容是："你的这条艇真棒。"

考虑到林德曼对"俾斯麦"号的感情，选择用"艇"而不是"舰"显然不是很得体。"俾斯麦"号很快发了一条酸溜溜的回复："什么艇，上尉？"沃尔法特并未气馁。他打出旗语："我能这么做，你能吗？"随即操纵 U–556 号潜入水下，从"俾斯麦"号舰桥上一众军官的视野中消失。[8]

为缓和这一事件的影响，几个星期后沃尔法特邀请林德曼和他手下的部分军官吃了一顿饭。U–556 号被正式宣布可以加入作战部队时，他又请求林德曼满足他的一个愿望。沃尔法特这艘小潜艇的艇员中当然不包括乐师，但他希望把这个服役仪式搞得气派一点。所以他向林德曼借用了"俾斯麦"号的乐队。为表示感激之情，U–556 号的艇员们向"俾斯麦"号赠送了一份自制的证书，承诺为其提供支持：

我们 U–556 号（500 吨）以海洋、湖泊、江河、溪流、池塘和沟渠的统治者——海神尼普顿之名起誓，将日夜守护我们的大哥哥——战列舰"俾斯麦"号（42000 吨），无论敌人来自水中、陆上还是空中。

这份证书注明的日期是 1941 年 1 月 28 日于汉堡，落款是"U–556 号艇长及艇员"。证书上还有两幅插画。第一幅画着骑士帕西法尔，他一边用自己的宝剑为"俾斯麦"号抵御前来攻击的英国飞机，一边伸出左手挡住正在逼近的鱼雷。在另一幅画上，则可看到作为守护者的 U–556 拖着机械故障的"俾斯麦"号航行。[9] 林德曼接受了这一守护宣言，并把这份证书陈列在舰上食堂里，与阿道夫·希特勒和奥托·冯·俾斯麦的肖像摆在一起。当时人们都将它视作两艘战舰之间友谊的象征，然而事实将会证明这是一个非常不祥的预兆。

"有史以来第一次……"

　　"俾斯麦"号和他的舰员们还在为全面形成战斗力而努力时，德国海军迈出了将巡洋作战升级的重要一步。1941 年 1 月 22 日 4 时，"沙恩霍斯特"号和"格奈森瑙"号在基尔起锚。她们并未匆忙赶路。大约一个半小时后，它们才经过港口外的灯塔船。三个小时后，这两艘战列舰在大贝尔特海峡南入口外不远处再度下锚。这是一次漫长航行中的第一个夜晚，和次日夜晚一样平安无事地过去了。日出前，两艘战列舰重新起锚。

　　在"格奈森瑙"号的司令舰桥上，吕特晏斯注视着通过大贝尔特海峡的航道。到此时为止，一切都在按计划进行。两艘军舰都没有发生机械故障，天空中只看得到德国的飞机和海鸟。但是到了下午，还是出了一点小小的麻烦。在"格奈森瑙"号上能听到一些嘎吱嘎吱的神秘声响，让人担心这艘军舰有可能搁浅。不过这种担心并未成为现实。1 月 23 日零点前半小时，这支分舰队通过大贝尔特海峡后，锚泊于莱斯岛（Läsö）以北大约 8 海里处。[1]

　　这次作战前，德国海军进行了非常周密的策划，但是无法预测到的情况还是难免会发生。1 月 24 日上午，分舰队遇到了第一个难题。按照计划，应该有一批扫雷舰和猎潜艇加入编队负责护航。四艘扫雷舰如期出现，但是其他舰艇却不见踪影。两艘战列舰不得不继续锚泊，这样的延误可不是吕特晏斯和他的参谋所乐于见到的。一名军官被派到岸上去调查原因。他发现猎潜艇是因为冰情严重才无法出港。这样一来，行动就不得不比原计划推迟 24 小时，暴露在敌人侦察之下的风险也随之加大。祸不单行的是，吕特晏斯又接到一封电报，内容是在挪威海岸附近发现 2 艘英国巡洋舰和多艘商船。这是一个意料之外的情况，而看起来最合乎情理的解释是被发现的英国舰船正在布雷。就在吕特晏斯反复估量行动延迟和英军活动可能造成的后果时，他又接到另一封电报，这一次是海军北方集群司令部发来的。这封电报以有敌人活动为由要求他返航。电报中还告诉他，为引导他的分舰队进入克里斯蒂安桑（Kristiansand），挪威南部沿岸的灯塔都已点亮。吕特晏斯感到惊愕不已。海军北方集群司令部真的相信他不带驱逐舰就离开了斯卡恩吗？[2]

很显然，陆地上各指挥部之间的情报沟通不是很好。在 19 时，吕特晏斯决定打破无线电沉默。他通知有关方面，自己的两艘战列舰仍然停留在斯卡恩，而且他决定继续执行"柏林"行动，不过要等到 1 月 25 日猎潜艇赶来与他会合才行。打破无线电沉默是一个艰难的决定，这表明吕特晏斯认为陆地上的沟通混乱是个严重问题。[3]

1 月 25 日上午，吕特晏斯的分舰队终于起航驶向斯卡格拉特海峡，没有再出什么岔子。按照原计划，他的战列舰此时应该已经绕过挪威西海岸的斯塔兰讷半岛（Stadlandet），不过好在并无迹象表明他的分舰队行踪已经暴露。吕特晏斯决定集中精力来研究行动的下一阶段，也就是如何突破苏格兰—格陵兰一线。他有两个选择。第一个选择是抄近路尽快到达大西洋，第二个选择是先绕道北冰洋，再尝试突破。如果他选择后一个方案，可以利用正在扬马延岛（Jan Mayen）附近会合点等候的油轮"亚得里亚"号（Adria）给自己的舰队加油。[4]之后他可以尝试经丹麦海峡突破。

1 月 26 日的太阳升到地平线上方，照亮了一片晴朗的天空。在这样的天气下尝试突破并不稳妥，因此吕特晏斯打算与"亚得里亚"号会合并加油。但是，当天晚上的一份天气预报告诉他，冰岛以南的能见度将会很低。吕特晏斯决定抓住机会，于是改变了先前的决定。1 月 27 日早上，已经到达罗弗敦群岛（Lofoten Islands）和冰岛之间中途位置的两艘战列舰将航向转到西南方，准备从冰岛和法罗群岛之间穿过。由于这两艘军舰还没有航行很长距离，剩余的燃油仍然很充裕。因此，她们也可以在格陵兰以南接受油轮的补给。[5]

截至此时，除了在斯卡角发生的误会之外，行动进行得很顺利，但缺少有用情报的问题开始产生影响。英国人仍然不知道德国分舰队的行踪吗？还是说英国海军部已经在组织反制行动了？通常德国空军会派侦察机去查看斯卡帕湾有哪些舰艇锚泊，但是恶劣天气妨碍了德国空军的活动。吕特晏斯并不知道本土舰队的舰艇是已经出海，还是留在基地。截获的无线电通信未能给吕特晏斯提供多少有用的信息，不过有些报告称冰岛以南存在若干货轮。还有报告暗示同一片海域有身份不明的战舰活动，但是内容过于含糊，没有什么指导意义。吕特晏斯认为，这些情报表明英国人加强了对那片海域的侦察活动，但是他并不能确定自己是否判断准确。坏天气至少会给搜索他那支分舰队的任何行动带来困难。眼下没有显而易见的正确选择，因此天气预报促使他作出决定：在冰岛以南尝试突破。[6]

1月27日夜，能见度仍然相当好。在极地夜空美丽的北极光照耀下，两艘战列舰将速度从25节提至27节。零点时分，吕特晏斯的舰队到达冰岛和法罗群岛相隔最近处的海域，被发现的风险也随之升到最高。瞭望员们绷紧了每一根神经，用望远镜沿着模糊不清的地平线搜索。在黑暗中，想象力可能会给他们开玩笑。天边的云朵可能看着像船只的剪影，而白色的涌浪可能被错当成潜望镜激起的浪花。与此同时，雷达操作员们也聚精会神地观察着屏幕。雷达是发现潜在敌人的最佳手段，"格奈森瑙"号的雷达在距离天明还有几个小时的5时突然发生故障时，吕特晏斯的担忧也达到顶点。技术员们立刻开始查找问题，最后发现是一根接地线断路造成了变压器损坏。变压器可以在几个小时内更换完毕，但是在等待雷达修复的过程中，"格奈森瑙"号就只能完全依靠瞭望员了。等待"格奈森瑙"号的雷达恢复工作时，吕特晏斯本可选择改由"沙恩霍斯特"号引导舰队，但是他让两艘战列舰保持了原来的相对位置。[7]

时间过去了一个多小时，"格奈森瑙"号上的技术员们还在努力修雷达。突然，一个瞭望员发出警报，说自己在左舷外看到一个黑影。吕特晏斯立即下令将航向从西南改为正西。两艘战列舰同时向右转舵，开始沿冰岛南海岸航行。另一方面，与天气预报相反，能见度反而变好了。毫无疑问，成功突破的机会已经减少，更何况黎明已经快要来临了。[8]

片刻之后的6时20分左右，"沙恩霍斯特"号的雷达屏幕上出现一个回波，紧接着，那道黑影又一次显现在左舷方向。德国人再次迅速作出反应——向右急转。很难确定那艘被观察到的船只是什么类型。它看起来太大，不像是驱逐舰；有可能是一艘轻巡洋舰。六分钟之后，"格奈森瑙"号的瞭望员又在左舷外观察到另一个船影。它正在快速接近，看起来要么是新式的部族级驱逐舰，要么是轻巡洋舰。吕特晏斯命令自己的分舰队右转 90°，同时禁止任何人开火。他还不能确定敌人是否已经知道自己的存在，悄悄完成突破的可能性尚存。[9]

几分钟后，两个瞭望员注意到有看似鱼雷的物体正在接近。两艘战列舰因此向右稍作转弯。到此为止，一系列转弯使两艘德国战列舰的航向指向东北方，航速则提高到 28 节。3 分钟后，在 6 时 33 分，德国分舰队再度右转少许，从而使追来的敌舰落到了舰艉方向。此后德国舰队保持航向不变，但吕特晏斯希望将航速进一步提高到 30 节。然而，舰桥上的人们觉得速度并未达到命令的要求，便向轮机舱的人员询问："我舰现在航速多少？"

"现在是 28 节，"后者立即回答。

"什么时候可以达到 30 节？"

"再过十分钟。刚才的急转让我们掉了一些速度。"[10]

然而事实证明，要达到 30 节航速不是那么容易。一台汽轮机的一个安全阀跳开，限制了"格奈森瑙"号的航速。吕特晏斯命令两艘军舰从 7 时 15 分开始释放烟幕两分钟。这是为谨慎起见而采取的措施，因为"格奈森瑙"号的雷达刚刚恢复正常工作，就在右舷方向探测到四个目标，在 8 时前又探测到左舷方向有一艘船在快速接近。吕特晏斯没有丝毫犹豫，立刻下令向右转舵。与此同时，轮机舱的人员修好了安全阀，"格奈森瑙"号的航速终于能够达到 30 节以上了。与敌舰的距离逐渐拉大，很快它们就落到了德国雷达探测范围之外。太阳在 9 时 30 分左右开始照亮这片海域时，德国舰队周围的海面上空无一物。[11]

夜里的一连串机动使吕特晏斯的分舰队朝东方机动了很长距离。在与敌舰最初的几次接触之后，吕特晏斯曾考虑靠迂回机动来突破他眼中的敌巡逻警戒线，但每一次接触都使他愈加犹豫。他对敌方的意图几乎一无所知，也不清楚此时有哪些英军舰船留在斯卡帕湾，哪些已经出海。可以肯定的是，附近可能有一支乃至多支强大的敌分舰队。如果他继续尝试，很可能在大白天与敌舰遭遇。不仅如此，在尝试突破的过程中有可能遇到沿相对航向行驶的敌舰，那样的话，至少在一开始德国人将无法发挥其军舰航速更快的优势。所以，吕特晏斯选择朝东北方向航行，先找到油轮"亚得里亚"号，补充燃油后再尝试突破。[12]

这一天的大部分时间里，德军继续朝东北方前进。中午以前没有发生什么值得一提的事情。"格奈森瑙"号上的雷达又一次发生故障，但因为海上能见度极好，所以并不是什么大问题。正午时分，在地平线上出现了一艘船的桅顶。双方的距离是34千米，德国人无法确定该船的类型。它有可能是一艘黛朵级或格洛斯特级巡洋舰。无论如何，这艘船要比驱逐舰大。吕特晏斯考虑到己方在东北方较暗的天空背景下会比较难以分辨，于是决定赌一把，不过为以防万一，他还是下令稍作转弯。那艘神秘的舰船似乎没有改变航向，它的桅顶很快就消失了。下午，瞭望员看见一架"桑德兰"式飞机，但它似乎并没有观察到两艘德国军舰。看起来一切顺利，于是吕特晏斯向海军北方集群司令部发送了一封非常简短的电报："前往'卡尔'会合点与'亚得里亚'号会合。"[13]

在两艘战列舰前去与"亚得里亚"号会合途中，吕特晏斯有充足的时间思考上午发生的情况。英军的行动显得迟疑而懒散，这出乎他的意料。或许他们并不是在搜寻"沙恩霍斯特"号与"格奈森瑙"号。也许是完全不相干的原因促使它们出现在冰岛以南。如果是这样，那么他们挡住他进入大西洋的去路就纯粹是巧合。也许本土舰队的军舰正在这片海域等着迎接一支护航船队，德国人相信这样的行动是常有的事。

实际上，皇家海军在一个星期前就得到一些情报，表明德国战列舰将会尝试突入大西洋。本土舰队司令约翰·托维（John Tovey）上将得到情报后，就决定加强在冰岛和法罗群岛之间水域巡逻的兵力。他在1月23日获悉"格奈森瑙"号和"沙恩霍斯特"号通过大贝尔特海峡，两天后他就率领战列舰"纳尔逊"号、"罗德尼"号、战列巡洋舰"反击"号、8艘巡洋舰和11艘驱逐舰出海，在冰岛以南占据有利位置。他还下令对冰岛和法罗群岛之间的海域进行全面空中侦察。托维估计，德国人最有可能在1月25日到27日的夜间尝试突破。[14]

托维的估计十分准确。但是，军事行动中常有的差错打乱了吕特晏斯的计划，从而使托维的打算也落了空。首先，在斯卡恩附近意外的延误使吕特晏斯白白等了一天时间。他在立即突破和找"亚得里亚"号加油这两个选择间举棋不定，结果又损失了将近一天的时间。因此他到达冰岛以南海域的时间要晚于他的原计划，也晚于托维计算的事件。于是，德国分舰队最终到达英军巡逻区域时，本土舰队的官兵们已经颇为疲惫，托维也开始怀疑德国人是否打算突破。这也许至少部分解释了为什么吕特晏斯发现英国人的反应很迟钝。此外，德国的雷达发挥了非常重要的作用；虽然发生过暂时的故障，还是多次探测到皇家海军的舰船。另一方面，英军似乎只有一次观察到德国军舰。[15]

吕特晏斯此时有充裕的时间来思考加油之后的下一步行动。他应该再一次去冰岛以南尝试突破吗？还是应该在格陵兰和冰岛之间的丹麦海峡试试运气？后一个选择的缺点是，在冰岛西北端与格陵兰岛沿岸的大量浮冰之间只有很狭窄的航道。但另一方面，英国人靠空中侦察发现德军突破行动的可能性也比较小。在浮冰区附近，由于潮湿的空气被冰块冷却，经常会产生浓雾。对吕特晏斯的计划而言，这是一个显而易见的优点。最后，没有一支护航船队会取道丹麦海峡，这也就降低了舰队与其他船只遭遇的风险。于是在 1 月 29 日早晨，吕特晏斯向海军北方集群司令部报告：在利用油轮 "亚得里亚" 号加油之后，他打算经丹麦海峡实施突破。[16]

傍晚时分，两艘军舰接近了 "卡尔" 会合点，"亚得里亚" 号正在那里等待。为避免在黎明前与这艘油轮相遇，两艘战列舰逐步降低航速，最后仅以 5 节速度前进。与此同时气温急剧下降，她们最终找到 "亚得里亚" 号时，温度计显示的是零下 15 摄氏度，飘落的雪花在劲风吹拂下旋转飞舞。由于能见度极差，要不是两艘战列舰装备了雷达，她们也许根本找不到油轮。而加油也是很需要运气的任务。严寒和海上漂浮的冰山形成重重困难与危险。德军有好几次不得不中断加油，等找到没有浮冰的区域再继续作业。舰上人员竭尽所能地工作，但加油过程耗费的时间还是不可避免地比吕特晏斯所期望的时间更长。最终在 2 月 1 日 23 时，"格奈森瑙" 号和 "沙恩霍斯特" 号都完成加油，吕特晏斯的分舰队做好了再次尝试进入大西洋的准备。[17]

吕特晏斯担心的不仅是正在搜寻他的英国舰队（他们肯定是想逼迫他接受战斗），他还必须考虑其他德国军舰的活动以及可能对 "柏林" 行动造成的影响。他知道 "海军上将希佩尔" 号已经进入布雷斯特港进行轮机大修，而且差不多快修完了。这艘巡洋舰很快就会再次出海，到大西洋上活动。如果 "海军上将希佩尔" 号在吕特晏斯的分舰队穿过丹麦海峡之前到达商船航线，那么英国人采取的反制措施可能会影响他自己成功突破的机会。[18]

吕特晏斯的担忧很有道理。"海军上将希佩尔"号1月29日进行了试航，结果表明这艘军舰已经完全恢复战斗力。她2月1日离开布雷斯特，舰长接到了避开主要商船航线的指示。德国海军战争指挥部已经理解吕特晏斯的意图，并对"海军上将希佩尔"号做出相应指示。他们要求迈泽尔上校先利用大西洋上的一艘油轮加油，然后等待对英国船只发动作战的信号。[19]

这些指示与吕特晏斯的计划配合得很好。2月3日夜里，他的两艘战列舰接近丹麦海峡。天气不能说不利，但也算不得理想。起初天空中阴云密布，但是海上的能见度相当好。渐渐地，冰缘线上的雾气越来越浓，正符合吕特晏斯的预期。突破行动到了关键阶段。德国人缺少关于海峡中冰情的最新情报，而海面上比比皆是的大块浮冰给导航带来很大困难。雷达不断扫描舰队周围的海域。瞭望员们提心吊胆，各舰随时准备开火。虽然没有发现任何其他船只，吕特晏斯还是下令以23节航速前进（考虑到周围的大块浮冰，这是一个非常冒险的速度），航向直指冰岛西北角以北10海里的位置。[20]

3时30分，舰队中响起警报。"格奈森瑙"号的雷达发现前方15千米外有一艘船。吕特晏斯命令向右转舵30度。不久以后，他又下令再次右转，并继续前进。如果那艘船保持其航向不变，德国舰队将在敌舰西侧、也就是其后方经过。双方的距离逐渐缩短到7200米，但没有任何迹象显示敌舰发现了两艘德国战列舰。德国人认为此时位于其左舷舯部方向的这艘敌舰是一艘武装商船，而双方的距离已经开始拉大。至此，被敌人发现的危机终于结束。[21]浩瀚的大西洋就在德国分舰队的前方，吕特晏斯向部下宣布：

"有史以来第一次，德国战列舰到达了大西洋！"

巡洋作战可以开始了。

"柏林"行动

成功突破后，吕特晏斯主要担心的就是加油问题。在格陵兰岛南端费尔韦尔角（Cape Farewell）以南大约100海里的某个地方，油轮"施莱茨塔特"号（Schlettstadt）正在等候。这个会合点的代号是"黑色"，吕特晏斯命令自己的战列舰向该地前进。随着吕特晏斯的分舰队通过丹麦海峡，它就离开了海军北方集群司令部的辖区，进入海军西方集群司令部管辖的区域。吕特晏斯用电台向海军西方集群司令部发送了一份简要的报告，表示他打算在2月10日以后对英国船只展开作战。他拍发此电的目的不仅仅是报告自己已抵达海军西方集群司令部辖区，也是为确保"海军上将希佩尔"号不会过早对英国护航船队实施作战。保持突然性要素是非常重要的。[1]

加油期间，吕特晏斯及其幕僚策划了后续作战。德军对英国护航船队的航行方式有着相当准确的了解。从美国出发的护航船队在加拿大港口哈利法克斯（Halifax）附近集结，然后沿着纽芬兰的海岸行驶一段距离，再沿一条弧形航线北上开往英国。之所以选择这条航线，是因为它大致符合所谓的大圆航线，也就是从地球上某一地点至另一地点的最短航线，因为越靠近极地，子午线之间的距离就越短。德国人估计从英国驶向美国的船队通常都是空船，它们走的是一条更偏南的航线。

吕特晏斯的情报还告诉他，两艘英国战列舰"拉米利斯"号（Ramillies）和"复仇"号（Revenge）驻扎在哈利法克斯。她们是皇家海军现役战列舰中最陈旧的两艘，但是都装备了38厘米主炮，威力大于"格奈森瑙"号和"沙恩霍斯特"号的28厘米主炮。德国海军本打算给这两艘德国战列舰各装备6门38厘米炮，分装在3个双联装炮塔中。但是，这种主炮在"沙恩霍斯特"号和"格奈森瑙"号建造时并未完成研发。因此，她们只能各安装9门28厘米炮，使用三联装炮塔。

"拉米利斯"号和"复仇"号会先跟随护航船队向东航行一段，然后返回

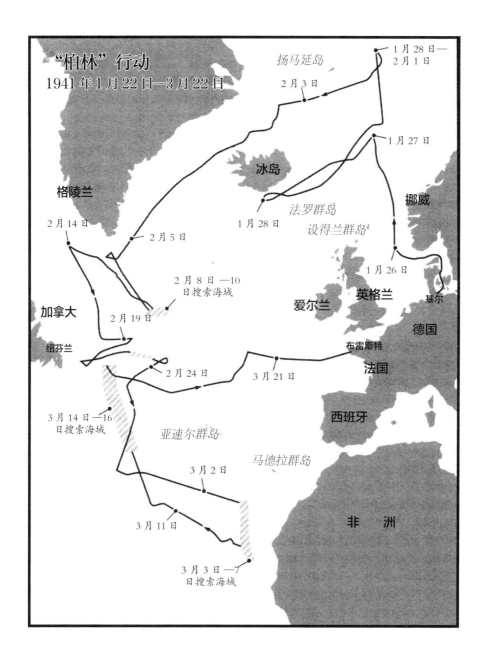

"柏林"行动
1941年1月22日—3月22日

扬马延岛

1月28日—
2月1日

2月3日

1月27日

冰岛

格陵兰

挪威

法罗群岛

2月14日

2月5日

设得兰群岛

1月28日

基尔

2月8日—10
日搜索海域

爱尔兰

英格兰

1月26日

加拿大

2月19日

德国

纽芬兰

布雷斯特

2月24日

3月21日

法国

3月14日—16
日搜索海域

亚速尔群岛

西班牙

马德拉群岛

3月2日

3月11日

非　洲

3月3日—7
日搜索海域

哈利法克斯,让其他舰船保护商船。商船队在被削弱的护航力量保护下继续穿越大西洋,到达某一地点后本土舰队的舰艇会来迎接它们,并担负起最后一段航程的保护职责。因此,吕特晏斯相信,在大西洋中的某一区域,护航船队将缺少大型军舰的保护,也就是说它们是非常好对付的。

万一德国军舰遭遇"拉米利斯"号和"复仇"号,有更大口径的主炮当然会好一点儿,但即使她们真的装备了更大的主炮,吕特晏斯下达的指令恐怕也不会与现实情况有本质不同。他已经明确表示,在任何情况下,德国军舰都应该避免与火力相当的对手交战。巡洋作战最根本的前提条件是德国军舰的高航速。如果失去这个条件,皇家海军就能够集中力量击沉为数稀少的德国军舰。与"拉米利斯"号和"复仇"号相比,德国军舰有 10 节以上的航速优势。只要未受损伤,"沙恩霍斯特"号和"格奈森瑙"号就可以拒绝战斗。

吕特晏斯估计,"拉米利斯"号和"复仇"号可以护送商船队到达哈利法克斯以东大约 1000 海里的地方。他打算在那个位置的东方搜索护航船队。2 月6 日临近 10 时时,两艘德国战列舰与油轮分手,驶向吕特晏斯打算开始搜索的海域。他已经接到一份情报,称一支护航船队正在哈利法克斯附近集结,它可能是代号为 HX109 的快速护航船队。此外,还有一支代号可能为 SC22 的慢速船队刚刚离开布雷顿角(Cape Breton)。[2]

2 月 7 日黎明时,两艘德国战列舰开始搜索猎物。她们将分头横穿护航船队应该经过的航线。如果第一天没有收获,这两艘战列舰将快速东进,在第二天继续搜索。吕特晏斯相信,使用这种方法找到护航船队的机会最大。

第一天平淡无奇地过去,除出现几只海鸟外没有任何值得一提的情况,但是第二天就令人兴奋得多了。8 时 34 分,"格奈森瑙"号上的瞭望员看见西方出现一个桅顶。烟囱冒出的浓烟给观察带来困难,但那根桅杆看起来是属于一艘军舰的。吕特晏斯决定谨慎行事。他命令"格奈森瑙"号转向东北方前进,同时给"沙恩霍斯特"号发送电报。吕特晏斯向"沙恩霍斯特"号的舰长恺撒·霍夫曼(Cäsar Hoffmann)上校通报了被发现敌舰的位置和航向,指示他 10 时 30分从北面发起攻击,而与此同时,"格奈森瑙"号将从南面夹击对手。[3]

那个桅顶在 9 时左右消失,但是在 9 时 45 分,"格奈森瑙"号的超短波电台发送了一条讯息："舰队司令致'沙恩霍斯特'号。在导航区 8435 发现护航船队，至少 5 艘船。"

"格奈森瑙"号减速至 15 节并改变航向，准备进入攻击阵位，但就在 10 时还差一点儿的时候，她的电台操作员收到了一条讯息："'沙恩霍斯特'号致舰队司令。在导航区 8198 发现敌战列舰。"

吕特晏斯立即决定取消攻击，并发出了重新整队的命令。"格奈森瑙"号向南撤退，"沙恩霍斯特"号则向北航行。起初看似诱人的目标此时已变得太过危险，不适合下手了。[4]

放过这支护航船队显然令人大失所望，在距离加拿大海岸如此遥远的地方遭遇一艘战列舰也大大出乎意料。眼下吕特晏斯不得不把这支船队交给潜艇去对付，而他自己打算去搜索 SC22。吕特晏斯相信英国人还没有发现他的舰队，所以他仍然掌握着突然性的优势。两艘德国战列舰在夜里会合时，霍夫曼向吕特晏斯报告说，"沙恩霍斯特"号曾接近那艘敌战列舰，并试图将它引向北方。敌战列舰最近时距离"沙恩霍斯特"号不超过 23 千米。霍夫曼这么做的意图是想让"格奈森瑙"号获得攻击商船队的大好机会。[5]

这个报告让吕特晏斯很是为难。霍夫曼无视了避免与同等战力对手纠缠的指示；最糟糕的是，突然性要素已经丧失了。于是吕特晏斯只得发电报要求对方今后严格服从自己的命令。[6]

吕特晏斯由于丧失了突然性而恼怒，这完全可以理解，但不容忽视的是，他确实曾命令霍夫曼发起攻击。且"沙恩霍斯特"号与敌舰的距离也没有接近到可能使其陷入险境的地步。问题在于，"柏林"行动在多大程度上已经泄露。德国人无法找到这个问题的明确答案。与敌战列舰（实际上就是"拉米利斯"号）的遭遇很可能已经引发皇家海军的强烈反应，但英国人也有可能对这一事件做出错误解读，并未意识到护航船队面临的危险有多大。此外，吕特晏斯也无法确定，在与那艘英国战列舰遭遇前他是否还拥有突然性优势。"拉米利斯"号向东航行了这么远，这一事实本身可能就在暗示英国人知道德国分舰队的行踪。

其实吕特晏斯很走运，只是他本人并不知道。"拉米利斯"号上的舰员并未正确识别出"沙恩霍斯特"号。他们很清楚自己看到了一艘德国军舰，但错把它当成了一艘希佩尔级巡洋舰。因此，皇家海军仍然没有察觉到吕特晏斯的两艘战列舰已经在商船队的航线上游弋。英国人估计"海军上将希佩尔"号或"海军上将舍尔"号此时正在返回德国的基地，这或许也在一定程度上诱导他们得出错误结论。托维相信"拉米利斯"号发现的就是这两艘德国巡洋舰之一，便掉头去封堵通往德国的航线。这样一来，在吕特晏斯搜索护航船队的海域中，除船队本身的护航舰艇之外，他已经没有任何对手。[7]

尽管发生了这一波折，吕特晏斯还是不顾可能的后果，决定在次日继续搜索猎物。10时，他接到证实英国人已获得预警的报告。海军西方集群司令部发送的一份情报告诉他，在海上活动的英军部队已经发现一艘或多艘可能属于敌方的舰船。但是仍然存在着一丝希望，英国人可能以为他们看到的是"海军上将希佩尔"号。[8]吕特晏斯希望海军西方集群司令部迅速指示"海军上将希佩尔"号对英国护航船队展开行动。他一边在哈利法克斯以东可能的护航船队航线上搜索，一边等待确认，但是一直没有收到新的电报。21时56分，他发送一条短讯："行动已被敌军察觉。"正如他所希望的，海军西方集群司令部看懂了他的意思。几小时后，"海军上将希佩尔"号就接到开始行动的指示。[9]

2月10日拂晓，两艘战列舰又一次占据阵位，准备开始搜索。但行动刚一开始，"格奈森瑙"号上的舰员就发现了一个严重问题。她的轮机遭到盐水污染，导致中间的螺旋桨轴无法使用。她的航速因此降到27节。这个问题可以在海上解决，但她要到下午才能恢复最大航速。与此同时，海上又出现了一根桅杆，但是那艘船冒出的浓烟使德国人无法判断它是战舰还是商船。虽然德国人提高了蒸汽压力，但那艘神秘的船只还是消失了。最终这一天的搜索也一无所获。吕特晏斯下令向代号为"蓝色"的下一个会合点前进，油轮"施莱茨塔特"号和"埃索汉堡"号（Esso Hamburg）已经在那里等候多时了。他觉得此时最好的做法也许是离开主要运输航线一段时间，希望"海军上将希佩尔"号能吸引英军注意力，而"格奈森瑙"号和"沙恩霍斯特"号在补充燃油后可以继续作战。[10]

吕特晏斯的希望很快就实现了。"海军上将希佩尔"号跟丢了HG35护航船队，也没能在通往直布罗陀的航线上截住它。但是她发现并击沉了落单的"冰岛"号（Iceland）。此后她更是鸿运当头。在通过无线电测向找到SLS64船队的方位后,"海军上将希佩尔"号截击了这支正在驶向弗里敦而且没有护航的商船队,在对方四散逃跑之前击沉了 7 艘商船,还击伤了另外 3 艘。取得这一胜利之后,迈泽尔上校重新驶向布雷斯特,并在 2 月 14 日到达该港口。

截至此时吕特晏斯还是很幸运的,但不久天气就开始恶化。气压计的读数快速下降,一场暴风雨似乎正在酝酿。2 月 11 日凌晨,风力显著加强,大海变得非常狂暴,而雷达显示在德国舰队南方有一个回波。吕特晏斯决定不去调查,反而将航速提高至 27 节扬长而去。回波消失了,但是 4 个小时后,随着曙光破云而出,雷达屏幕上出现了另一个目标。吕特晏斯再次选择隐藏自己。这两次被发现的船只都是缓慢向西南方向移动的,速度也许不过七八节,这意味着它们都是商船。在这一阶段,德国舰队位于护航船队前往目的地航线的北段。单是在这边海域发现商船的事实就足以让吕特晏斯感到些许宽慰。假如英国人已知晓这两艘德国战列舰的存在,他们很可能会命令护航船队绕道而行。[11]

风暴在 2 月 11 日这一天变得越来越猛烈,吕特晏斯的舰队朝着"蓝色"点缓慢前进。直到 2 月 14 日 9 时,"格奈森瑙"号的雷达才发现"施莱茨塔特"号。不久以后,"埃索汉堡"号也被寻获,但此时距离吕特晏斯做出加油决定已经过去不少时间。除从海军西方集群司令部接收情报并加以分析之外,他和他的幕僚在这段时间里并没有多少事可做。情报称在冰岛和设得兰群岛之间的海域发现了 1 艘英国战列巡洋舰和 1 艘轻巡洋舰,以及若干护航舰艇。吕特晏斯还得知,英国的 H 舰队已经在 2 月 12 日晚上离开直布罗陀。海军西方集群司令部还报告了"海军上将希佩尔"号取得的战果。德国人相信第 3 加拿大师正在海运至英伦三岛,这可能促使皇家海军向北大西洋派遣重兵。因此,吕特晏斯估计 HX 系列商船队在此后的几天里将继续伴有强大的护航力量。只要天气使得德国军舰无法使用其侦察机,吕特晏斯就只能继续持谨慎态度决策。[12]

2 月 16 日上午,两艘战列舰完成加油后转舵南下,前往吕特晏斯准备开始搜索护航船队的海域。缺乏情报的问题仍然没有解决。由于德国空军未能成功对斯卡帕湾实施空中侦察,吕特晏斯并不知道本土舰队在何处,只知道 H 舰队尚未回到直布罗陀。不过,德国海军驻华盛顿的武官提供了非常重要的情报。从美国各港口出发的商船组成了一支特别船队,已经于 2 月 15 日集结在哈利法克斯附近。这支船队极有可能已经开始向东航行，而吕特晏斯决定找到它。他选择了与一个多星期前一样的搜索模式。毕竟他曾经用这种办法成功地找到了一支船队，只不过它的护航力量过于强大。[13]

2 月 17 日这一天，德国人寻找商船的所有努力都没有结果，但翌日他们发现了一个桅顶。德舰将航速提高到 23 节，那个桅杆逐渐变得更清晰了。从外形上看，它像是一艘军舰。但另一方面，滚滚的浓烟又使这个结论不那么可靠。无论如何，吕特晏斯还是忍住了攻击这艘船的冲动，下令减速至 17 节。当天中午，另一艘船从一团雨飑中冒了出来。双方相隔 19 千米，刚好在德舰雷达的极限有效距离上。"格奈森瑙"号和"沙恩霍斯特"号再次将航速提至 23 节，这一次的目标看上去明显是一艘商船。但是，鉴于它似乎并无同伴，吕特晏斯又决定放过它。他更希望找到一支船队。攻击一艘落单的船只可能会暴露他那支分舰队的存在和方位，妨碍他寻找护航船队。2 月 18 日余下的时间波澜不惊地过去了。次日也没有值得一提的事件发生。[14]

吕特晏斯相信那支特别船队已经从自己身边溜走，因此他不得不等待下一支离开哈利法克斯的船队。德国海军司令部的人都对缺乏战果的事实感到沮丧。自从"格奈森瑙"号和"沙恩霍斯特"号离开基尔，已经过去了四个星期，而她们连一艘船都没有击沉。吕特晏斯一直把无线电通信控制在最低限度，以防英国人通过监听无线电信号来测出他那支分舰队的方位。他发送的电文寥寥无几，而且都非常简短。陆地上的德国海军司令部并不清楚吕特晏斯的活动，2 月 19 日，他收到一份电报："目前仍不清楚敌人是否预见到我方战舰在北大西洋活动。如果你是因为敌情而未将分舰队投入战斗，我们赞同你的做法。"[15]

但是，吕特晏斯面临的主要问题并不是英国本土舰队，而是迟迟没能找到任何护航船队。德军计划的一个根本前提就是在海上可以很容易地找到护航船队。然而大海茫茫，吕特晏斯不得不承认，仅靠手头的两艘军舰很难找到英国护航船队。他考虑过使用军舰上搭载的飞机，但这些飞机都是水上飞机，依靠弹射器起飞，返回母舰时必须降落到海上，然后靠吊车把它们吊到战列舰上。大西洋海域很少有风平浪静的时候，尤其在冬季的几个月份，经常无法使用飞机。吕特晏斯此时已经意识到，他急需其他舰船来帮助搜索。即便是续航能力有限的驱逐舰，也会大有帮助。[16]

　　虽然有着种种问题，但吕特晏斯的狩猎运还是很快有了起色。2 月 20 日，他的舰队向西南航行，前往合适的阵位以再次开始搜索。天气越来越差，还是无法实施空中侦察。在夜里，能见度下降到 1500 米，丝毫看不出吕特晏斯的努力有成功的希望。第二天搜索继续，吕特晏斯也感到越来越灰心。他的两艘军舰已经烧掉了大量宝贵的燃油，却一无所获。中午，"沙恩霍斯特"号驶近旗舰，用信号灯发送了一份报告。霍夫曼上校通知吕特晏斯，有一艘空载的商船曾经从一团雨飑中短暂现身。霍夫曼因此相信，两艘德国战列舰已经向西航行太远，到了护航船队解散、让商船分头前往各个美国港口的海域。[17] 这可是非常严重的消息。如果这里的商船都是单独航行的，那么德国舰队被敌人发现的可能性就会大大增加，而找到成队商船的机会却会微乎其微。但是，吕特晏斯希望"沙恩霍斯特"号发现的那艘船只是规模更大的船队的先导探路船。

　　这一次，德国人交上了好运。夜里，"格奈森瑙"号的雷达上出现一个回波，到天明时情况已经变得明朗。先是出现了烟柱，11 分钟后在另一个方向，36 千米外有一些桅顶依稀可辨。半小时后，德国人又发现两艘船。既然这一带出现了这么多船，那么它们就不太可能都是单独航行的。吕特晏斯终于找到了他苦苦寻觅的护航船队，他当即下令发起攻击。为在船队解散前击沉尽可能多的商船，两艘战列舰分头行动。[18] 德方的无线电操作员全神贯注地监听第一个牺牲品——"坎塔拉"号（Kantara）发出的一切电讯。阻止这艘商船发送任何警报是至关重要的。临近 10 时，这艘商船上的电台开始发报。德方的大功率发射机立刻阻塞频率进行反制，同时"格奈森瑙"号上的信号灯发出讯息，要求"坎塔拉"号的船员弃船。对方并未听从警告。相反，这艘商船开始转舵，企图逃跑。吕特晏斯下令进行警告射击，但是"坎塔拉"号的唯一反应来自它的电台。于是"格奈森瑙"号以 28 厘米主炮的射击作为答复。四次快速的齐射之后，"坎塔拉"号的电台沉默了。"格奈森瑙"号提高航速以拉近距离，并转到了与"坎塔拉"号平行的航向。德国人打算先击伤"坎塔拉"号，然后继续追猎其他商船，回头再来结果"坎塔拉"号。但是，就在双方距离接近到 10000 米时，"坎塔拉"号的电台第三次开始发报。德国人再度开火，这一次用的是 15 厘米副炮。四次齐射似乎解决了问题。"坎塔拉"号燃起熊熊大火，停止了电讯发送。但令人惊讶的是，英方的无线电报务员仍未放弃。距离接近至 2000 米时，无线电波再次从"坎塔拉"号飞向空中。这一次德国人没有手下留情。"格奈森瑙"号的高射炮开始射击，炮手们得到的命令是击沉这艘商船。短短几分钟后，"坎塔拉"号就开始下沉。她的 39 名船员，包括在炮火下丧生的一人在内，都被"格奈森瑙"号救起。[19]

"格奈森瑙"号又击沉两艘船。"沙恩霍斯特"号也取得战果，击沉油轮"光泽"号（Lustrous）。至此似乎一切顺利，但"格奈森瑙"号追杀她的最后一个猎物时，她还派出了自己的水上飞机去侦察地平线上依稀可辨的另一艘船。飞行员得到的命令是找到并跟踪该船。然而"格奈森瑙"号上的报务员们截获了那艘商船发出的一份电讯，内容是报告自己遭到空袭。那架水上飞机回到"格奈森瑙"号时，飞行员报告说，自己要求那艘商船向"格奈森瑙"号靠拢然后停船。由于那艘船并未表现出任何服从的迹象，飞行员就用炸弹和机枪攻击了它。他的这些举动暴露了德国舰队的存在，而德国舰队看来也不太可能在天黑前追上那艘船。[20]

好在吕特晏斯还有雷达。21 时刚过，它就在很远的距离上发现了那艘商船。"格奈森瑙"号迅速向对方靠近，距离缩短到 2200 米时，她打开探照灯，将那艘船击沉。41 名船员中有 32 人被救起。[21]

尽管有最近的胜利，截至此时"柏林"行动还是战果寥寥。舰队出海一个月后，仅击沉 5 艘船，如此可怜的成果基本上不可能让一个拥有近 4000 艘商船的敌国感到困扰。唯一能让人看到一点儿希望的地方是，英方未能清晰地把握德军的行动，因而无法采取有效的反制措施。此外，德国人还有一点也非常幸运。2 月 22 日，曾有一艘英国商船发现了两艘德国战列舰之一。这艘船发出的电报被德方截获，而其中报告的战列舰方位是完全错误的。对德国人来说，这比完全没有报告还要好。[22]

还在追击那五艘商船中的最后一艘时，吕特晏斯就下定决心，要在击沉那艘船后立刻向会合点"罗罗"前进。"罗罗"点位于马尾藻海中央，那里是大西洋上很少有船只经过的海域。德国补给船"埃尔姆兰"号（Ermland）和"不莱梅"号（Breme）就是两个少有的例外，吕特晏斯打算利用她们给自己的两艘战列舰加油。此外，"格奈森瑙"号上还有大约150名来自被击沉的商船的俘虏，"沙恩霍斯特"号上也有37人。由于两艘战列舰上能用于容纳俘虏的多余空间很少，最好是把他们转移到补给船上，后者能提供更好的居住条件。[23]

由于到此时为止战果寥寥，"格奈森瑙"号和"沙恩霍斯特"号上的舰员们都士气低落，海上的艰苦条件又会加剧这一问题。出海几个星期后，他们急需休息几天。舰员们的工作岗位往往很局促，没有多少空间可用于活动身体，舰船的颠簸却会造成令人不快的身体运动。水兵们经常需要和衣而卧，因为战斗随时可能爆发。平均下来，一名水兵每晚只能睡4到5个小时。有时候水兵们确实能在白天抽空睡一小时，但是缺乏睡眠的问题最终都会给他们造成影响。[24]

另一个给舰员们造成很大压力的因素是汹涌的海浪。大浪涌上甲板时，许多舱门、房门、阀门和其他开口都必须保持紧闭，这就导致许多舱室通风不良。在这种缺乏空气流通的环境里，就连呼吸和出汗都会造成湿度过高。除此之外，舰上的气候倒是没有什么问题。只要舰队在偏北的纬度活动，军舰内部的温度就不会升到舒适范围之上，当然外部的温度就完全是另一回事了。例如，瞭望员就必须顶风冒雨工作。但是，如果作战要求舰队前往亚速尔群岛（Azores）或加那利群岛（Canaries）一带，温度就可能大幅度升高。[25]

水兵们可以享受到很不错的饭菜。吕特晏斯的两艘战列舰离开基尔时，她们携带了很多新鲜水果和蔬菜。因为这些食品无法长期保存，所以它们是最早被吃掉的。马铃薯的保质期则要长得多，于是它就成了出海第二个月的主食。为预防疾病，从出海的第四个星期起水兵们都能领到维生素片。随着一艘艘商船被击沉，舰上有了更多需要吃饭的嘴，不过这只是小问题；战列舰上的食物储备是绰绰有余的。不过，淡水的供应还是比较有限。舰队在偏北的纬度活动时，曾不断出现患重感冒的病号，不过当舰队到达马尾藻海时，这些问题就消失了。虽然也出现了几个阑尾炎病例，但基本上与营养不良、卫生条件不佳或其他环境问题没有联系。除此之外，"柏林"行动期间的卫生和医疗问题只能算是非常轻微的。[26]

德国战列舰 2 月 26 日下午到达"罗罗"点，很快就找到两艘油轮。就在双方即将会合时，德方的无线电报务员截获了几艘西班牙和葡萄牙商船的通信，表明这几艘船可能会在附近经过。吕特晏斯为继续避人耳目，便命令战列舰和补给船都向东移动。2 月 27 日，两艘军舰开始加油，但是恶劣的海况使加油过程的难度和耗时都超出预期。[27]

吕特晏斯本想让舰员们休息几天，等到 3 月 1 日过后再继续作战。但是，一些并非他所能控制的事件迫使他改变决定。首先，"海军上将希佩尔"号在布雷斯特逗留的时间超出了他的预料；"格奈森瑙"号和"沙恩霍斯特"号开始加油时，她还在那个港口里。如果吕特晏斯的两艘战列舰与迈泽尔的巡洋舰合兵一处，他就可以用三艘军舰攻击非洲和英伦三岛之间的同盟国护航船队航线。考虑到寻找船队的难度，有三艘军舰用于搜索总要好一点儿。此外，海军西方集群司令还报告说，英国人似乎改变了从弗里敦向北航行船队的时间表。预计在 3 月 3 日以后，很快就会有一支北上的护航船队将抵达加那利群岛附近的海域。"沙恩霍斯特"号和"格奈森瑙"号 2 月 28 日完成加油和俘虏的转移，吕特晏斯随即命令这两艘军舰驶向加那利群岛。[28]

两艘德国战列舰 23 日抵达加那利群岛以西不远处。温暖的气温又带来了另一些困难。在储藏弹药的舱室中，温度在中午以前达到 30 摄氏度以上。中午时分，两艘战列舰开始搜索。这一次吕特晏斯希望更好地发挥飞机的作用。然而不幸的是，已经有一架飞机失踪了。剩下的三架飞机中，有两架是"沙恩霍斯特"号上的。[29] 在接下来的几天里，德国人始终没有找到任何船队，而"格奈森瑙"号的那架飞机又在降落时损坏了。"沙恩霍斯特"号的一架飞机在返回母舰时一度迷航，霍夫曼不得不丢下寻找护航船队的任务，先搜索他的飞机。[30]

"格奈森瑙"号的技术人员日夜赶工抢修损坏的飞机，终于在 3 月 4 日中午前使它恢复了可使用状态。这架飞机在短时间内连续进行了三次侦察飞行，但第三次降落时又损坏了。这一次受损情况特别严重，已经不可能在海上修理了。为保证每艘战列舰都有一架完全可用的飞机，"格奈森瑙"号拿这架飞机换了"沙恩霍斯特"号的一架飞机。[31]

　　就在这些令人丧气的事情接踵而至时，吕特晏斯又接到通知，说是 H 舰队已经重新在直布罗陀锚泊。这份情报意味着此时并没有正在沿非洲西海岸北上的护航船队。更确切地说，最近似乎刚有这样的一支护航船队路过。此外，根据关于 H 舰队的报告可以推断出，德方对于非洲航线上英国护航船队时间表的猜测是错误的。德国不同情报部门之间的分歧加重了吕特晏斯对所获情报的怀疑。不久之后，又发生了另一个引发他焦虑的事件。在零点前一个小时多一点，"格奈森瑙"号上的无线电报务员截获了一份发送自某艘德国潜艇的报告。这艘潜艇发现了两艘战列舰。核对潜艇所报告的方位后，吕特晏斯被这份报告引发的担忧变为愤怒。报告中的方位几乎与吕特晏斯分舰队的实际位置完全一致，[32] 这艘潜艇没能认出其所报告的军舰属于德国，所以就存在其他潜艇应召而来、对这两艘战列舰发射鱼雷的巨大风险。吕特晏斯陷入了困境。他应该向海军西方集群司令部发送电报来澄清事实吗？还是应该冒着被友军潜艇攻击的危险保持无线电静默，以防英国人测出他舰队的方位？无法直接与潜艇通信的事实令吕特晏斯忍不住出言咒骂。苦恼了一阵之后，他决定向欧洲的各个海军司令部发送电报，同时命令舰队暂时离开这片海域。[33]

　　一段时间之后，两艘德国战列舰与 U–124 号潜艇取得联系，并确认了该区域所有潜艇都已接到关于这两艘战列舰的存在的通报。但形势仍然很严重。吕特晏斯的燃油只够再用几天，届时他将不得不放弃搜索商船队，转而寻找德国油轮。[34]

　　3 月 7 日午前，"沙恩霍斯特"号上的一个瞭望员看到一艘战列舰。吕特晏斯推测它属于一支正在北上的商船队的护航力量。虽然此时还没有发现商船，但这艘战列舰可能是为商船队开路的。一个小时后，吕特晏斯的猜测得到证实，"格奈森瑙"号前桅楼中的瞭望员发现了大约五艘商船的桅顶。鉴于敌战列舰是向西航行的，吕特晏斯便命令"沙恩霍斯特"号和"格奈森瑙"号前往更偏东的地点会合。他提高了航速，但是把提速过程控制得很慢，以防自己的战列舰因为冒出浓烟而暴露。[35]

　　命运之神似乎不愿配合吕特晏斯。现在他终于找到了一支护航船队，但是按照他自己的指示，他却不能攻击它，因为它有一艘战列舰保护。在海上转了六个星期，只找到两支护航船队，而它们都是有战列舰保护的。英国人究竟能匀出多少大型战舰为商船队护航？他该怎么做？一种选择是寄希望于在最近发现的这支船队后面找到另一支速度较慢的船队。但此时的情况与在哈利法克斯附近找到护航船队时相比，有一个重要的不同：德国潜艇的存在。也许可以指示她们来攻击这支护航船队，甚至用鱼雷攻击那艘战列舰。问题还是通信。没有办法与潜艇直接通信的事实再次让吕特晏斯痛心疾首。他不得不冒着暴露"格奈森瑙"号方位的危险，向位于德国的海军司令部发送电报。为尽可能降低风险，他的电文极为简短："在导航区 DT9919 发现护航力量非常强的商船队。"这份电报发送于 11 时 25 分。[36]

过了一个小时，吕特晏斯仍然没有收到对方接收电文的确认。出了什么事？电报到底有没有被收到？13 时他又把这封电报发了一次，又过了 20 分钟，他终于得到司令部的确认，并得知他们已经向潜艇部队下发指示。然而吕特晏斯还是愤愤不平。司令部收到他的电报以后，就应该立即发送确认才对。在这段时间里，"沙恩霍斯特"号和"格奈森瑙"号还在继续跟踪那支护航船队。已确认那艘敌战列舰是"马来亚"号（Malaya），也是一艘参加过第一次世界大战的老舰，但毕竟装备 38 厘米主炮。似乎还有另外几艘战舰为该船队护航。[37]

吕特晏斯以前并未设想过用自己的战列舰跟踪护航船队，引导潜艇发起攻击。但这一次实战行动执行得相当不错。3 月 7 日夜，两艘潜艇攻击了那支护航船队，将其中的 5 艘船送进海底。此后，德方就与该船队失去接触。[38]

燃油对两艘德国战列舰来说是至关重要的问题。她们还可以再花一天时间搜索护航船队，但之后就不能不加油了。吕特晏斯一度忍不住想攻击这支他已经发现的船队。下午他曾经向对方靠近，但是不久"马来亚"号就出现了。德国人不知道的是，"马来亚"号的水上飞机已经发现了德国舰队，因此英国人很清楚他们的存在。双方相隔 16 海里，在"格奈森瑙"号掉头离开之前曾缩短到 14 海里。英国战列舰曾试图跟踪敌人，但是它的速度实在太慢，双方的距离迅速拉大。不过吕特晏斯接近商船队的企图还是没有得逞，18 时 03 分他命令自己的舰队与供应船在双方商定的位置会合。[39]

就在吕特晏斯徒劳地尝试攻击弗里敦航线上的英国船队时，德国海军司令部已经在考虑未来的作战。"海军上将舍尔"号和"海军上将希佩尔"号将会返回德国。"格奈森瑙"号和"沙恩霍斯特"号将前往布雷斯特，在那里完成大修后尽快恢复作战，下一次她们将与"俾斯麦"号和"欧根亲王"号联袂出击。计划让吕特晏斯指挥下一次作战。不过他首先需要在亚速尔群岛和加那利群岛之间执行一次牵制行动，以帮助"海军上将希佩尔"号和"海军上将舍尔"号悄悄回到德国。[40]

吕特晏斯接到这些指示时心情复杂。他已经看出来，主要的问题是他手上这两艘战列舰的状况。她们已经被长期的海上活动折磨得疲惫不堪。在"格奈森瑙"号上，舰员们已经很少启用几套重要的系统，以免它们在紧急情况下不堪使用。"沙恩霍斯特"号的舰况则更糟，轮机舱中有多条管道已经损坏。她已经无法达到她的设计最高航速了。吕特晏斯估计，解决困扰"沙恩霍斯特"号的问题需要花 10 个星期，而让"格奈森瑙"号全面恢复战斗力也需要 4 个星期。因此，"沙恩霍斯特"号已经不可能按计划与"俾斯麦"号和"欧根亲王"号一同出击。吕特晏斯在向海军司令部发送的电报中指出，"格奈森瑙"号有可能参战。[41]

海军司令部提议的牵制行动很复杂。吕特晏斯认为必须在"柏林"行动结束前取得一定的战果。很显然，他还不肯放下击沉英国货船的念头，不过他也相信这两艘战列舰上的舰员需要一场胜利来鼓舞士气。也许这样的胜利对于在德国海军其他舰船上服役的官兵也有好处。如果可能的话，最好是把牵制行动与对英国运输船的成功攻击合在一起实施。因此，吕特晏斯认为亚速尔群岛和加那利群岛之间的海域并不合适。在美国东海岸附近，虽然遇到独行船只的可能性似乎不大，但总的来说前景更为乐观。因此，吕特晏斯选择了海军司令部设想的另一个方案，并在 3 月 8 日通知了他们。他的两艘战列舰完成加油并补充给养后，就将立即向西北方向航行。[42]

3 月 12 日夜里，吕特晏斯的战列舰完成加油作业。这一次，他命令两艘油轮"乌克马克"号（Uckermark）和"埃尔姆兰"号跟随"沙恩霍斯特"号和"格奈森瑙"号行动。他打算利用油轮作为搜索商船的帮手，这样一来他的分舰队就可以搜索更宽广的海域。在此后的几天里，这四艘船驶向与纽约在同一纬度、距离美国东海岸大约 2500 千米的位置。她们在 3 月 15 日上午到达该位置,随后就开始搜寻商船。[43]

"海军上将希佩尔"号也在同一天从布雷斯特起航,驶向格陵兰西南方的某个位置,并在那里补充燃油。随后她应该穿过丹麦海峡,开往某个德国港口。如果吕特晏斯能够吸引英方的注意力,那么皇家海军就很难阻止"海军上将希佩尔"号抵达其目的地。[44]

3 月 15 日上午,"乌克马克"号发现了两艘可能是油轮的船只。"格奈森瑙"号立即加速驶向这两艘疑似的油轮,逼迫其停船,然后德国海军的登船队登上这两艘船,将他们开往德方控制的港口。当天,德军舰队继续搜寻商船。"乌克马克"号与"格奈森瑙"号配合,而"埃尔姆兰"号与"沙恩霍斯特"号结伴。油轮一旦发现目标,就向战列舰报告,后者则加速追击猎物,将其击沉或俘获。[45]

类似的场景在次日不断重演。吕特晏斯的舰队取得的战果大大超过前一段时间。在短短一天半里,她们就击沉或俘获了 15 艘船。但是,时间不断流逝,终于到了该前往布雷斯特的时候。吕特晏斯为"乌克马克"号船员在这些天所做的贡献向其表达谢意。就在此时,地平线上又出现了一艘船,吕特晏斯决定把它也纳入自己的战果中。"格奈森瑙"号迅速拉近距离,开了一炮以示射击。那艘商船是"智利收帆人"号(Chilean Reefer),它进行了还击,并施放烟幕企图逃跑。德国人立刻以猛烈的炮火回敬,很快就使这艘商船燃起大火。显然,它是一艘曾经为商船队护航的武装商船。[46]

"智利收帆人"号的船员们弃船逃生,"格奈森瑙"号开始营救这些水手。就在此时,"格奈森瑙"号的雷达接收到多个回波,它们来自大约 20 千米外的几艘船。不出一分钟,地平线上就露出了几个桅顶。其中一个看起来像是一艘大型军舰,有可能是纳尔逊级战列舰。随后双方的距离缩小到 10 海里左右,那艘英国战列舰要求德舰表明身份。吕特晏斯耍了一个花招,谎称自己的船是英国巡洋舰"绿宝石"号(Emerald),与此同时他下令掉头以尽可能快的速度脱离,并向其他德方舰船发出警告。随着双方的距离快速拉大,太阳也渐渐沉入地平线下。到了 21 时,敌舰的身影已经消失。吕特晏斯便继续向东南方向航行,进行最后一次加油作业。[47]

英国人对他们面临的局势感到费解。直到 3 月 15 日夜里，他们才确信这片海域里至少有一艘德国军舰。等到"罗德尼"号 3 月 16 日傍晚救起"智利收帆人"号的幸存者以后，英国人才得知"格奈森瑙"号就在离他们不远的地方。此外，大约在同一时间，他们终于意识到"海军上将希佩尔"号已经不在布雷斯特。但是，他们的反制措施还是显得毫无章法。这是因为掌握的情报仅仅是只鳞片爪，不足以让他们搞清楚德方的意图。德国人可能是刚刚开始对大西洋上的商船航线展开作战，也可能是即将结束作战，或者正在作战过程的中途。此外，也不能排除崭新的战列舰"俾斯麦"号企图突破封锁进入大西洋的可能，因此本土舰队不得不留出一部分兵力来应对这种威胁。[48]

就在英国海军部开始认清形势，并因此感到一定的紧张和焦虑时，德国人的作战正临近尾声。完成加油作业后，吕特晏斯在 3 月 19 日午后将航向转到布雷斯特方向。不久，他的舰队就进入了德国空军的空中掩护范围。3 月 22 日一早，"格奈森瑙"号和"沙恩霍斯特"号进入布雷斯特锚泊。[49] 第二天，"海军上将希佩尔"号穿过丹麦海峡，五天后抵达德国。不久以后，"海军上将舍尔"号也在未被发现的情况下抵达目的地。[50] "柏林"行动就此告一段落。

"莱茵演习"行动

所有德国战舰都返回基地后，德英双方都利用这段间歇时间研究了"柏林"行动中的经验教训。两军都对己方舰船的活动知道得清清楚楚，但是对敌方的兵力、手段和措施只有零星的了解。尽管如此，有几个结论似乎是足够清晰的。一个例子是德国军舰在大陆港口和大西洋之间的来去自如。"海军上将希佩尔"号和"海军上将舍尔"号在从德国出击和返回德国时，都相当轻易地穿过了丹麦海峡。"沙恩霍斯特"号和"格奈森瑙"号确实在冰岛以南遇到过困难，但是此后她们也毫不费力地通过了丹麦海峡。因此，丹麦海峡似乎很适合作为突破口。而且，从德方角度看，法国大西洋沿岸的港口似乎很适合用于巡洋作战。"海军上将希佩尔"号曾两次进入布雷斯特又离开该港口，始终没有被英军发现或袭扰。"格奈森瑙"号和"沙恩霍斯特"号也成功抵达了布雷斯特，只不过她们被英国侦察机发现了。当然有一点不能忘记，所有这些行动都发生在冬季，夜晚比较长，导致能见度下降的天气也比较多。如果是在夏季的几个月份，要避开探测可能就比较困难。

但是，虽说德国人在尝试进入浩瀚的大西洋时并未遇到多少困难，但尝试寻找可攻击的护航船队时，他们显然就没那么成功了。似乎可以合理地认为，这两个观察结果都可归因于这样一个简单的事实：海洋实在太过广阔，而可用的舰船又很少。有了这样的认识，那么英国人所实行的护航船队制度的优点也就显而易见了。因为寻找一艘单独航行的商船基本上并不比寻找一支护航船队容易，所以在远渡重洋前把众多商船集中在一起是更好的做法。如果同盟国选择让一艘艘商船单独航行，那么德军发现它们的机会反而会更大。

无论如何，护航船队制度的主要优点是，可以将用于保护商船的军舰集中在一个区域，从而更有效地发挥作用。德国人却无法依样画葫芦地集中自己的潜艇和水面舰艇，因为他们需要先把可用的舰船分散到各片区域才能找到护航船队。吕特晏斯曾经三次发现护航船队，但每一次都在附近遇到一艘英国战列舰。德国人无法确切知道，英国人究竟是把用战列舰保护商船队作为惯例，还是只有在情报显示德国战列舰已经出海的时候才会这样做。鉴于"海军上将希佩尔"号和"海军上将舍尔"号都曾遇到没有战列舰保护的商船队，皇家海军也许并没有给每支护航船队都分配一艘战列舰。所以德国海军司令部的结论是，未来无论是突破还是后续作战，保密都是头等大事。

吕特晏斯苦叹自己在"柏林"行动期间缺少可用的侦察机。他希望仿照"沙恩霍斯特"号，给"格奈森瑙"号加装一个机库，让她在大西洋作战时能携带更多飞机。眼下"沙恩霍斯特"号和"格奈森瑙"号只能携带 4 架阿拉道 Ar 196 型飞机，因此哪怕只损失一架飞机，也会严重削弱她们实施有效空中侦察的能力。[1]

侦察机数量有限的问题固然严重，而另一个问题与之相比也毫不逊色，那就是水面部队与潜艇部队之间缺乏直接通信手段，原因在于它们的电台频率、密码系统和呼叫代号都不同，必须依靠岸上的指挥官转发消息。虽然潜艇经常需要潜入无法接收任何无线电信号的水下，但大多数时候还是在水面上航行的。如果水面部队与潜艇部队能够有效通信，它们的协同作战效果就会大大提高。如果在需要战斗的时候，舰队指挥官能够指挥一定数量的潜艇，那么不仅是作战，在侦察方面也可以实现协同。[2]

吕特晏斯在"柏林"行动中的一条基本作战原则就是尽可能降低自己分舰队所冒的风险。在以后的作战中，他也会遵守这条原则。虽然按计划这些作战将会有其他舰船加入，包括比"沙恩霍斯特"号和"格奈森瑙"号更强大的军舰，但是让这些军舰面临不必要的危险仍然是错误的。巡洋作战的主要目的是破坏英国的贸易，而实现这一目的的最佳手段是攻击英国商船并使之沉没。除大量毁灭英国商船之外，德国人还希望巡洋作战能够产生附带的影响。例如，如果英国人被迫为他们的商船队提供更强的护航力量，那么商船就要浪费更多时间来等待所有参与护航的舰船集结，这就会降低整个体系的运输能力。正是由于这些原因，德国人必须始终使他们的舰艇保持完好，从而将尽可能多的时间用于威胁英国在大西洋上的运输通道。自开战以来，在大西洋上的巡洋作战中，德国仅仅损失了"海军上将斯佩伯爵"号而已。

此时还没有人知道，让"俾斯麦"号参加计划中的作战会产生什么后果。她的吨位和火力使海军策划人员有了更多选择。1941年4月2日，德国海军司令部下发指令，讨论与未来作战有关的各种设想。如果将"俾斯麦"号和"蒂尔皮茨"号同时投入作战，那么她们大可先与为商船队护航的军舰交战，将其击沉后再对付商船。[3]但是，在等待这两艘军舰全面形成战斗力的过程中，海军的雄心壮志也消退了不少。最后他们选择的替代方案是用"俾斯麦"号牵制护航力量，让较小的舰船攻击商船。在这一阶段，已经明确了以重巡洋舰"欧根亲王"号伴随"俾斯麦"号出击的方案。"格奈森瑙"号也将参加作战。她将从布雷斯特出海，在大西洋上与这两艘军舰会合。"沙恩霍斯特"号这一次无法参战，因为她的轮机修理无法及时完成。最后决定在4月26日，趁新月时节发动这次代号为"莱茵演习"（Rheinübung）的行动。[4]

虽然4月2日的指令明确要求以"俾斯麦"号吸引和拖住护航舰船，但并没有给出她应该如何完成这一任务的具体说明。对任何军舰来说，在海上拖住对手都不容易，而且这么做要想不冒风险似乎是不可能的。也许"俾斯麦"号可以仰仗自己出色的射程，但这种做法也有问题。在25千米以上的距离命中目标是非常稀罕的事，而且英国战列舰中只有最旧的几艘射程不足25千米。即便"俾斯麦"号拥有射程优势，那也只是一个概率上的优势而已：她在大约20千米或更远的距离上命中目标的概率更大，但这远远不能保证她首先命中对手。另一种可选的做法是"俾斯麦"号从一个方向接近护航船队，而较小的德国战舰（例如"欧根亲王"号）保持在对手视野之外。如果"俾斯麦"号能够诱使英国战列舰挡在她和护航船队之间，或许就能为"欧根亲王"号或"格奈森瑙"号创出从另一个方向攻击护航船队的机会。吕特晏斯也在他关于下次作战的指令中讨论了这个选项。[5]细读4月2日的指令就可以发现，和"柏林"行动一样，此次作战的主要目的是击沉英国商船。只有在为完成主要目的而必须战斗的情况下，才可以与英国战舰交火，而且前提是这么做不需要冒很大风险。[6]

对于此次作战的指挥官人选，并不存在什么争议。上级没怎么犹豫就选择了吕特晏斯，何况他在"柏林"行动最终阶段接到的指示就已经明确把他定为"莱茵演习"行动的指挥官。吕特晏斯或许很高兴自己被确定为行动总指挥，但他很快就意识到，这次行动从某一方面来讲比上次更为复杂。"沙恩霍斯特"号和"格奈森瑙"号是几乎完全一样的两艘姐妹舰，然而"俾斯麦"号和"欧根亲王"号却是一对很不般配的搭档。她们的作战能力差异很大，但通过给每艘军舰分配不同的任务，应该可以把这种影响降到最小。"欧根亲王"号并不出众的续航能力是个更大的问题，因为她需要的加油次数将会大大多于"俾斯麦"号或"格奈森瑙"号。[7] 考虑到对这些德国战舰来说在海上加油和补充给养是生死攸关的大事，德国人为这次重要任务分配了8艘补给船。[8] 但"欧根亲王"号在补给之后所能航行的距离还是不如舰队中的其他成员，吕特晏斯的行动范围因此也就受到了限制。

指令下发几天以后，发生了一些有可能打乱整个计划的事件。4月4日，德国海军司令部强调，必须为布雷斯特港内的军舰提供防范鱼雷攻击的保护措施。当时，该港口可以为3艘战列舰提供充分的鱼雷防护措施，其船坞中可以另外安置2艘。从6月起，港口中能用于安全停泊战列舰的泊位又可以增加一个。[9] 德国海军认为这足以应对英国鱼雷机的威胁，但是在4月4日夜间，皇家空军派出一队轰炸机空袭了布雷斯特。虽然没有造成严重破坏，但是有一颗哑弹落进了"格奈森瑙"号所在的船坞。为拆除这颗未爆弹，不得不将"格奈森瑙"号移出船坞，而汹涌的海浪又妨碍了德国人在她周围布置防雷网。4月6日黎明，皇家空军抓住这个机会发动一次奇袭。这是一次难度很大的作战行动，但是英军有天公襄助，雾霭使德国高射炮手难以观察到逼近的飞机。加拿大飞行员肯尼思·坎贝尔（Kenneth Campbell）表现出了非凡的个人勇气。德军的炮火非常猛烈，无数炮弹在他的"波弗特"式飞机周围爆炸，但是他稳稳地把住方向，在离海面仅仅15米的高度冲向目标。随着"格奈森瑙"号的身影在他眼前变得越来越大，他在极近距离上释放了鱼雷。他的飞机就因为失去鱼雷的重量而陡然变轻时被炮火击中，坠毁在海面。坎贝尔始终没能看到他的鱼雷是如何击中"格奈森瑙"号舰艉的。因为这一壮举，坎贝尔被追授了维多利亚十字勋章。[10]

"格奈森瑙"号受到的损伤远远算不上致命，但足以使它战斗力大减，需要经过至少10个星期的修理才能恢复，这对德军的"莱茵演习"行动计划是一个沉重打击。[11]

随着 1941 年春季的开始，更多的问题逐一涌现，导致计划中的作战不断延迟，甚至巡洋作战的整套理念也受到质疑。最重要的问题之一是，德军怀疑英军可能研制出了供战舰使用的雷达设备。1941 年 4 月，德国海军司令部询问曾经指挥"海军上将舍尔"号远征的克兰克（Kranke）上校，是否看到过任何证据表明英军舰船装备了雷达。克兰克表示自己没有看到过任何能够坐实这一猜测的证据，但战争司令部还是怀疑，在 2 月 28 日"格奈森瑙"号和"沙恩霍斯特"号尝试通过法罗群岛和冰岛之间时，英国巡洋舰"水中仙女"号（Naiad）可能使用过雷达。[12]

但是，因为缺少直接的反证，此时德军还是认为英国军舰没有装备雷达。为防患于未然，"俾斯麦"号上安装了一套雷达预警装置，这可能是此类装置第一次安装到军舰上。但它只能在非常狭窄的波段工作，并不能探测所有类型的雷达。[13]

20 世纪 40 年代初，军队拥有的雷达还处于早期发展阶段。它并不能用于精确的火力引导，而且只要能见度保持良好，人眼仍然是锁定目标的最有效手段，因为它能够更准确地判断船型、航向、距离等要素。另一方面，雷达在能见度不良时是非常实用的探测装置，但是雪飑之类的恶劣气象可能影响它的效率。雷达也能相当准确地提供关于敌舰距离和方位的信息，至少足以为战术决策提供参考，只不过它无法像光学仪器一样准确地引导火力。

尽管如此，雷达成熟到足以在远距离"看见"舰船只是时间问题，而该领域的任何技术突破都会严重影响在很大程度上依赖于避开战区内敌军耳目的海军作战。德国海军的策划人员对英军的技术发展感到紧张是可以理解的，因为这种技术即使不能让他们的巡洋作战行动完全破产，也会对其造成严重限制。

还有一个因素也使人对未来巡洋作战的可行性忧心忡忡，这就是德国军舰出征归来后的舰况。我们在前文已经看到，在海上活动两个月之后，"沙恩霍斯特"号至少需要 10 个星期才能恢复战斗力。问题还不止于此。4 月 9 日，有报告称"海军上将舍尔"号要到 6 月中旬才能出战。她确实曾在海上漂泊了 5 个多月，但必须考虑到她在战争的第一个年头一直在造船厂修理。"海军上将希佩尔"号是在 1940 年 11 月底出海的，但是仅仅过了 4 个星期，她就不得不进入布雷斯特港修理。而且在返回德国之前，她又去了一次布雷斯特。[14] 既然德国军舰要把如此多的时间花在船坞里修理机械故障，那么能够用于在大西洋作战的时间就大大减少了。德国海军的舰船数量非常有限，因此一次有两三艘军舰进入船坞就会使连续作战成为空谈。

此外，坎贝尔对"格奈森瑙"号的攻击也证明了，德国军舰不仅在海上面临威胁，在港口或船坞里也可能受到攻击。德国战列舰到达布雷斯特后，皇家空军就毫不迟疑地加强了对那里的空袭力度。这个法国西部港口已经成为轰炸机司令部的主要目标。4 月 6 日夜间，皇家空军实施了一次大规模空袭，但是没有对德国的军事设施造成破坏。然而英国人并未气馁，4 月 10 日夜里，他们再次发动大规模空袭。这一次"格奈森瑙"号又中了四枚炸弹，引发了一些火灾和伤亡。这艘战列舰受到的破坏仍然有限，但这一事件还是在德国人中间引发了恐慌。[15]

德国陆军占领法国的大西洋沿岸时，德国海军曾欢欣鼓舞。他们终于有了合适的海军基地。法国港口与大西洋上商船航线的距离要比德国港口与这些航线的距离短得多。此外，英国人的反制措施也是建立在德国军舰需要经由北海进入大西洋的基础上。占领挪威的基地给德国海军带来了很大好处，但是法国港口的位置更为优越。"海军上将希佩尔"号曾两次毫无阻碍地利用了布雷斯特，"格奈森瑙"号和"沙恩霍斯特"号也波澜不惊地进入了布雷斯特，只不过在她们即将抵达布雷斯特时，被一架从英国航母起飞的飞机观察到了。与挪威港口不同的是，在布雷斯特和圣纳泽尔（St. Nazaire）有充足的船坞和码头设施。在那里可以进行的维护和修理在挪威是不可想象的。不幸的是，在 1941 年 4 月，英军的空中力量显然已经对这些计划构成了威胁。

在德国海军内部，关于如何应对皇家空军威胁的意见远未统一。众人提出多种方案。最激进的选择是不再将法国港口用作大型水面战舰的基地。[16] 所有大型军舰都要撤回德国港口，将来只会短时间利用法国港口。弗里克（Fricke）少将支持这一方案。[17] 他强调，布雷斯特和英国机场之间的距离非常短。这使得英国飞机可以携带较大的载弹量，甚至可以使用单发飞机进行空袭。而且这也有利于敌机提高空袭频率。另一方面，法国港口中眼线无处不在，因为被占地区的抵抗运动对英国人来说是非常有用的情报来源。最后，皇家空军的飞机可以比较轻易地飞抵布雷斯特而不被探测到。因此，弗里克主张尽快将德国军舰转移到德国。[18]

但是，雷德尔元帅才是最终拍板的人，而他希望将"格奈森瑙"号和"沙恩霍斯特"号留在布雷斯特。此时，这两艘军舰都没有恢复到可以出海的状态。但是，雷德尔并不打算将"俾斯麦"号或"欧根亲王"号部署到布雷斯特。她们进入布雷斯特只能是为规模不大的修理，或者在重新出海前加油或补充给养。此外，一些支持继续使用布雷斯特港的军官认为，英国人对"格奈森瑙"号的攻击有很大运气成分，类似的随机命中也可能发生在基尔或威廉港等德国港口。[19]

一个根本性的问题是，皇家空军已经开始挑战德国的空中优势。英国的飞机产量自 1939 以来有增无减，其影响正在逐渐显现。事实上，由于德国空军已经开始为东欧的战事做准备，英国空中力量的威胁未来很可能变得更为严重。

德国人也作了种种努力来改善其军舰在布雷斯特的安全性。他们不出所料地加强了高射炮防御，还增加了拦阻气球。港内军舰提高了平时的警戒水平，以便其舰载高炮也能参与港口的防空。此外，德国人还安装了能够在该地区上空人工产生烟雾的装置，并改进了防火措施。有人建议用附加装甲板来加强码头面板和船闸等港口关键设施。为降低潜在空袭的效果，他们还疏散了舰队，将部分驱逐舰送到了其他港口。[20]

此后的几个月里，港口中的军舰没有再遭损伤，因此这些对抗措施似乎是生效了。不过，轰炸机司令部也把空袭的矛头指向德国港口。4 月 9 日夜间，皇家空军袭击了德国北海沿岸的港口埃姆登（Emden）。他们的轰炸机主要携带燃烧弹，并没有给军事设施造成破坏。基尔港也在同一天晚上遭袭，但是军方同样没有遭到严重损失。城市本身遭受的打击更大。[21]

无论如何，德国人越来越不愿使用靠近英国机场的港口。早在 4 月 10 日他们就已决定，只有在泊地能够充分布置防鱼雷措施的情况下，才可以让"俾斯麦"号和"欧根亲王"号进入布雷斯特。如果做不到，那么在她们的大西洋作战临近尾声时，最好让她们前往特隆赫姆，尽管这种选择有一个缺点：需要再次通过冰岛周边水域突破封锁。[22]

遗憾的是，特隆赫姆缺少进行重大修理所需的设施。希特勒打算在特隆赫姆建造一个大型干船坞，便下令对该区域进行调查。如果可行，那就让使用奴隶劳工的"托特"组织负责施工。他中意的另一个计划是利用西班牙的海军基地埃尔费罗尔（El Ferrol）。他打算在 1941 年秋天占领该地。和往常一样，希特勒的想法很多，但实施起来却不一定容易。总之，这两个计划均未实现。[23]

1941 年 4 月初发生的事件要求重新评估"莱茵演习"行动的计划。事后看来，更明智的做法也许是把这次作战推迟到有更多舰船能够参与的时候，或者干脆将它彻底搁置。"沙恩霍斯特"号和"格奈森瑙"号都有望在 1941 年夏季结束前恢复战斗力，而"俾斯麦"号的姐妹舰"蒂尔皮茨"号正在磨合机器和训练舰员。她同样会在夏天全面形成战斗力。如果把这三艘战列舰和"俾斯麦"号、"欧根亲王"号一起投入战斗，那么与德国海军司令部按原定日程实施但缩了水的"莱茵演习"行动相比，给英国人带来的威胁将严重得多。

但是，即便没有理想的舰船阵容，德国人也有理由继续执行"莱茵演习"行动。随着新造的舰船不断服役，受损的舰船从船坞修复返回，英国海军的规模正与日俱增。美国扮演的角色同样不容忽视。德国海军司令部相信，美国已将德国视作未来的敌人，而且随着时间推移，美国的敌意只会越来越强。如果德国被卷入以美国为敌的战争，日本又没有在远东宣战，同盟国对海洋的统治将会变得不可撼动。这些因素强烈暗示着应该迅速实施"莱茵演习"行动。

希特勒在"巴巴罗萨"行动中进攻苏联的计划也使雷德尔不得不尽快发起"莱茵演习"行动。在德国，陆军历来是首屈一指的军种，海军只能扮演小弟弟的角色。德国空军成立之后，海军的地位更是再降一等。

随着第二次世界大战爆发，雷德尔发现事情起了变化。虽然除征服挪威之外，德国的胜利主要是靠陆军赢得的，但在德国海军司令部看来，截至 1941 年，德国已经击败了陆地上的主要敌手。仅剩的敌人英国是个海权国家，德国陆军鞭长莫及。要击败她，就需要一套海洋战略。因此雷德尔要求陆军和空军提供配合，使海军能够针对英国的海洋贸易发动尽可能有力的巡洋作战打击。

德国空军的掌门人——帝国元帅赫尔曼·戈林强烈反对雷德尔的建议。他相信空军凭一己之力就足以征服英国,因此不愿分出兵力打击雷德尔认为适当的目标(例如港口和运输船等)。戈林在个人野心的驱使下发动了1940年夏秋两季的不列颠之战。但是,由于德国空军的失败,英国的抵抗反而加强了。

截至1940年秋天,德国空军在不列颠之战中败象已露,于是雷德尔更强烈地呼吁在此后的几个月里扩大巡洋作战。德国空军显然无法独力击败英国,而且这次失败的尝试也毁掉了两国实现政治解决的所有机会。丘吉尔掌舵下的英国已经准备与德国战斗到底。在雷德尔看来,继续轰炸只会增强英国人把战争接着打下去的决心。只有极少数方法能够击败英国,而攻击她的海洋贸易仍是其中之一。但雷德尔也意识到,一旦对苏联发动战争,他的计划就将退居次席。他需要在"巴巴罗萨"行动开始前取得重大成果,这样才能帮助他为海军争取到更多资源,并说服空军针对英国的海洋贸易展开行动。

巡洋作战理念的一条基本原则是,德国战舰只可以单独或结成小群作战。从这一角度来看,"俾斯麦"号和"欧根亲王"号的组合与"沙恩霍斯特"号和"格奈森瑙"号的组合是旗鼓相当的。设想中由"俾斯麦"号、"欧根亲王"号和另几艘军舰组成的舰队虽然规模大得有点过分,但既然吕特晏斯避免与英国战舰硬碰硬的做法使德国海军一直没有在大西洋作战中遭受损失,那么就没有理由认为"莱茵演习"行动中的风险会比以前更大。因此,这些军舰将在4月28日做好从格丁尼亚出发的准备。[24]

虽然雷德尔坚定地认为应该实施这一计划,但吕特晏斯仍然有些顾虑。"莱茵演习"行动4月23日再遇波折时,他的心情可能更加沉重了。"欧根亲王"号通过普特加登(Puttgarden)和勒德比(Rödby)之间的海峡时,一颗磁性水雷在离她大约30米的地方被引爆。爆炸造成的损伤不大,但还是需要花12天来修理。然而雷德尔甚至不排斥派"俾斯麦"号单独执行"莱茵演习"行动的意见。

4月26日,吕特晏斯再次与雷德尔讨论"莱茵演习"行动,并强调至少应等到"欧根亲王"号恢复作战能力再实施。他还认为更稳妥的做法是等待"蒂尔皮茨"号做好战斗准备,或者布雷斯特的两艘战列舰至少有一艘能够参加为止。如果他只有"俾斯麦"号和"欧根亲王"号可供调遣,那么他对这些军舰的运用方式就不可能与"柏林"行动中的做法有很大差异。如果敌人顽强抵抗,"俾斯麦"号将需要消灭护航军舰才能让"欧根亲王"号腾出手来对付商船队,那么他的战列舰将不可避免地遭受一定损伤。损伤得到修复前他将无法继续作战。[25]

雷德尔大体赞同吕特晏斯的意见。但是"巴巴罗萨"行动和未来美国可能参战的问题仍然不容忽视。[26] 无论如何,他还是同意至少把"莱茵演习"行动推迟到"欧根亲王"号恢复战斗力的时候。[27]

等待雷德尔的新命令时,吕特晏斯继续为"莱茵演习"行动拟定更详细的计划。最重要的问题是突破和战斗的指导原则。与"柏林"行动相比,即将进行的这一次作战有一个严重的不利因素。入春时间越久,夜晚就变得越短,因为冰岛的位置过于偏北,到 6 月就完全没有天黑的时候了。雷德尔之所以急着展开"莱茵演习"行动,可能在很大程度上是考虑到了这个因素。[28]

除日照条件之外,天气对成功突破的概率也有显著影响。在 1940 年秋季和以后的一段时间,德国人都尽量利用新月的夜晚通过大贝尔特海峡和丹麦海峡等咽喉通道。由于春季的夜晚变得越来越短、越来越明亮,许多舰船机动都不得不在昼间进行,天气在作战的时机选择中就更加显得重要。这一因素同样意味着"莱茵演习"行动需要及早发动,因为在夏季的月份不太容易出现有利于成功突破的天气类型。[29]

德国人对突破问题研究得相当透彻,这是可以理解的。对"莱茵演习"行动来说,最严重的威胁就是在早期被敌人发现。在几种情况下被发现的风险将会升高。首先是离开格丁尼亚时,英国人可能会了解到舰队何时起航。舰队进入波罗的海之后,几乎没有被探测到的风险,但是进入和通过大小贝尔特海峡时,这种风险将大大增加。在卡特加特海峡,瑞典船只可能观察到德国分舰队。此外,英国的潜艇和飞机也会在卡特加特海峡和斯卡格拉克海峡巡逻。沿挪威海岸线居住的当地人有许多是抵抗组织成员,他们也可能瞥见德国舰队。直到舰队到达挪威海,被发现的风险才会再度降低。

总的来说,"莱茵演习"行动要想保密,就必须防范三大类威胁:英国军队、海上的其他舰船和岸上的观察者。其中第一类威胁被认为是最严重的,因为军队人员的观察结果应该更准确,而且会立即报告。中立国的船只也可能通过无线电报告其发现的德国舰队，但并不一定。岸上的特工和抵抗组织成员应该不会立即报告，因为他们往往需要把无线电设备搬到他们感觉安全的地方再发报。德国人估计，在这种情况下，报告要延迟 24 小时左右。[30]

要完全不被发现几乎不可能。英国人使用的某些眼线也可能给他们提供某种情报。德国人把希望寄托于两种情况：一是情报可能要经过一些延迟才会送到英国人手上，二是他们拿到的情报可能会掺杂或真或假的其他信息，这就使他们难以判断德方的意图。事实上，德国人的假设完全正确。英国人曾有许多次误以为德国人正在前往大西洋的途中，最后却白忙一场。此外，除突破封锁之外，德国舰队还可能出于许多其他原因而从格丁尼亚起航或通过大小贝尔特海峡。

德国人讨论的另一种方案是利用基尔运河，不走大小贝尔特海峡。如果选择走运河，吕特晏斯的分舰队随后就可以直航北海，不必经过大小贝尔特海峡、卡特加特海峡和斯卡格拉克海峡。但这个方案有一个显著的缺点，那就是"俾斯麦"号在满载状态下无法通过运河。如果她要走运河，就必须先在北海的某个港口加油，然后再开始实施"莱茵演习"行动。这艘战列舰将不得不在港口逗留相当长的时间，从而增加被英军空中侦察发现的风险。如果被发现，英国人肯定会在她离港时加强侦察活动。最坏的情况是，"俾斯麦"号甚至可能被空袭击伤。[31]与这些风险相比，走大小贝尔特海峡似乎还要安全一点。因为浮冰也已经融化，她可以在黑暗中通过大贝尔特海峡，增加避开探测的机会。

按照吕特晏斯为"莱茵演习"行动而下达的命令，舰队将在行动的第四天进入卑尔根附近的科尔斯峡湾（Korsfjord）。然后将会补充燃油。对于活动半径大大小于"俾斯麦"号的"欧根亲王"号来说，加油尤其重要。吕特晏斯的计划到此为止是十分明确的，后续阶段如何进行则没有定论。他的大体备选路线与"柏林"行动时几乎完全一样。分舰队可以先进入北冰洋与"魏森堡"号油轮（Weissenburg）会合，加油后再尝试突破；也可以立即在冰岛的南北两面尝试突破。吕特晏斯决定暂缓做出最终决定。但是在作战命令中，他宣布自己打算在卑尔根短暂停留后找"魏森堡"号加油，不过如果形势要求变更计划，那么仍可能选择其他方案。[32]

本 土 舰 队

战争 1939 年爆发时，英国的海军战略是基于两个目标而制定的。第一个目标是保护英国的跨洋进口贸易；第二个目标是封锁德国，并寄望于通过封锁使希特勒垮台。原材料的可得性再一次决定了英国的海军战略，这与第一次世界大战的情况如出一辙。但是，虽然这两场战争有着基本的相似之处，却也存在重要差异。德国海军在 1939 年的实力远不如 1914 年，因此英国人似乎能够更轻松地保护自己的海运，维持基本原材料的稳定进口。战略重点可以改为切断德国的原材料供应，使其难以将战争继续下去。于是英国人很快就将关注的目光投向了对德国军工产业至关重要的瑞典铁矿石。阻止德国人获取瑞典铁矿石的计划用了很长时间才制定完成，在此期间皇家海军的主要任务是控制大西洋。

虽然意大利在 1939 年尚未参战，但同盟国仍然需要监视意大利海军，以防其发难。在西地中海巡逻的任务落到了法国海军肩上，而法国战舰在 1939 年秋天也曾帮助英军驱逐德国袖珍战列舰。[1]

美国心照不宣的支持也是一个至关重要的因素。美国在太平洋的强大海军力量牵制着日本海军，使英国人可以仅凭微不足道的资源来保卫他们在远东的地盘。因此皇家海军的大部分兵力都可用来控制离英国较近的海域，监视德国战舰的必经之路，以防其进入大西洋打击同盟国的海运。

1940 年德国在挪威的胜利沉重打击了英国的制海权。挪威的基地从此对德国海军开放，而为阻止他们进入大西洋，英国海军不得不监视更广的海域。此外，通过利用挪威的航空基地，德国空军也可以威胁英国军舰。这使得英国人再也无法依靠从苏格兰到挪威西南部这条短短的封锁线来堵住德国人。他们必须监视从奥克尼群岛到格陵兰的整片海域。

随着德国陆军在 1940 年 5—6 月击败法国，来自法国海军的支援消失，局势进一步恶化。墨索里尼在 1940 年 6 月 10 日宣战，而日本在远东也蠢蠢欲动。皇家海军为兼顾两个新增的战场，不得不在很短的时间内将兵力分散到极致。一方面要增援以亚历山大港为基地的英国地中海舰队，另一方面又要在直布罗陀成立 H 舰队以取代法国海军在西地中海的地位。[2]

增加的作战需求使本土舰队在短期内无法获得它一直渴望的资源，而地中海的战斗又很可能造成持续损失，这意味着随着战争的继续，本土舰队还可能进一步被削弱。挪威战役中德国海军受到的损失给英国人带来喘息之机。德国人损失 3 艘巡洋舰和众多驱逐舰，还有多艘负伤的军舰需要长期修理。但是，几个月后，它们就会做好出战准备，届时英国在大西洋上的海运又将受到威胁。

不过，仍然有一些令人欣慰的情况，意味着不堪重负的英国人可以对未来有一点小小的信心。有多艘战舰已经接近完工。英国恢复建造战列舰的时间相当晚，但是在 1940 年秋天，第一批五艘中的第一艘已经完工了。她的名字是"英王乔治五世"号（King George V），将很快成为本土舰队的旗舰。[3] 英国的战列舰建造进度落后于德国。"英王乔治五世"号服役时，"沙恩霍斯特"号和"格奈森瑙"号已经服役了一年多，而"俾斯麦"号和"蒂尔皮茨"号明显强于同时代的英王乔治五世级战列舰。英国人确实还有好几艘较老的战列舰，但她们因为速度太慢，基本上都不在本土舰队中服役。

至少英国人在航空母舰方面还保持着优势。在这种新式武器的发展上，英国一直保持着领先地位，而德国人和意大利人一样，根本就没有航空母舰。《华盛顿海军条约》（也就是《五强条约》）签订时，各国的众多战列舰工程不得不取消。在许多情况下，已经开工的工程最终以航母的形式完成，因为《华盛顿条约》对航母的限制并不多。第二次世界大战之前的十年中，英国还开工建造了多艘从一开始就作为航母设计的战舰，其中有些在 1940 年年底已经加入现役。但是这些航母同样分散在各地。英国共拥有 4 艘完全现代化的航母，其中 1 艘正在修理，1 艘以亚历山大港为母港，1 艘部署在直布罗陀。全新的"胜利"号（Victorious）航母还没有完全形成战斗力。此外，皇家海军有 2 艘比较老旧的航母部署在印度洋，另 2 艘更为陈旧的被当作飞机运输舰使用，为直布罗陀、马耳他和非洲基地等暴露或孤立的据点运送增援。因此，托维上将取代查尔斯·福布斯（Charles Forbes）上将成为本土舰队司令时，他手上并没有完全做好战斗准备的航母。[4]

约翰·克罗宁·托维上将时年 56 岁，身材矮小的他从 15 岁起就在皇家海军中服役。在第一次世界大战中，他曾担任一艘驱逐舰的舰长，并参加了日德兰海战。第二次世界大战开始时，托维指挥一个驱逐舰支队，不过他很快就被任命为第 7 巡洋舰分队的司令，并于 1940 年 7 月在斯蒂络角（Punta Stilo）与意大利海军交战。他是一个受人爱戴、精明强干的指挥官，也是一个虔诚的教徒，一直保持着每天早晚祈祷的习惯。

托维接过本土舰队的指挥权时，该舰队的实力比起战争爆发时有所增长。前文已经提到过，"英王乔治五世"号刚刚加入现役，并成为托维的旗舰。此外，在他麾下还有战列舰"纳尔逊"号和"罗德尼"号，战列巡洋舰"胡德"号和"反击"号，11 艘巡洋舰和 17 艘驱逐舰。[5] 这是一支令人肃然起敬的力量，事实上比整个德国海军的规模还要大。此外，战列舰"威尔士亲王"号一旦完工，也将加入他的舰队。

在托维执掌帅印后的头几个月里，他的本土舰队没有打过一场大规模战斗。他一直在紧张地搜索吕特晏斯手下两艘在大西洋上劫掠的战列舰，而"海军上将希佩尔"号和"海军上将舍尔"号的活动也曾使他调兵出海。尽管如此，这些捉迷藏的游戏始终没有引发一场战斗。

随着德国军舰返回基地，一段较为平静的时间来临。但英国人非常清楚，德国海军的"俾斯麦"号和"欧根亲王"号已经服役，舰员也基本完成训练。这两艘军舰可能在短期内参加进攻性作战，这就要求托维打起全副精神来应对。"格奈森瑙"号和"沙恩霍斯特"号仍然留在布雷斯特。很显然，英国的空袭已经给它们造成了一定损伤，但这两艘战列舰能不能重新恢复战斗力就难说了。

托维的主要任务很明确。他必须阻止德国人侵犯英国在大西洋的贸易航线。"俾斯麦"号和"欧根亲王"号正在波罗的海，如果它们想要到达跨大西洋的贸易航线，就必须通过大不列颠群岛以北的海域。另一方面，"沙恩霍斯特"号和"格奈森瑙"号有可能在英伦三岛以南突破，所以托维也必须应对这种威胁。

如果他必须出兵阻止布雷斯特的德国战列舰到达贸易航线，可以和直布罗陀的H舰队合作。英国以北的海域则由他全权负责。

对托维来说，要想阻止德国人突破，可靠的情报是前提条件。如果他的部队一直在海上巡逻，舰船和人员都会疲惫不堪，而宝贵的燃油大量消耗也是过于高昂的代价。托维倾向于依靠多种来源收集情报，例如空中侦察、无线电监听和特工。当然，只要德国人到达大洋深处，特工之类的来源就提供不了什么，不过只要德国舰队在靠近海岸的地方航行，他们仍然可以提供有用的情报。另一个重要的情报来源叫作"超级机密"，我们将在稍后讨论它。英国的决策者们会将这类情报与他们观察到的天气、月相和光照条件综合起来考虑。

要让舰队出动，必须有相当强烈的迹象表明德国人确实在实施突破才行，因为如果大型舰船过早出航，可能会因为消耗过多燃油而不得不返港加油，搞不好就会错过关键的战机。因此，可靠的情报显然非常重要。

对托维来说更麻烦的是，他不仅需要预测德国人何时会尝试突破，还要监视他们可能选择的多条突破路线。主要的备选路线有三条：（1）奥克尼群岛和法罗群岛之间的南路；（2）法罗群岛和冰岛之间的中路；（3）冰岛和格陵兰之间的北路，也就是所谓的丹麦海峡，吕特晏斯在"柏林"行动中就曾经成功利用这条路线。

南路只有一个能让德国人看上的优点：与商船航线的距离最短。走这条路线可以节省燃油和时间，但是很容易被英国人，特别是他们的空中侦察发现，因为飞机从英国机场可以很快飞到这片海域。

中路和北路被德国人选中的可能性较大，也是托维关注的重点。法罗群岛和冰岛之间的航道相当短。此外，它的宽度给德国人提供了充分的机动空间，这在他们与英国海军舰队相遇时可能生死攸关。另一方面，这片海域与距离更远的丹麦海峡相比，更方便从斯卡帕湾的主基地出发的英国舰队拦截德国战舰，而且部署在英伦三岛和冰岛的飞机也可以对这片海域进行有效侦察。

在德国人看来，丹麦海峡的优点是经常有恶劣天气，而且距离斯卡帕湾较远。这将增加英国人找到德国军舰的难度，而且在发现之后进行拦截所需的时间也更长，当然，如果英国舰队已经在德国舰队附近，那就另当别论了。另一方面，丹麦海峡很窄，一边是浮冰形成的屏障，另一边是英国人的雷区。丹麦海峡在最窄的地方只有130千米宽，而且这个距离有一半布设了水雷。如果德国人选择走丹麦海峡，那么他们需要航行的距离也会大大加长，当然也就意味着要消耗更多燃油。最后，在如此偏北的纬度，随着夏季临近，夜晚将会变得非常短暂，甚至完全消失。在长时间有阳光照耀的情况下，德国人将更难躲过监视的耳目或甩掉追击者。

托维面临的另一个问题是，他掌握的军舰性能差异很大。1941年5月中旬，英国最新式的两艘战列舰——"英王乔治五世"号和"威尔士亲王"号都归他指挥。前者是他的旗舰，后者刚刚建造完成，还没有经过全面测试。厂家派出的技术人员还留在"威尔士亲王"号上负责解决问题。最严重的缺陷出在她的主炮上。

托维还拥有两艘战列巡洋舰，即"胡德"号和比她小一些的"反击"号。此外，航母"胜利"号也在斯卡帕湾。和"威尔士亲王"号一样，她也是新近完工的军舰。按照计划，她执行的第一个任务是给马耳他运送战斗机。因此，她搭载了一些被拆成大件的"飓风"式战斗机。航母接近马耳他时，这些"飓风"将被重新组装起来，然后飞到这个被围困的岛屿。这些飞机无法在"胜利"号上降落，因此在大西洋上毫无用处。除"飓风"之外，"胜利"号上还搭载了"剑鱼"式和"管鼻鹱"式飞机，它们可以侦察和携带鱼雷攻击。此外，它们还装有雷达系统，能够探测到海面上的船只。问题是空勤人员缺乏训练，所以这艘航母究竟有多少作战能力还很难说。最后，托维还有2艘重巡洋舰、8艘轻巡洋舰、12艘驱逐舰和大量其他舰艇。[6]

要想让这支舰种繁杂的舰队发挥出最大作用显然并非易事。她们在航速和续航能力上的差异尤其增加了难度。有些军舰已经被指定用于特殊任务，因此托维并不能自由决定如何使用她们。正如前文所提到的，"胜利"号要给马耳他运送飞机，不过如果形势要求改变计划，托维可以申请将她挪作他用。此外，"反击"号正在克莱德湾（Clyde）为一支向中东运兵的船队护航。和"胜利"号一样，如果战局有变，英国海军部也可能改变这艘战列巡洋舰的任务。[7]另两艘战列舰"纳尔逊号"和"罗德尼"号也可能在托维手上发挥重大作用。但是，"罗德尼"号已经预定去美国接受一次全面检修，而"纳尔逊号"为掩护商船队，正在开普敦（Cape Town）和英国之间航行。如果德国人尝试在5月的下半月突入大西洋，这两艘战列舰似乎很难为他所用。[8]

对于德方的军舰部署，托维唯一能确定的是5月中旬"俾斯麦"号和"欧根亲王"号都在格丁尼亚。[9]他必须考虑到，它们随时可能尝试突入大西洋。

视　　察

随着发起"莱茵演习"行动的日期逐渐临近，"俾斯麦"号上的舰员们开始竭尽所能利用好余下的日子。格丁尼亚没有多少娱乐，因此米伦海姆－雷希贝格通常会去附近的索波特（Sopot），在那里他可以下海游泳或是泡酒吧。他的好朋友雅赖斯（Jahreis）上尉经常陪他作这样的短途旅游。雅赖斯是个巴伐利亚人，和蔼可亲而且充满活力。他原本在轮机部门任职，但最近被格哈德·尤纳克（Gerhard Junack）上尉顶替了。雅赖斯被调去负责损管部门，这次调动对他来说是个沉重的打击，因为他已经熟悉了"俾斯麦"号的轮机，而且和部下建立了良好的关系。

一次去索波特游玩时，雅赖斯和米伦海姆－雷希贝格在当地的酒吧里泡得太久，很晚才回到他们居住的旅馆。由于某种原因，他们两人都一觉睡到日上三竿才醒。这时他们才意识到，已经来不及在"俾斯麦"号起锚进行日常训练前赶到格丁尼亚了。两人匆忙赶回格丁尼亚，发现自己担心的事情已经发生：最后一艘运送岸上人员去"俾斯麦"号的小艇早已离开码头。于是米伦海姆－雷希贝格和雅赖斯说服一艘拖船的船长把他们送到"俾斯麦"号。他们登上"俾斯麦"号时，见到的第一个人是正在船舷边等候的大副汉斯·厄尔斯中校。厄尔斯负责舰上的一切纪律事务，总是保持着一副高冷姿态的他并不受士兵们的欢迎。大家都说他是"舰上最孤独的人"。

米伦海姆－雷希贝格和雅赖斯都以为要挨厄尔斯的一顿狠批。然而，他只是以惯常的冷淡态度看了他们一眼，说："舰长在舰桥上等你们。"

两个犯了错的家伙抱着最坏的打算向林德曼报告，但他只是对他们笑了笑。"好啊，"他说，"你们总算回来当差了。"[1]

林德曼、吕特晏斯和海军参谋们反复推敲"莱茵演习"行动的种种细节时，"俾斯麦"号和她的舰员则在为做好实战准备而苦练。4月28日，"俾斯麦"

号被宣布全面形成战斗力，并且搭载了足以支持三个月的物资。此时还要等待"欧根亲王"号修好水雷造成的损伤，分舰队才能成型。这艘巡洋舰 5 月 13 日修理完毕，并在 5 月 16 日补齐了物资。因此，负责"莱茵演习"行动的分舰队准备在 5 月 17 日起航，最晚不超过 5 月 18 日。[2]

　　5 月 5 日，希特勒视察了格丁尼亚。他此行的目的就是考察锚泊在格丁尼亚的"俾斯麦"号和"欧根亲王"号。希特勒对军事科技兴趣浓厚，而这两艘战舰有很多吸引他的地方。他上午登上交通艇"黑拉"号（Hela）。这艘小船把他送上了停泊在离岸更远处的"俾斯麦"号。吕特晏斯指挥舰员们在甲板上迎接贵客。面色略显苍白的希特勒检阅了官兵们的队列，吕特晏斯、林德曼和国防军总参谋长凯特尔（Keitel）元帅在他身后亦步亦趋。全面参观这艘战列舰要花费太多时间，因此希特勒主要察看了他最感兴趣的部分，特别是舰炮。在舰艉的射击控制计算机舱中，卡迪纳尔上尉演示了射击控制系统的工作方式。希特勒和炮兵出身的凯特尔似乎都被他们看到的场面折服了。[3] 按照设计标准，"俾斯麦"号在以 30 节高速航行时能够射击约 30 千米外的目标。比起第一次世界大战时凭借出色的演算速度和精度令英国人大吃一惊的同类装备，德国军舰上的射击控制系统又有了进步。

　　希特勒考察过这种技术之后，又听取了吕特晏斯的汇报。吕特晏斯回顾他在"柏林"行动中取得的经验，并表示他希望以类似的方式运用"俾斯麦"。有了如此强大的军舰，就再也不必回避重兵护航的商船队了。主要的问题是在不被敌人发现的情况下进入大西洋。

　　"英国海军的数量优势会不会造成很大风险？"希特勒问。

　　"'俾斯麦'号比任何一艘英国战列舰都强，"吕特晏斯回答。"她的火力和防护水平实在太出色了，所以没什么好怕的。"略作停顿之后，他又补充说，即使成功完成了突破，还是存在令人不安的因素，特别是英国航母上的鱼雷机。[4]

　　希特勒并不熟悉海战，他对大型德国军舰被击沉后给国家声望造成的损失忧心忡忡。德国海军的高级将领对此心知肚明，或许正是出于这个原因，吕特晏斯把即将实施的这次作战描述得非常乐观——尽管他自己也抱有疑虑。吕特晏斯小心地避免了透露"莱茵演习"行动的开始日期，这可能是因为他不希望希特勒提出异议。也许雷德尔没有在此次视察中同行，就是担心希特勒询问他此次作战的情况。

众人在"俾斯麦"号上用了午餐。希特勒偏爱素食的习惯早已是众所周知，因此厨师特意做了一道蔬菜炖汤。用餐时大家并没有多少对话，但是在餐后，希特勒谈起了在罗马尼亚属于少数民族的德裔居民，他认为这些人遭到了该国政府的迫害。如果这种破坏不停止，他打算将这些人接回德意志帝国安置。对餐桌上的德国海军军官们来说，这并不是最紧迫的话题，但是当元首话锋一转，提起美国扮演的角色时，他的听众立刻有了更多兴致。希特勒不相信美国人会加入战争，但林德曼表示不敢苟同。这次谈话最后以吕特晏斯的简短演讲而告结束。[5]

希特勒和他的随从在"俾斯麦"号上逗留了5个小时，然后乘坐交通艇"黑拉"号离开，到"蒂尔皮茨"号上接受舰长托普（Topp）上校的款待。托普利用这一机会表示，希望"蒂尔皮茨"号在即将开始的这次作战中能够伴随"俾斯麦"号出击。希特勒把这个问题交给吕特晏斯和雷德尔定夺。这两人都不同意托普的意见，他们认为"蒂尔皮茨"号的舰员还没有经过充分训练。由于希特勒在几乎一模一样的"俾斯麦"号上已经看得够多，他对"蒂尔皮茨"号的视察比较短暂。[6]

"俾斯麦"号的舰员们利用余下的几天时间为大西洋上的远航做好了万全准备。这艘军舰在正常情况下应该有2065名舰员，但是为即将开始的这次作战，有更多的军官、水兵和其他人员登舰。吕特晏斯带上了自己的参谋班子，他们不包括在这艘战列舰的舰员编制中。[7]除吕特晏斯的参谋长哈拉尔德·内茨班特（Harald Netzbandt）上校之外，还有许多负责气象、通信、火炮、作战、医疗和人事等专业领域的军官。除此之外，还有来自空军和潜艇部队的联络军官。[8]

有多名战地记者和摄影师随同"俾斯麦"号出战。他们将负责炮制用于宣传的战斗影像和文章。此外还来了一些押解船员。他们的任务是将俘获的船只开回德国控制的港口。

有些人属于所谓的 Beobachtungs–Dienstgruppen（海军情报局电子侦听处，以下简称为电侦处），是无线电侦听和密码破译方面的专家。他们的任务就是监听英国人的无线电通信并破译密码。英国人使用的是相当简单的密码系统，用字母组合代表短语或单词。德国人估计接收方都有相应的密码本用于解密。如果没有密码本，没有人看得懂电报的意思。

实际的情况略有不同。英国人使用的是和战前一样的密码系统，有时因为报务人员的粗心大意，会同时发送密码和明文电报。通过截获这些电文，将密码版本与未加密版本对比，德国人逐渐开始理解英国人的密码。此后，通过进一步对比新近截获的电文与已经破译的电文，德国人往往能够看懂电文内容。

临近 1940 年年底，德国人至少已经能轻松破译皇家海军发送的半数电报。[9] 11 月 11 日，德国水面袭击舰"亚特兰蒂斯"号（Atlantis）俘获了英国商船"奥托墨冬"号（Automedon），并在船上找到了英国商船队使用的密码本。这给德国人提供了更多破译英方电报的线索。由于英国人在 1940 年秋季更换了密码，这次缴获对德国人的帮助尤其大。虽然在 1941 年初，电侦处的成果没有以前那么大，但他们的工作还是为德方指挥官在"莱茵演习"行动中的决策提供了至关重要的支持。

为供养"俾斯麦"号上的 2000 多号人，需要的物资数量可观。产自 300 头牛和 500 头猪的冻肉被运到舰上并妥善保存。[10] 此外，舰员们还需要大量的马铃薯、面粉和蔬菜。舰上还装载了以香烟为代表的众多消费品，它们将按配额发放。经过好几天紧张的工作，这艘军舰才做好出航准备，而这样的活动不太可能不被任何愿意向盟军通风报信的人注意到。德国人只能期望，意外的延误会加大英国人猜中这艘军舰实际出发时间的难度。

整支分舰队 5 月 18 日终于做好出击准备。虽然"俾斯麦"号和"欧根亲王"号吸引了最多的注意，但是参与"莱茵演习"行动的舰船并不止她俩。和先前的几次行动一样，德国人在大西洋上部署了多艘油轮和补给船。她们将准时从法国或德国出发，在很少或根本没有船只定期经过的海域等待。她们不仅可以为"俾斯麦"号和"欧根亲王"号加油，还可为其补充弹药和给养。油轮"海德"号（Heide）和"魏森堡"号已离开德国，在北冰洋就位，油轮"贝尔兴"号（Belchen）和"洛林"号（Lothringen）将从法国港口出发，航行到格陵兰以南的预定位置。油轮"埃索汉堡"号和"不莱梅"号离开法国，前往亚速尔群岛南北两边的位置。

此外，补给船"埃尔姆兰"号也驶向亚速尔群岛以北的海域。最后是4艘气象观测船和油轮"沃林"号（Wollin）。后者已经前往挪威的卑尔根，如果吕特晏斯决定在卑尔根加油，她将在那里等着他的分舰队。[11]

与前几次作战不同的是，德方决定在"莱茵演习"行动中使用专门的侦察船协助吕特晏斯。他们将派出航速较快的商船参与搜索英国护航船队。这是因为吕特晏斯认识到了"乌克马克"号和"埃尔姆兰"号在"柏林"行动中做出的重要贡献。在那次行动的最后阶段，她们在美国近海为寻找商船出了大力。这一次，德国人专门挑选了几艘船只，从一开始就派遣出去负责侦察，从而降低损失宝贵的油轮的风险。5月17日，第一艘船"贡森海姆"号（Gonzenheim）离开拉罗谢尔（La Rochelle）附近的拉帕利斯（La Pallice）。第二天，"哥打槟榔"号（Kota Penang）也离开了同一个港口。她们接到的指示都是在格陵兰以南等待吕特晏斯的分舰队。[12]

就在吕特晏斯的分舰队做着最后的出航准备时，在其他地方发生了将对大西洋上的战争造成重大影响的事件。5月7日，就在希特勒视察"俾斯麦"号的两天前，德国潜艇U–110号在格陵兰以南参与了对一支英国护航船队的攻击。这支船队连续几个晚上遭到反复攻击，有5艘商船被击沉。但是在5月9日，护卫舰"南庭芥"号（Aubrietia）投下的深水炸弹重创了U–110号。这艘潜艇被迫浮出水面。艇长在匆忙中犯下一个严重错误。他命令部下设置好自毁炸弹后再全体登上救生艇，但忘了命令他们将密码本和作战日志丢进海里。结果这艘潜艇受到的损伤并不像他们原先以为的那样严重，炸弹根本没有引爆。英国水兵登上U–110号，在里面找到了德国"九头蛇"密码的密码本，而这种密码在北欧地区的德国海军中应用广泛。[13]

德国人使用一种名叫"埃尼格玛"的密码机。我们不必深究它的构造，只需知道它的先进程度足以使德国人相信自己的密码不可能被破解。但是，英国情报机构有一个名叫"超级机密"的机构，设在牛津郡（Oxfordshire）的布莱奇利庄园（Bletchley Park），他们在1939年7月从波兰人手中搞到了一台"埃尼格玛"机器。波兰情报机构很早就复制了"埃尼格玛"机器，早在1933年，他们已经能破译德国人的无线电通信。1939年波兰在德军铁蹄下沦陷时，波兰情报机构的许多重要成果已经被英法两国获得。

　　"超级机密" 破解的第一种密码是德国空军使用的所谓 "红色密码"。后来在 1940 年 4 月，德国陆军使用的 "黄色密码" 也被破解。在当月的月底，英军俘获拖网渔船 "北极星" 号（Polaris）和船上的一份德国海军密码本。于是一连数月，英国人都能破译德国人的电报，直到德军更改程序，从 "北极星" 号获得的密码失效为止。此后密码破译工作的难度大大增加，但是在 1940 年 12 月，英国人终于破解了德国军事情报局使用的密码系统，到 1941 年 2 月底，德国空军在地中海使用的 "浅蓝色密码" 也被破解。[14]

　　到 1941 年春天，"超级机密" 几乎能以和德国人不相上下的速度破译德国空军的电报，虽然德国陆军部队发送的电报仍然需要他们花费几个星期来破译，但他们已经能监视地中海的许多部队调动情况，因为德军运输部门仍然使用着比较陈旧的程序。不过，"超级机密" 依然无法破解一类非常重要的德军电报：德国海军使用的 "九头蛇" 系统。"莱茵演习" 行动开始时，德国海军即将采用另一套用于大型战舰的密码系统，其代号是 "海神"。"超级机密" 无法破译使用 "九头蛇" 或 "海神" 密码的电报。但是，U–110 号的被俘改变了这一切。

　　德国密码本、呼叫代号和 "埃尼格玛" 机器都被转移到英国驱逐舰 "大斗犬"（Bulldog）号上，U–110 号潜艇也被拖向冰岛。但是，第二天 U–110 号开始下沉，失望的英国人不得不切断牵引绳，眼看着这艘潜艇从海面消失。事后想来，英国人对于失去这艘德国潜艇并不感到惋惜，因为他们相信德国在冰岛有特工，会把一艘德国潜艇被俘的消息报告给国内。这可能让德国人有所警觉，至少会促使他们更换密码。而随着 U–110 号沉没，德国人也就对其命运一无所知。三天以后，负责在皇家海军和英国情报机关之间居中联络的艾伦·培根（Allan Bacon）上尉赶到冰岛，检查了缴获的文件。他清楚地认识到 "大斗犬" 号的战果意义重大，立刻发了一通简短的电报："这就是我们一直在找的东西。" 为防万一，他先将这些文件拍成胶卷，然后搭飞机回到伦敦。[15]

　　英国人还幸运地得到了另一个重要收获。5 月 7 日，他们俘获了气象观测船 "慕尼黑" 号（München），以及船上用于整个 6 月份的密码本。因为这类船只需要长期在海上活动，所以英国人意识到船上的密码本肯定长期有效。"慕尼黑"

号的被俘是英国人精心策划的一次行动的结果。这两个事件对英国情报机关来说是一次突破。U-110 号尤其重要，因为英国人通过她缴获了一台最新型号的"埃尼格玛"机器，再配合"九头蛇"密码本，就能解读此后几个月里德国潜艇、油轮、补给船和气象船发送的电报。不仅如此，在此期间收集的信息也能增加在这些密码过期后破译德国新密码的机会。此外，通过研究被解密的"九头蛇"密码电文的结构，还可增加破译"海神"密码的机会，尽管破译一封由大型德国战舰发送的电报还是需要 3 到 7 天时间。

　　从德国人的角度来看，能否成功实现巡洋作战的理念，首先还是取决于他们瞒天过海的能力。英国人得到密码意味着必要的保密性已经不能指望了，但此时德国海军还根本想不到自己的密码可能被破译。吕特晏斯还在研究"莱茵演习"行动的最终细节，他浑然不知敌人已经悄然掌握了主动权。

第二部

出　发

5月18日，星期天，拂晓时分，渐亮的曙光穿透了格丁尼亚上空浓密的云层。这一天风平浪静，正是舰队离开这个波罗的海港口，开始"莱茵演习"行动的好天气。上午，吕特晏斯将林德曼和布林克曼（Brinkmann）这两位舰长都召到"俾斯麦"号上，希望向他们明确自己在这场即将展开的行动中的意图。分舰队将按照先前制定的计划行动，先通过丹麦的大贝尔特海峡，再经卡特加特海峡和斯卡格拉克海峡出海。然后，吕特晏斯将把舰队带到卑尔根附近的科尔斯峡湾，在那里补充从格丁尼亚出发以后消耗的燃油。但是，他还有一个备选方案。如果气象条件有利，吕特晏斯将选择去北冰洋找油轮"魏森堡"号。此后，他将尝试通过丹麦海峡突破，因为在那里可以利用浮冰带边缘普遍存在的浓雾。[1]

这次作战的目的仍然要对下级官兵保密，他们将只知道舰队要去北海。吕特晏斯下达最后的突破命令时，他才会透露自己的真实意图。此外，吕特晏斯还详细说明了要如何使用"俾斯麦"号和"欧根亲王"号搭载的水上飞机。他的指示显然是受"柏林"行动经验的影响。他明确指出，不允许这些飞机攻击敌船，而且它们只有在接到书面命令时才能出动。[2]

为时约一个小时的会议结束了。此时天气已经放晴，但因为港口距离英军基地尚远，所以更重要的是此后几天的天气能否阻碍英军的侦察机。起航的决定没有改变，两艘德国军舰在中午时分离开格丁尼亚。

"我祝大家狩猎愉快，"吕特晏斯向"俾斯麦"号甲板上的舰员们宣布。无法在甲板上听他训话的水兵则通过遍布全舰的众多扬声器听到了他的话语。"俾斯麦"号的乐队奏起《我真的要出城》，这是德国海军许多军舰启程远航时常用的曲子。[3]事后从保密的角度看，选择这样的音乐是个疏忽。我们不清楚它透露的信息对后来的事件有多大影响，但英国人也不会仅凭这首乐曲就采取行动。无论如何，航程的第一部分非常短暂。两艘德国军舰仅仅在港湾中往外挪了一些距离。她们在岸上人员视力可及的范围内又加了一些油。但是出了一个小事故，有一根输油软管断了。结果"俾斯麦"号随同"欧根亲王"号在当天深夜借助黑暗掩护再次起锚时，少加了大约 200 吨燃油。"莱茵演习"行动已经开始，尽管这两艘军舰起初是分头行动的。[4]

两艘军舰在夜幕下犁开波罗的海的浪涛，相聚于吕根岛（Rügen）北岸阿科纳角（Cape Arkona）以北的某个位置，并与阿尔弗雷德·舒尔策–欣里希斯（Alfred Schulze–Hinrichs）中校率领的几艘驱逐舰会合。随后这些战舰以 17 节的速度向西航行，到达费马恩岛（Fehmarn）西北方的导航点后，又转舵北上，驶向大贝尔特海峡的入口。为让这些军舰在无人知晓的情况下通过，德国海军司令部已经下令禁止一切民用船只在 5 月 19 日和 20 日之间的夜晚进入该海峡。[5]

"俾斯麦"号和"欧根亲王"号在宁静的海面上惬意地航行时，德军的另一些部队正忙于收集情报。一架福克–伍尔夫 Fw 200 式飞机已经飞往冰岛以北调查冰情，但是恶劣的天气妨碍了它执行任务。无论如何，在冰岛周边 130 千米内显然没有浮冰，对"莱茵演习"行动是非常有利的条件。另一条观测结果就不那么令人欣慰了：在斯卡格拉克海峡有 8 艘瑞典渔船在活动。如果吕特晏斯的分舰队路过时它们还在那里，那么舰队被发现的风险就很大了。[6]

5 月 19 日傍晚，吕特晏斯的分舰队接近大贝尔特海峡，零点过后两小时，舰队进入这条狭窄的海峡，比原计划稍晚了一些。5 月 20 日破晓时分，甲板上的水兵们已经能看见西边的菲英岛（Fyn）和东边的西兰岛（Sjælland）。铅灰色的天空至少帮了德国人一点忙，减弱了上午的阳光。不过这种天气虽然能让吕特晏斯和他的幕僚感到一些宽慰，却也有严重的缺点，因为这片云层一直延伸到斯卡帕湾，导致德国人无法实施航空侦察。于是，德国人没有得到关于本土舰队及其下落的任何情报。[7]

随着"俾斯麦"号和"欧根亲王"号继续北上，天空中的阴云逐渐消失，甲板上的水兵已经能在右舷外看到小小的安霍尔特岛（Anholt）。吕特晏斯和他的幕僚有充分理由感到担忧。一切可能增加舰队被发现风险的因素都是不利的。[8]米伦海姆–雷希贝格清晰地记得这段航程的情景："要是我们不必在这样晴朗的天气下经过瑞典沿岸就好了。我们在不计其数的丹麦和瑞典渔船之间穿行。

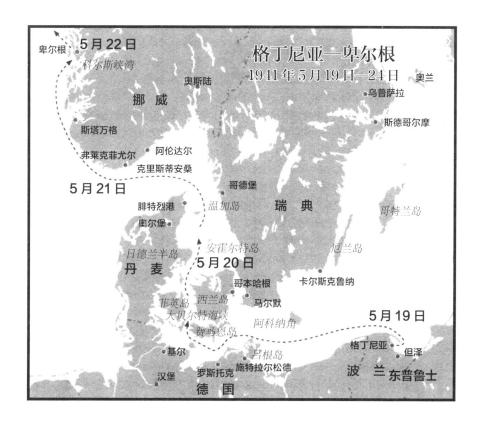

这些涂成白色的小船似乎无处不在，有些就带着嘎嘎作响的马达在我们旁边随波起伏。"[9]

德国人的担心很快就成为现实。瑞典的航空巡洋舰"哥特兰"号（Gotland）当时正在温加岛（Vinga）附近进行射击训练。13时，吕特晏斯向海军北方集群司令部报告说，有人看到了"哥特兰"号。不过真正重要的是，"哥特兰"号向上级报告说，发现2艘俾斯麦级战列舰和3艘驱逐舰。"欧根亲王"号被认错是可以理解的，因为她和"俾斯麦"号的轮廓相差无几。"哥特兰"号保持着一定距离跟踪德国分舰队，直到德国人15时45分转向西北航行为止。[10]但是，"哥特兰"号并不是第一个向瑞典军方报告发现德国分舰队的。就在她发出报告前不久，已经有一架瑞典飞机报告说，发现3艘驱逐舰、1艘巡洋舰和1艘更大的战舰（推测是"俾斯麦"号）在距温加岛35千米处向北航行。[11]

很显然，"莱茵演习"行动还没开始多久，就已经无法继续保密。问题是中立国瑞典会怎么处理得到的情报？无论如何，瑞典人未必会把关于两艘德国大型军舰的情报传出去。德国人认为瑞典的中立政策是相当友善的，海军北方集群司令卡尔斯（Carls）将军并不相信这一情报会流传到瑞典以外。[12] 但即便瑞典当局无意向英国人通风报信，情报被泄露给英国人的风险始终存在。

我们不知道吕特晏斯如何看待这个问题。也许可以指望军舰上的人员严守秘密，但平民就不会受到这样的限制。"哥特兰"号带来的风险或许还不如那些小渔船。另一方面，瑞典军方肯定有比平民好得多的通信手段来快速传递情报。无论如何，英国人要想阻止德国人突破，就需要迅速获得情报，这是关键的要素。吕特晏斯在"柏林"行动中的经验告诉他，一旦分舰队到达辽阔的大西洋，英国人再想找到他就非常困难。因此，被瑞典人发现不一定是什么大问题。

就在吕特晏斯的分舰队继续朝着挪威南方海岸航行时，在格陵兰最南端的费尔韦尔角以南，另一出大戏正在上演。从加拿大新斯科舍出发的英国 HX126 护航船队在这里遭到多艘潜艇围攻，损失惨重。5 月 20 日是最黑暗的一天，至少有 7 艘船成为德国 U 艇的牺牲品，其中 3 艘是被赫伯特·沃尔法特和 U-556 号击沉的。他用鱼雷击沉"英国安全"号（British Security）号和"柯卡彭赛特"号（Cockaponset）之后，又发现了落单的货船"达灵顿庭院"号（Darlington Court）。[13] 此时沃尔法特只剩一发鱼雷，但他还是决定攻击。航海长表示反对，建议把剩下的这发鱼雷留到返航时，也许能用在更好的目标上。但是沃尔法特回答说："十鸟在林，不如一鸟在手。"[14] 于是他射出最后一发鱼雷，目视"达灵顿庭院"号逐渐倾覆，沉入大西洋。一星期以后，这一举动将令他追悔莫及。

在吕特晏斯的舰队里，气氛逐渐紧张起来。突破封锁的时间越来越近。英国人发现德方行动的迹象了吗？一架德国侦察机飞到斯卡帕湾上空，这一次天气已经转好。机组成员报告说，在本土舰队的主基地里发现 1 艘航母、3 艘战列舰和 4 艘巡洋舰。吕特晏斯由此推断，本土舰队的主力还留在港口里。假如这些军舰已经起锚，那就是在强烈暗示英国人已经发现德方的计划。[15]

5 月 20 日傍晚，德国分舰队接近挪威南海岸，红日西沉时，在距离克里斯蒂安桑不远处，德国瞭望员们能看到右舷外的陆地：挪威海岸线美丽的夜景在一片暗红的天空下华丽地闪耀。不过没有几个水兵有工夫观赏美景。德国人知道这片海域很危险，因为常有英国潜艇巡弋。德国舰队以 17 节航速走着"之"字形航线。夜里，"欧根亲王"号上的声呐操作员听到了可能来自一艘潜艇的螺旋桨噪声。除此之外，整个夜晚都平安无事。

5 月 21 日上午，"欧根亲王"号上的电侦处人员截获英军一则电讯，内容是指示一支航空部队搜索正在向北航行的 2 艘战列舰和 3 艘驱逐舰。[16]除错判"欧根亲王"号的舰型之外，这封电报的描述与吕特晏斯的分舰队完全吻合。

不久以后，又出现了一个不祥之兆。"7 时刚过，"米伦海姆－雷希贝格回忆，"4 架飞机出现在视野中——在阳光的映衬下只是几个小黑点。这是英国人的还是我们的？它们消失得太快，甚至让我们怀疑自己出现了幻觉。"因为这些飞机距离太远，德国人无法判断它们的型号和国籍，但是它们的出现终究令人担忧。电侦处的人认为这些飞机没有发出任何无线电信号，但德国分舰队接近卑尔根以南的科尔斯峡湾时，有强烈的迹象表明它已被发现了。[17]

吕特晏斯的分舰队在格丁尼亚起锚时，英国人的注意力都放在地中海局势和大西洋潜艇战上。几个星期前，德国陆军将一支同盟国远征军赶出希腊本土，逼得英国人又实施了一次从海路撤军的行动。这些英联邦部队乘船到达埃及和克里特岛，丘吉尔做出了坚守克里特岛的决定。克里特岛的地理位置几乎和马耳他岛一样重要，而且英国仍有时间加强岛上防御。

在北非，隆美尔夺回理查德·奥康纳（Richard O'Connor）中将在 1940 年12 月对意大利军队的攻势中占领的区域。在吕特晏斯的分舰队从格丁尼亚起航的三天前，北非英军在阿奇博尔德·韦维尔（Archibald Wavell）上将的指挥下发起"短促"行动，但这次攻势在隆美尔的抵抗下戛然而止。英军的进攻没有取得任何有用的成果，北非沙漠的整体战局依然岌岌可危。除非洲的问题之外，英国人还发现了德国企图进攻苏联的强烈迹象。

除这些隐忧之外，大西洋上的局势也不容乐观，那里的德国潜艇还在大开杀戒，而且德国巡洋舰和战列舰应该也会继续出击。3 月底以来，大西洋上还没有德国水面舰艇活动，但是"俾斯麦"号和"欧根亲王"号显然已经在 5 月中旬完成战斗准备。另一方面，英国人掌握的情报表明"沙恩霍斯特"号和"格奈森塔"号尚未做好出击准备，因为它们可能还没有完全修复。对本土舰队而言，主要的威胁来自"俾斯麦"号和"欧根亲王"号，可能还包括"蒂尔皮茨"号。

为在军舰和人员耐力许可的范围内对最关键的海域保持尽可能严密的监控，托维上将可谓殚精竭虑。他尤其需要注意丹麦海峡，因为那个海峡距离英军基地很远，如果没有充分的早期预警，他就很难向那片海域派出援军。此时，由重巡洋舰"诺福克"号和"萨福克"号组成的第1巡洋舰分队正在弗雷德里克·威克－沃克（Frederick Wake-Walker）少将的指挥下看守丹麦海峡。

5月18日，托维明确要求正在丹麦海峡巡逻的"萨福克"号对该海峡保持密切监视。托维还特别强调，必须保证对浮冰附近海域的监视不出现漏洞。与此同时，他还指示威克－沃克的旗舰"诺福克"号保持警戒，以便在必要时增援"萨福克"号。当时，"诺福克"号正停泊在冰岛首都雷克雅未克北面不远的华尔峡湾（Hvalfjord）。5月19日，她起锚出发，威克－沃克就在舰上。她此行的目的是接替"萨福克"号，让后者回到华尔峡湾加油。如果德国人企图突破，那么让这些巡洋舰保持充足的燃油至关重要。除第1巡洋舰分队外，托维还派出几艘轻巡洋舰在冰岛和法罗群岛之间的海域巡逻。本土舰队的其余舰艇则留在各自的基地，等待托维获得更多关于德军活动的情报。[18]

很快托维就会收到他期待已久的情报。罗舍尔·伦德（Roscher Lund）是挪威流亡政府驻斯德哥尔摩使馆的武官。他与驻瑞典的英国海军武官是熟人，与瑞典情报机构中的重要人物也保持着良好关系。5月20日，后者将关于德国分舰队的情报透露给伦德。[19] 于是他迅速联系上了正在一家餐馆中用餐的英国海军武官亨利·德纳姆（Henry Denham）上校。德纳姆匆忙付完帐，然后赶回英国使馆，将这个重要情报发到伦敦的英国海军部。

之后又传来可以证实这一情报的消息。在挪威南部沿海的克里斯蒂安桑，维戈·阿克塞尔松（Viggo Axelsson）在夜里和几个朋友一起出门散步，打算随后去一家夜总会用餐。他们走到一个名叫伦宁根（Runningen）的地方，驻足观望眼前的大海。当时能见度极佳，他们几乎一眼就瞥见了一队正在高速航行的舰船。同行的人中有一个带了一副小型双筒望远镜，维戈·阿克塞尔松便向他借用。他透过望远镜清晰地看见两艘大型战舰和几艘护航的小船，还有为其提供空中掩护的飞机。阿克塞尔松将望远镜还给主人，然后提醒大家该去夜总会了。[20]

事实上，维戈·阿克塞尔松是挪威抵抗组织的成员，以前多次向伦敦发送过情报。他通常会把自己得到的情报交给一个公交车司机阿尔内·莫恩（Arne Moen），再由后者转交给贡瓦尔·汤姆斯塔（Gunvald Tomstad）。汤姆斯塔住在克里斯蒂安桑到斯塔万格中途的弗莱克菲尤尔（Flekkefjord），他的住处有一部电台。[21]

因为大多数朋友都不知道阿克塞尔松为抵抗组织工作，所以他不得不编一个故事来掩饰。他借口自己忘了一些东西，需要回一趟办公室，随即向朋友们告辞。到办公室以后，他写了一份密码情报，然后刚好赶在开往弗莱克菲尤尔的大巴车出发前交给阿尔内·莫恩。当天深夜，汤姆斯塔拿到这份情报。他意识到情况紧急，于是没有把电台搬到偏僻的地方就直接发了出去。就这样，英国海军部收到情报，证实德纳姆和伦德的报告是正确的。[22]

当然，托维也接到了海军部的通报。他就驻守在自己的旗舰"英王乔治五世"号上，那里有一条直通伦敦海军部的专线。托维命令舰队提高战备等级，但尚未做出起航的决定。如果舰队出航过早，可能会白白消耗宝贵的燃油，导致在紧急情况下无油可用。托维打算一旦阳光和气象条件允许，就派出飞机侦察。[23]

此时德国人的意图还不明显，但从掌握的情报来看，德国分舰队将在5月21日早晨抵达卑尔根。这至少可以给侦察机提供相当有用的指导。迈克尔·萨克林（Michael Suckling）上尉驾驶他的"喷火"式飞机从位于苏格兰威克（Wick）的机场起飞，朝着挪威西南海岸一路飞去。起初他没有找到任何值得注意的目标。在他眼前有大海、峡湾、港湾和挪威渔船，但是没有德国战舰。此时他的燃油还够在卑尔根和附近的峡湾上空兜一圈。于是萨克林将"喷火"式飞机维持在高空，从卑尔根上空掠过，结果看到了海面上的两艘战舰。他的飞机配备了特制的照相机，它们也没有辜负他的期望。地面上似乎没有人注意到在高空翱翔的这架小飞机。萨克林拍完照片以后就掉头往西，飞向大海。15分钟以后，卑尔根响起了空袭警报，但此时英国飞行员已经在回威克的路上飞行了很远。[24]萨克林刚一降落，就把胶卷送到暗房洗印。照片清晰地显示了1艘俾斯麦级战列舰、1艘海军上将希佩尔级巡洋舰和几艘较小的舰船。

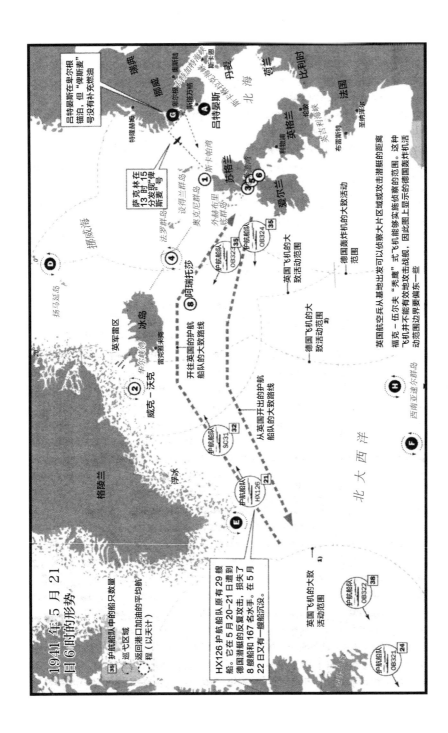

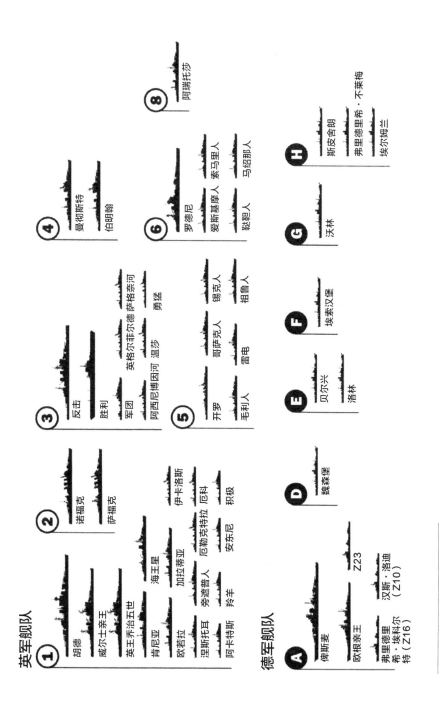

英军舰队

① 胡德
威尔士亲王
英王乔治五世
肯尼亚
欧若拉
涅斯托尔
阿卡特斯
海王星
加拉蒂亚
旁遮普人
羚羊
伊卡洛斯
厄勒克特拉
安东尼
厄科
积极

② 诺福克
萨福克

③ 反击
胜利
军团
阿西尼博因河
英格尔菲尔德
温莎
萨格荣河
勇猛

④ 曼彻斯特
伯明翰

⑤ 开罗
毛里人
哥萨克人
雷电
锡克人
祖鲁人

⑥ 罗德尼
爱斯基摩人
鞑靼人
索马里人
马绍那人

⑧ 阿瑞托莎

德军舰队

Ⓐ 俾斯麦
欧根亲王
弗里德里希·埃科尔特（Z16）
Z23
汉斯·洛迪（Z10）

Ⓓ 魏森堡

Ⓔ 贝尔兴
洛林

Ⓕ 埃索汉堡

Ⓖ 沃林

Ⓗ 斯皮舍朗
弗里德里希·不莱梅
埃尔姆兰

译者注：二战中德国海军Z系驱逐舰的前22艘全部以一战中殉国的第二帝国海军将士命名，史料中也主要以舰名将这些军舰。但受海军题材游戏作品的影响，读者可能更熟悉她们的数字编号，因此译者在本书中同时注明她们的编号。

本土舰队司令和海军部迅速接到通报，确认"俾斯麦"号位于卑尔根并不能减少托维在起航时机上的纠结。挪威和北海上空的天气正在快速恶化，而他没有再接到更多情报。他无法判断敌舰队是留在卑尔根还是已经出海。如果它们是奔着大西洋去的，那就有可能制造一场灾难，因为同盟国此时至少有11支护航船队正在大西洋上缓慢行进。[25]托维决定让兰斯洛特·霍兰中将立即率领"胡德"号、"威尔士亲王"号和6艘驱逐舰出发，增援丹麦海峡中的威克－沃克舰队。如果情报显示德国人打算在冰岛和法罗群岛之间突破，那么霍兰也可以回过头来，在24小时内抢占冰岛和大不列颠群岛之间的中央阵位。本土舰队其余的大部分战舰则奉命留在斯卡帕湾，但是保持高度戒备状态。在冰岛和法罗群岛之间巡逻的轻巡洋舰"曼彻斯特"号（Manchester）和"伯明翰"号（Birmingham）接到立即加油的命令，加完油后她们需要继续巡逻。正在驶向雷克雅未克的轻巡洋舰"阿瑞托莎"号（Arethusa）奉命在加完油后留在华尔峡湾，听候威克－沃克调遣。[26]

海军部希望对卑尔根的德国舰队发动一次空袭。空军部表示同意。但是海防司令部的指挥官弗雷德里克·鲍希尔（Frederick Bowhill）却希望先让他的参谋们研究萨克林拍摄的照片再实施空袭。萨克林是威克的航空基地里唯一能够出动的飞行员。于是他不得不再次坐进自己的"喷火"式飞机驾驶舱，只不过这一次是飞往伦敦。他在黄昏时飞到诺丁汉（Nottingham）附近，但是燃油已经所剩无几了。好在这里离他的老家很近。他在诺丁汉城外降落，找朋友借了一辆车，连夜驱车赶到伦敦将照片送达。随后空军部和海军部都确认了先前在威克已经得出的结论。[27]

由于鲍希尔坚持要亲眼看到照片，白天的时间被白白浪费了。在黑夜里导航难度很大，负责执行任务的18架轰炸机到达挪威海岸时，又发现那里被浓雾笼罩。只有2架轰炸机飞到科尔斯峡湾，但是什么目标都没发现。天气在夜里进一步恶化。5月22日黎明，云层变得非常低，有些地方仅仅高出海平面60米。在如此恶劣的条件下，要在卑尔根地区进行成功的空袭或侦察殊非易事。[28]但是，确定德国舰队的下落仍然是至关重要的。

在挪威加油？

吕特晏斯进入科尔斯峡湾的决定造成了不利后果。分舰队离开格丁尼亚前，他与林德曼和布林克曼会谈时就曾表示自己不希望进入卑尔根，而是倾向于到北冰洋与油轮"魏森堡"号会合，让她为舰队加油。进入卑尔根前，吕特晏斯已经接到情报，显示英国人知道了即将实施的这场作战。因此，按照他最初的打算去找"魏森堡"号是更为明智的做法。卑尔根深处于英国空中力量的打击范围内。更糟糕的是，吕特晏斯的分舰队是在能见度最好、风险最大的时候到达卑尔根的。英国人可以轻松找到并攻击他的两艘军舰。

如果吕特晏斯选择继续寻找"魏森堡"号，那么英国人就没有机会空袭他。当然，吕特晏斯并不知道英国人因反复分析萨克林的照片而造成延误，不可能主动利用这一点。但如果他选择与"魏森堡"号会合，将获得另一个可能更重要的优势——英国人将很难估计德方尝试突破的时间。他们将不得不根据非常粗略的情报展开行动。德国人是已经在尝试突破了吗？还是说德国人只是在北冰洋徘徊，等待更好的突破机会？或者德国人已经通过了冰岛以南？他们甚至有可能已经掉头返回德国了。如果吕特晏斯选择寻找"魏森堡"号，托维将因对局势毫无把握而饱受折磨。但是，因为德国分舰队进入卑尔根，萨克林得到了发现它的机会，从而为托维消除众多不确定因素。

为什么吕特晏斯去了卑尔根，而没有去北冰洋？一种可能的解释是，他接到的天气预报告诉他，在接下来的几天里有望出现有利天气。因为"欧根亲王"号需要加油，所以吕特晏斯可能是选择了最快的加油办法。如果他选择寻找"魏森堡"号，那就要损失很多时间。

各艘军舰上的燃油存量是个非常重要的考虑因素。"欧根亲王"号抵达卑尔根时，她有 2547 立方米燃油，大约相当于其满油容量的四分之三。"俾斯麦"号上的燃油存量就比较难判断了。从格丁尼亚到卑尔根的航程合计约为 850 海里。至于分舰队的航速，从现存资料来看大约是 17 节。因此，把"俾斯麦"号在去卑尔根途中消耗的燃油量估计为 800 立方米左右似乎是合理的。那么，她的燃油存量应该是比它的最大燃油容量少 1000 立方米左右。[1]

吕特晏斯决定为"欧根亲王"号加油。她从油轮"沃林"号补充了 764 立方米燃油，加油过程耗时三个小时。但是，"俾斯麦"号一点油也没有加。我们还是不知道为什么吕特晏斯会如此决定。也许他认定限制舰队行动能力的主要因素是"欧根亲王"号的续航力。所以，"俾斯麦"号加不加油无关紧要。[2]

"俾斯麦"号拥有惊人的作战半径。如果在油舱加满的情况下起航，她能够以 19 节航速航行 8525 海里（15800 千米）。相比之下，英国战列舰"英王乔治五世"号和"威尔士亲王"号只能以 18 节速度航行区区 4750 海里（8800 千米）。如果提高航速，作战半径会相应缩小，但即使以 28 节的高速航行，"俾斯麦"号也能航行 4500 海里（8300 千米）——大致相当于英国战列舰在 18 节航速下的航程。很显然，"俾斯麦"号与皇家海军的对手相比拥有重大优势。考虑到这一背景，或许"俾斯麦"号仅保持 90% 的满油量也不会有什么大问题。但另一方面，我们也不清楚吕特晏斯对英国新锐战列舰的性能究竟了解多少。

也许吕特晏斯认为最重要的任务是快速到达丹麦海峡，因为他此时已经有理由相信自己的分舰队被发现了。如果他确实是这么想的，那么到卑尔根加油而不去找"魏森堡"号似乎是更可取的选择。既然给"欧根亲王"号加油仅仅需要 3 个小时，那么 4 个小时应该足够给"俾斯麦"号加油。当然，吕特晏斯肯定考虑到了在格陵兰以南等待的"贝尔兴"号和"洛林"号。[3] 无论如何，他不给"俾斯麦"号加油的决定还是令人困惑。这个谜团或许永远无法得到解释。

在卑尔根短暂逗留期间，一个出人意料的访客登上了"俾斯麦"号。阿达尔贝特·施奈德少校的兄弟奥托·施奈德在陆军当军医，恰好随占领军驻扎在卑尔根，并且听说了这艘战列舰的意外到访。于是施奈德大夫和两个战友一起坐上一艘借来的摩托快艇，向着"俾斯麦"号开去。"经过短暂的航行之后我们开进海湾，"他回忆说，"一眼就瞥见了一幅令人着迷的景象。'俾斯麦'号横卧在我们面前，简直像是天方夜谭中银灰色的梦幻。"

这几位访客获得上舰许可，并且见到了欣喜的阿达尔贝特。两兄弟已经很久没有见面，这次重逢是令人愉快的。从未当过水兵的奥托·施奈德对自己坐快艇来到这艘战列舰的航程留下了深刻印象。"我们那艘摩托快艇的速度超过了30节，"他兴致勃勃地向自己的兄弟说明。

"哦，我们的'俾斯麦'也能跑这么快，"阿达尔贝特微笑着说，"实际上还能更快一点。"

阿达尔贝特把客人们带到军官食堂，和他们讨论了这艘战列舰和一些海战的基本常识。接着大家一起吃了顿饭。随后阿达尔贝特领着奥托去自己的住舱，给他看自己三个女儿的照片。阿达尔贝特还趁此机会写了几张明信片，奥托答应帮他投到邮箱里。这是从这艘战列舰发出的最后一份私人邮件。

到17时，"欧根亲王"号已经完成加油。港内的德国军舰纷纷起锚，奥托·施奈德不得不离开。爬下梯子时，一股不安的感觉攫住了他。虽然阿达尔贝特信誓旦旦地向他保证"比'俾斯麦'强的都没她快，比她快的都没她强"，但是他在离开这艘战列舰时，却有一种不祥的预感。尽管舰员们士气高涨，但这位德国军医觉得军官食堂里讨论的话题很不吉利。

德国分舰队在黑暗掩护下驶出卑尔根以北的狭窄峡湾，离开挪威。就在此时，米伦海姆－雷希贝格得知英国人可能察觉了这次行动。他和一群军官一起站在后甲板上，看见分舰队的电侦处负责人库尔特－维尔纳·赖夏德（Kurt-Werner Reichard）少校带着一纸电文匆匆来找吕特晏斯。他们向赖夏德询问电文的内容，后者偷偷告诉他们，"欧根亲王"号在当天早些时候截获了一些电讯，内容是命令英国航空部队搜索德国的2艘战列舰和3艘驱逐舰。"我无法否认，这个消息让我们有点郁闷，"米伦海姆－雷希贝格写道，"因为我们之前根本没有发现英国人注意到"莱茵演习"行动的蛛丝马迹。现在我们感觉自己好像已经被发现了，多少有点震惊"[4]。

零点，两艘战舰进入远海时，将航向定为北上。分舰队离开卑尔根四个小时后，此前一直为战列舰和巡洋舰护航的驱逐舰们纷纷掉头，驶向东面的特隆赫姆。从此刻起，"俾斯麦"号和"欧根亲王"号就只能靠自己了。[5]

吕特晏斯对英国舰队的下落所知甚少。3艘驱逐舰离开分舰队后不久，嘹望员报告说，在卑尔根上空的云层中可以隐约看到被反射的探照灯光。5月22

日 11 时将至时,海军北方集群司令部发出的一封电报送到吕特晏斯手中。电报确认英国轰炸机在这天早上轰炸了卑尔根附近"俾斯麦"号和"欧根亲王"号曾经停泊的地方。如果说之前德方对英国人发现"莱茵演习"行动一事仍有疑虑,那么这封电报肯定驱散了所有疑云。遗憾的是,吕特晏斯上次接到关于斯卡帕湾英军舰队的消息已经是 30 多个小时前的事。如此长的时间里可能发生很多事。如果英军舰队以 21 节速度航行,可以在 30 个小时里轻松走完从斯卡帕湾到冰岛的距离。英国人的无线电报也没有透露任何关于本土舰队活动的信息,但德国人无法判断这是因为英军确实没有活动,还是因为他们保持了严格的无线电静默。[6]

只有一个因素对德方有利。天气正在迅速恶化。能见度已经大大下降,悄悄通过丹麦海峡的机会似乎很大。5 月 22 日中午,吕特晏斯决定立即驶向丹麦海峡。[7] 与此同时,雷德尔在贝希特斯加登(Berchtesgaden)出席了一次有凯特尔、里宾特洛甫和希特勒参加的会议,并在会上透露"俾斯麦"号已经出海几天了。希特勒的反应并不令人意外。他担心"俾斯麦"号的活动可能影响美国的中立政策,或影响即将发动的对苏进攻作战。如果与皇家海军遭遇,胜算又有多少?他还谈到了英国航母和鱼雷机带来的风险,这正是吕特晏斯在两个星期前表达的忧虑。希特勒希望召回舰队,但是雷德尔成功地让他相信,取消行动的危险性比继续作战更大。[8]

最终希特勒勉强同意继续执行"莱茵演习"行动。在挪威近海,吕特晏斯已经命令舰队转向,开始了前往丹麦海峡的第一段航程。他的决定并非无法撤销。如果天气放晴,德国舰队仍有可能向东北转进,利用"魏森堡"号加油。[9]

霍兰和托维离港出海

1941年5月21日星期三下午，在"胡德"号和"英王乔治五世"号之间航行的交通艇多得不同寻常。那些懂行的人很快就看出，本土舰队的多艘大型战舰不久将要出海。"胡德"号和"威尔士亲王"号的烟囱冒出愈显浓黑的烟雾。6艘驱逐舰离开泊位，开往斯维塔海峡（Switha sound），并通过那里的一道船闸。接着她们继续驶向奥克尼群岛以南的开阔水域——彭特兰海峡（Pentland Firth）。临近零点时，"胡德"号和"威尔士亲王"号也双双起锚。霍克萨（Hoxa）海峡的船闸打开了，在那里保护锚地的防潜网也被临时撤除。斯卡帕湾下起蒙蒙细雨，笼罩着两个在暗夜中悄然前行的庞然大物。在斯卡帕湾锚地防护系统的入口外，两艘战舰与驱逐舰会合，后者已经在大舰抵达前用声呐搜索过德国潜艇。虽然已到5月下旬，夜间还是寒冷刺骨。

随着"胡德"号和"威尔士亲王"号驶向冰岛，托维已经走出了围歼"俾斯麦"号的第一步。但是和吕特晏斯一样，这位英国海军上将掌握的敌军情报也不完整。他只能尽量根据手头的情报来判断吕特晏斯的意图。对于德国分舰队在卑尔根的出现，有几种可以自圆其说的假设。萨克林拍摄的照片还显示德方有几艘运输船。可以认为这些德国战舰的任务是保护载有装备或部队、易遭攻击的运输船前往挪威北部。在过去几个星期，英方已经观察到几次这样的运输活动。考虑到有情报显示德军企图进攻苏联，这些军舰的调动也可能是针对摩尔曼斯克的作战的一部分。[1]

此外，德国人也可能是在准备进攻冰岛。另一种情况是，这些德国战舰的任务就是把运输船护送到卑尔根，随后它们就会回到德国。[2]

最有威胁的一种情况是：德国人打算突入大西洋，攻击英国的护航船队。如果这是德国人的意图，那么托维相信他们很可能会利用丹麦海峡。他掌握的情报表明，德国人在此前所有的突破行动中都利用了这条狭窄通道。不过，他也不能忽视法罗群岛和冰岛之间的海域，更何况此时德国战舰已经在卑尔根停留了。此外，德国人尝试在法罗群岛和设得兰群岛之间穿越封锁线也不是不可能，只不过考虑到那里离斯卡帕湾和英国各机场太近，这种可能性似乎不大。此时托维仍举棋未定。5 月 22 日上午，恶劣的天气没有丝毫缓解的迹象，反而进一步恶化了。准备攻击德国战舰的轰炸机和鱼雷机基本上没有机会找到目标，空袭行动被认为是不可能完成的。[3] 侦察机部队虽然进行了多次尝试，但全都无功而返。北海上空狂风肆虐，云底高度极低。虽然侦察机能够飞到科尔斯峡湾，但由于云层太低，如果飞行员降低高度在云层之下飞行，就很有可能撞山坠毁。返航后，有人问一名飞行员，为什么他相信德国军舰已经离开了，这位飞行员自嘲地回答说："唔，我在峡湾里贴着海面飞行时没撞上任何东西，所以它们大概已经起航了。"[4]

但是，仅有推测还不够；托维需要更确凿的证据。在奥克尼群岛主要的海军航空兵基地哈茨顿（Hatston）机场，指挥官是亨利·圣约翰·范科特（Henry St. John Fancourt）上校。这个基地是为皇家海军训练航空兵的，范科特的门生中有一个经验丰富的飞行高手——罗瑟拉姆（G. A. Rotherham）中校。虽然此人在 1941 年 5 月已经主要负责案头工作，但是范科特仍然认为，如果真有人能够在这样的坏天气里成功飞到卑尔根，那么这个人只能是罗瑟拉姆。范科特联系了罗瑟拉姆隶属的海防司令部，询问对方是否有反对意见。由于对方没有反对，范科特便打电话给托维的参谋部，由后者批准执行任务。匆忙拼凑的罗瑟拉姆机组，包括诺埃尔·戈达德（Noel Goddard）上尉和报务员威利·阿姆斯特朗（Willie Armstrong），被准许使用哈茨顿机场的两架"马里兰"式飞机中的一架执行侦察任务。[5]

5 月 22 日 16 时 30 分，"马里兰"式飞机起飞。在当时的气象条件下，罗瑟拉姆机组如果直接飞向上级指定的目的地，很可能找不到目标。事实上，如果他们真做了这样的尝试，将很可能撞山坠毁。罗瑟拉姆认为把目的地定在与卑尔根有一定距离的某个地方更明智一些。"马里兰"式飞机掠过海峡上空时，他把航向指向了卑尔根以南大约 25 千米外的一个小岛。从那里更容易找到科尔斯峡湾的入口并进入其中侦察。

他的侦察机很快就被雾气包围，这位飞行员将飞行高度提升到1000米。不久以后，罗瑟拉姆决定重新下降到海平面。在贴近海面的高度飞行很危险，但罗瑟拉姆迅速摸清了风向，将飞机拉到更高也更安全的高度。在又一次短暂掠过海面之后，罗瑟拉姆估计自己不出十分钟就能飞到挪威海岸。机组不得不再一次下降到海平面。就在他们开始担心会撞上悬崖的时候，罗瑟拉姆想要寻找的小岛映入了他们的眼帘。[6]

找到小岛之后，至少从导航的角度讲，最困难的部分已经结束了。他们在接近挪威海岸时，再次遇到了相当不错的天气。随着"马里兰"式飞机转向科尔斯峡湾，机上的三人都睁大眼睛寻找德国战舰。他们什么也没有看到，但为以防万一，他们又在卑尔根上空掠过一次。就在此时，德军的高射炮开火了。眼看着炮弹破片击中机身，曳光弹在机头前方划出一道道火线，罗瑟拉姆和他的机组成员都感到不寒而栗。但是这位飞行员靠俯冲摆脱了炮火，朝远海飞去。罗瑟拉姆机组幸运地完成了侦察，报务员发出了电报："敌战列舰和巡洋舰已经出海。"[7] 不幸的是，他们并没有接到电报被接收的确认信息。

"上级指示我们使用海防司令部专用的频率和代号，"阿姆斯特朗回忆说，"可是我不停地呼叫，却没有得到任何答复。"

这可是个严重的问题。机组知道德军的单发战斗机会在这一区域活动，他们的"马里兰"式飞机在将情报送给托维前就被击落的风险很大。就在机组其他成员紧张地在天空中寻找德国战斗机的踪迹时，报务员尝试了在斯卡帕湾进行打靶练习时使用的频率。"我们试了一下，立刻就收到了回复。这纯粹是运气好，当时斯卡帕湾刚好有人在侦听这个频率。"[8]

"马里兰"式飞机成功飞抵设得兰群岛，罗瑟拉姆刚爬下飞机就被叫去接电话，在电话线另一头等待的是托维的参谋长。其实托维已经接到了他们机组发出的电讯，但他还是决定等上半个小时来确认。[9]

鉴于德军突破到大西洋是最严重的威胁，托维便假定这就是他们舰队离开卑尔根的真正原因。因此，他命令已经在华尔峡湾加完油的"萨福克"号与"诺福克"号一起继续监控丹麦海峡。同样，"阿瑞托莎"号也得到了搜索冰岛和法罗群岛之间航道的命令，"伯明翰"号和"曼彻斯特"号已在那里巡逻过。

托维还要求在格陵兰和奥克尼群岛之间实施航空侦察，尽管由于黄昏将至，天气恶劣，飞行员找到敌人的可能性极小。在距离零点不到半小时的时候，随着锚链哗啦作响，托维率领战列舰"英王乔治五世"号、航母"胜利"号、4 艘巡洋舰和 7 艘驱逐舰起锚出发。他可能希望战列舰"纳尔逊"号也在斯卡帕湾，但她此时正在南大西洋。不久，托维的舰队就通过了霍克萨海峡的船闸，比霍兰的分舰队晚了近 24 小时离开斯卡帕湾，甲板上的水兵们看着奥克尼群岛乱石嶙峋的轮廓在舰队身后逐渐隐入黑暗。托维希望让舰队占据中央阵位，无论德军在冰岛南面还是北面突破，他都可以实施拦截。[10]

这一切行动发生时，霍兰的分舰队正在继续驶向丹麦海峡。在"胡德"号上服役的水兵之一是通信兵特德·布里格斯。对这个 18 岁的年轻人来说，在这艘战列舰上服役是儿时梦想成真的结果。早在 12 岁那年，他看到这艘军舰锚泊在小城雷德卡（Redcar）外的港湾时，就萌生了这个梦想。当时只要花一点钱，就可以让当地的小船主们开船送到这艘战列巡洋舰上观光，但是布里格斯的父母连这点钱也出不起。有一天，这个少年悄悄溜进当地的征兵办公室，企图说服征兵官员让他入伍。对方告诉他，可以三年以后再来。布里格斯听从了这个建议，在度过 15 岁生日一星期之后，他报名加入皇家海军。令他欣喜若狂的是，16 个月后，他就被分配到这艘当初激起他好奇心的军舰上。当然，他很难预料到，自己的名字将永远与这艘船联系在一起。

"胡德"号 1920 年服役时，是世界上最大的战舰。许多人认为她是一艘美丽得非同凡响的战舰。因为完工时第一次世界大战已经结束，所以她最初的任务或许用"英国的炮舰外交"来形容最为合适。1923 年，她进行了一次环球航行，以巩固大不列颠与英联邦的关系。她在 11 月离开普利茅斯（Plymouth），先后抵达塞拉利昂和开普敦，接着又来到东非的桑给巴尔（Zanzibar）。此后她穿越印度洋，对锡兰和新加坡进行友好访问。在"胡德"号途经的每一站，都举办了盛大的宴会和体育赛事，舰上的板球队和足球队与当地代表队同场竞技。这艘战列巡洋舰在访问新加坡期间，对日本帝国主义者的野心摆出警告的姿态，随后又踏上前往澳大利亚的旅程。她先后停靠了弗里曼特尔（Fremantle）、阿德莱德（Adelaide）、墨尔本（Melbourne）、霍巴特（Hobart）和悉尼（Sidney）。

接下来两站是新西兰的惠灵顿和奥克兰（Auckland）。由于她给新西兰和澳大利亚两国政府留下极为深刻的印象，澳大利亚向英国下了 2 艘巡洋舰的订单，而新西兰直接购买了随"胡德"号出访的 1 艘巡洋舰。之后这艘战列舰在太平洋上继续航行，访问了斐济、萨摩亚、夏威夷和旧金山，又通过巴拿马运河。再次进入大西洋之后，她驶向牙买加和加拿大。最后她横穿大西洋，1924 年 9 月 9 日回到英国，完成了持续近一年的远洋航行。[11]

"胡德"号服役的大多数岁月都在和平中度过，但偶尔也会发生令人不安的事件。1931 年，她在因弗戈登（Invergordon）被卷入一次兵变，原因是她的舰员们得知自己的薪资将被削减后拒绝工作。这些降薪措施影响深远，但是考虑欠周，不久就被重新审议。这次事件使这艘战列舰本来白璧无瑕的声誉染上了污点。因弗戈登事件发生两年后，罗里·奥康纳（Rory O'Connor）中校就任"胡德"号的舰长，努力消除兵变的遗留影响。奥康纳下很大力气弥合军官与士兵之间的裂痕，并制定各种条例来鼓励大家为共同的目标而齐心合力。结果是令人鼓舞的。"她成为一艘所谓的欢乐之舰，"当时在这艘战列巡洋舰上服役的水兵罗恩·帕特森（Ron Paterson）回忆说。"每个人都尽了自己的努力，每个人都勇于承担责任。军官们个个优秀，而且乐于助人。"[12]

1935 年，意大利独裁者本尼托·墨索里尼对埃塞俄比亚发动进攻，迈出了将世界拉入大规模战争的最初步骤之一。"胡德"号奉命执行威慑行动，旨在让意大利人打消侵略的念头，但是毫无效果。她的下一次行动是在西班牙内战爆发之后。"胡德"号被用于保护英国商船，对抗佛朗哥对共和国港口的封锁。在此期间，已经服役近 20 年的"胡德"号老态尽显，她显然需要大规模修整和现代化改造，这就要求她在船坞中待上很长一段时间。她的装甲防护水平受到的质疑尤为突出。"胡德"号是在日德兰海战之前设计的，并未全面汲取在那次海战中得到的经验教训。特别值得一提的是，日德兰海战中有相当一部分战斗在很远的距离上进行，在这样的距离上，炮弹可能以非常大的落角击中甲板装甲。为避免这类炮弹钻入军舰的要害部位，需要大大增加甲板装甲的厚度。一直到 20 世纪 30 年代中期，薄弱的甲板装甲都不是什么大问题，因为在可以预见的未来，"胡德"号不太可能与敌人的战列舰对抗。但是，随着战争阴影在欧洲日渐浮现，

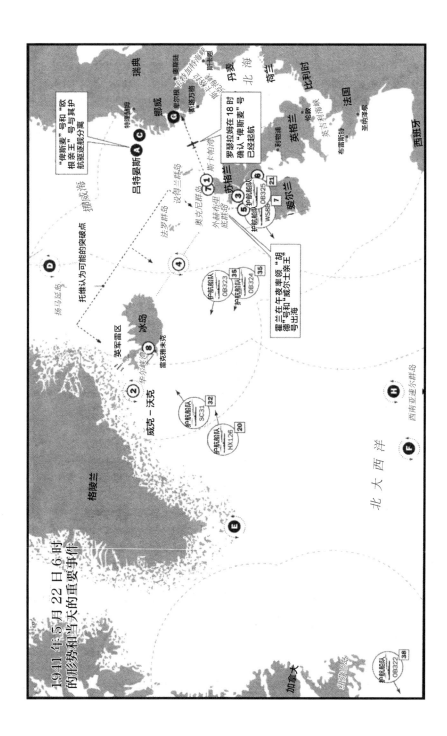

1941 年 5 月 22 日 6 时的形势和当天的重要事件

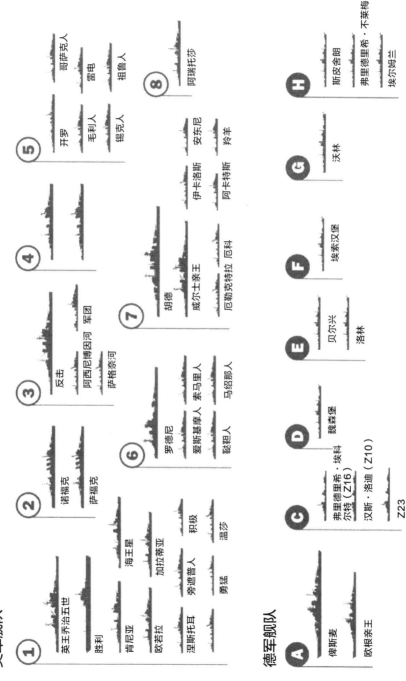

英军舰队

① 英王乔治五世／胜利
肯尼亚／海王星
欧若拉／加拉蒂亚
涅斯塔耳／旁遮普人／积极
勇猛／温莎

② 诺福克／萨福克

③ 反击
阿西尼博因河／军团
萨格奈河

④

⑤ 开罗
毛利人／锡克人

⑥ 罗德尼
爱斯基摩人／索马里人
鞑靼人／马绍那人

⑦ 胡德
威尔士亲王／安东尼
厄勒克特拉／厄科
伊卡洛斯／阿卡特斯／羚羊

⑧ 阿瑞托莎

哥萨克人／雷电／祖鲁人

德军舰队

Ⓐ 俾斯麦／欧根亲王

Ⓒ 弗里德里希·埃科尔特（Z16）
汉斯·洛迪（Z10）／Z23

Ⓓ 魏森堡

Ⓔ 贝尔兴／洛林

Ⓕ 埃索汉堡

Ⓖ 沃林

Ⓗ 斯皮舍朗
弗里德里希·不莱梅／埃尔姆兰

"胡德"号的甲板装甲就成了严重得多的问题。不过，英国需要留着她执行任务，而皇家海军其他军舰的现代化改装将优先实施。

在战争的第一年，"胡德"号没有什么机会用自己的舰炮向德国战舰开火。她的大多数时间都在巡逻或护航任务中度过。法国在 1940 年 6 月被德国击败时，"胡德"号被调到萨默维尔（Somerville）将军的 H 舰队，以直布罗陀为母港。作为萨默维尔的旗舰，"胡德"号得到了一个并不令人羡慕的任务：攻击奥兰的法国海军部队，此役导致了 1000 多名前盟友丧生。这是"胡德"号的第一次实战，是在非常有利的条件下发起的。而她与"俾斯麦"号的较量将大相径庭。

1941 年 1 月至 3 月，"胡德"号得到了一些关照。她的轮机接受大修，还安装了火控雷达。格伦尼（Glennie）舰长交出了这艘战列巡洋舰的指挥权，前往地中海接受新的任务。取代他成为舰长的是拉尔夫·克尔（Ralph Kerr）。完成改造后，"胡德"号再次被派遣出海，执行搜索和巡逻任务，特别值得一提的是在"柏林"行动的最后阶段搜索敌军。[13]

虽然皇家海军的多艘主力舰都参加过大规模海战，但"胡德"号似乎永远也不会得到按照设计者的初衷发挥作用的机会。当扬声器里宣布"胡德"号即将起锚离开斯卡帕湾时，布里格斯和他的战友们根据以往的经验，都怀疑自己能否最终见识到"真正的战斗"，或许这只不过是又一次漫无目的，淋雨挨冻的巡逻？

航程的第一部分似乎证实了他们的担忧。但是在 5 月 22 日晚上，一封发到舰上的电报改变了一切。把电报送到舰桥上的正是布里格斯本人。他把它交给霍兰的通信参谋，后者快速浏览了电文，然后高声念了出来："'俾斯麦'号和'欧根亲王'号已经出海。继续前进，监视冰岛西南海域。"特德·布里格斯回到他的战友身边。他感到饥肠辘辘，却没有吃东西的心思。[14] 追捕敌舰的行动开始了。

突　　破

　　吕特晏斯的分舰队很快拉大了自身与挪威海岸的距离。起初他的舰队还在从挪威起飞的德国飞机活动范围内，因此可以仰仗空军的支援。但是，随着舰队与海岸的距离增加，这种可能性便消失了。此时只有少数德国侦察机具有足以飞到"俾斯麦"号和"欧根亲王"号上空的航程。总的来说，这两艘德国战舰只能自力更生了。因为再也没有得到空中支援的机会，所以也就没有了被德国轰炸机误炸的风险。之前为方便飞行员识别这两艘战舰，她们的甲板前后两端都画有硕大的万字旗。吕特晏斯下令用先前在卑尔根短暂停留时刷在舰身侧面的迷彩图案将这些识别标志覆盖。如果运气好的话，英国飞机可能会搞错这些德国战舰的身份。[1]

　　如果考虑作为海上舰队指挥官的吕特晏斯和岸上海军指挥部的互动，我们将会惊讶地发现，海军北方集群司令部对此次作战影响极小，作战指挥基本上都取决于吕特晏斯本人。在岸上甚至没有人知道他要选择走冰岛南面还是北面。例如，德国潜艇部队的指挥官邓尼茨将军在给部下的指示中，就只能泛泛地表示"俾斯麦"号和"欧根亲王"号将会突入大西洋。吕特晏斯既有可能在 5 月 22 日夜至 23 日晨从冰岛以南进入大西洋，也可能在次日夜间通过丹麦海峡。吕特晏斯的实际选择将在很大程度上取决于当地气象条件。[2]

　　吕特晏斯面临的局面至少受到三个因素影响。首先，他必须根据当地的天气等客观条件进行决策。事先想好一个计划并严格执行并非取胜之道，因为客观条件可能很快就会与作为计划基础的假设南辕北辙。天气就是最好的例子，特别是在这样的高纬度地区。可以在很远距离上看到舰船的晴朗天气也许很快就会变成几乎没有能见度可言的暴雨天气，反之亦然。当然，最了解当地情况的是身处一线的指挥官，而不是远在数百英里外陆地上的某些人。

　　另一个重要的因素是保密。如果最终决定是在海上做出的，那么它被敌人知晓的可能性就会小得多。第三个因素则是传统。在德国军队中，长期存在由一线指挥官做出重要决定的传统。陆军称此为 Auftragstaktik（以任务为导向的策略）。在第二次世界大战的地面作战中，这一惯例在德国陆军中收获良好效果，帮助他们获得许多胜利。法国和英国陆军则比较倾向于由不在战场的指挥官发号施令，结果往往将主动权拱手让给德军。德国陆军的这一理念也同样在海军施行。值得一提的是，皇家海军也会给海上的指挥官提供相当大的行动自由。

5 月 22 日以后，海军北方集群司令部就再没有做出过任何对"莱茵演习"行动有重大影响的决定。但是，虽然海军北方集群司令卡尔斯将军被隔离在决策圈之外，他还是能够保证将各种情报发送给吕特晏斯。天气预报和侦察报告尤其重要，可以为吕特晏斯的决策提供至关重要的信息。从截获的无线电通信收集到的情报也可能具有重要意义。此外，一直在直布罗陀、加拿大和非洲监视出港舰船的德国特工发送的情报也可能被转发给吕特晏斯。反过来，从海上的分舰队发送到海军北方集群司令部的信息则比较少见。德国军舰在海上通常会保持无线电静默。但是，如果英军已经确定了德国战舰的方位，后者自然就可以毫无顾忌地使用无线电设备。不过，在大多数情况下，陆地上的德国指挥官对于军舰在海上的行动只有非常模糊的了解。

无线电静默在突破行动中特别重要，不过这种重要性无论如何都不会成为对德军指挥官的束缚。皇家海军在这一阶段也保持着无线电静默，因为他们同样重视保密。托维不想让德国人知道自己舰队和霍兰分舰队的位置。因此，英国指挥官面临着和德国对手类似的局面，英国海军部对海上发生的情况同样不甚了然。即便在海上，托维和霍兰也都不清楚友军在干什么。他们只能根据霍兰出海前两人之间的讨论做出猜测。如果其中一人因为接到新情报而改变计划，他只能通过电台通报对方，而这就有被敌人知悉的风险。吕特晏斯倒不必面对这个难题，因为他的分舰队此时是海上唯一的德国水面部队。

5 月 23 日黎明，天气似乎在证明吕特晏斯通过丹麦海峡突破的决定是正确的。天空中浓云密布，雨水和雾气使能见度进一步下降。吕特晏斯的两艘军舰以 24 到 27 节的速度行驶，很快就接近了冰岛以北的海域。中午，她们抵达冰岛正北方某处，即将开始最困难的一段航程，即通过冰岛西北端与格陵兰之间的狭窄航道。这里是丹麦海峡最狭窄的部分，而且德国人知道，在靠近冰岛的水域有英国人的雷区。[3]

吕特晏斯此时或许感觉信心十足。在前一天晚上，他收到一份报告，称航空侦察发现斯卡帕湾仍有 4 艘大型军舰，其中 1 艘可能是航母。这个情报意味着他通过丹麦海峡快速突破的决定是正确的。如果托维的战列舰还在斯卡帕湾，那么它们就无法在德国分舰队进入浩瀚的大西洋之前实施拦截。一旦进了大西洋，再要寻找吕特晏斯的舰队就难于登天了。在前一天的深夜，吕特晏斯还接到了关于克里特岛战事的报告，得知德国空军已经在这个具有重大战略价值的岛屿附近击沉多艘皇家海军军舰，也许这将使英国人更难派出军舰来对付他的分舰队。[4]

然而吕特晏斯打错了算盘，那份声称本土舰队 5 月 22 日还在斯卡帕湾的报告是错误的。德国侦察机掠过斯卡帕湾上空时，"英王乔治五世"号确实还在基地中，但她在黄昏前就离开了。而霍兰的分舰队早已出海。我们并不清楚情报出错的原因，但至少有一些解释似乎言之成理。旧战列舰"铁公爵"号（Iron Duke）当时还留在斯卡帕湾。它是第一次世界大战之前建造的，已经没有作战能力，但仍被当作补给舰使用。此外，斯卡帕湾里还有两艘用木头和布料制作的假战列舰。1941 年，英国人已经开始怀疑它们没有任何用处，但或许正是它们在"莱茵演习"行动的这一阶段发挥了决定性作用。如果吕特晏斯知道本土舰队的相当一部分兵力已经出海，他的决定可能会和历史上大不一样。[5]

5 月 23 日早晨，吕特晏斯接到一份描述了美好前景的天气预报。根据预测，丹麦海峡将出现阴雨天气，能见度估计是很差到极差不等。这样的条件似乎对突破行动很有利。吕特晏斯维持了他先前的决定，但他也意识到预报的准确性是非常重要的。他的分舰队将在夜间通过丹麦海峡最狭窄的部分，但是在这个季节，北半球高纬度地区的夜晚并不是特别黑暗。既然他无法利用在"柏林"行动中帮了大忙的漫长黑夜，有利的天气就是不可或缺的掩护。[6]

如果吕特晏斯知道有四支英国护航船队将在同一时间经过冰岛以南，他可能就会做出不一样的决定。OB323 和 OB324 护航船队共有 70 艘船，已经离开英国，正在向西航行。SC31 和损失惨重的 HX126 船队正从反方向接近，两者合

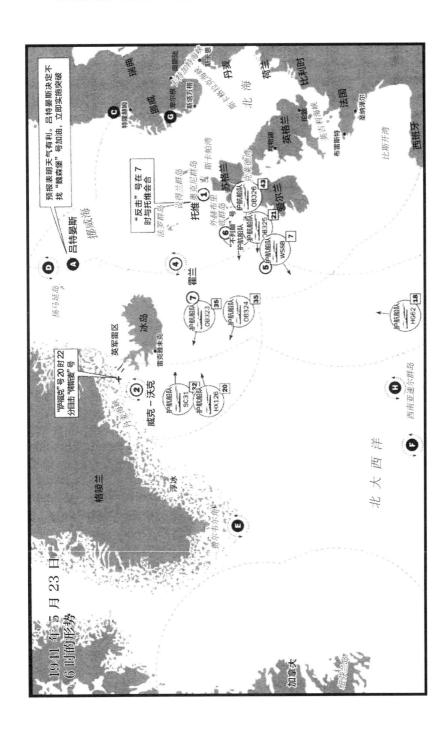

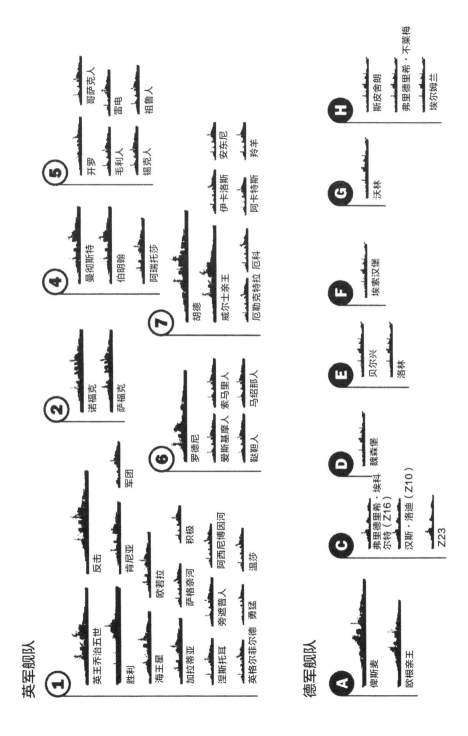

英军舰队

① 英王乔治五世 反击 军团
胜利
海王星 肯尼亚 积极
加拉蒂亚 欧若拉
涅斯托耳 萨斯喀彻温河 温莎
英格尔菲尔德 旁遮普人 阿西尼博因河
勇猛

② 诺福克
萨福克

④ 曼彻斯特
伯明翰
阿瑞托莎

⑤ 开罗 哥萨克人
毛利人 雷电
锡克人 祖鲁人

⑥ 罗德尼
爱斯基摩人 索马里人
鞑靼人 马绍那人

⑦ 胡德
威尔士亲王 安东尼
厄勒克特拉 厄科 羚羊
伊卡洛斯
阿卡特斯

德军舰队

Ⓐ 俾斯麦
欧根亲王

Ⓒ 弗里德里希·埃科尔特（Z16）
汉斯·洛迪（Z10）
Z23

Ⓓ 魏森堡

Ⓔ 贝尔兴
洛林

Ⓕ 埃索汉堡

Ⓖ 沃林

Ⓗ 斯皮舍明
弗里德里希·不莱梅
埃尔姆兰

计有 50 多艘船，满载着运往英国的装备和给养。如果吕特晏斯选择通过冰岛以南，那么他极有可能遇到这四支船队中的至少一支。那样的话，"莱茵演习"行动就会朝着非常不同的方向发展了。不过，吕特晏斯必须首先躲过在冰岛和法罗群岛之间巡逻的英国巡洋舰，在"柏林"行动中它们就曾迫使他望而却步。海防司令部的侦察机也会增加德国舰队在行动早期被发现的风险，虽然由于天气原因，在挪威上空的所有飞行都取消了，但英国侦察机仍然可以在冰岛和苏格兰之间的海域巡逻。如果吕特晏斯选择走冰岛以南的航道，与本土舰队基地的距离也会拉近。他很有可能遭到西面霍兰分舰队和东面托维舰队的夹击。

不过，经由丹麦海峡突破也不是没有风险。在接近丹麦海峡的途中，德国人就遭遇了挫折。16 时左右，此前一直非常差的能见度突然变好了。除间或出现的短暂雪飚外，海上的能见度变得相当不错。这是一个严重的不利因素，因为吕特晏斯的分舰队此时已经接近英国人的雷区。从雷区到浮冰区的距离基本上不超过 60 千米。如果有两艘英国军舰在航道中巡逻，只要能见度相当于这个距离的四分之一，就足以保证发现吕特晏斯的分舰队。更糟糕的是，在这片海域几乎没有用于机动的空间。[7]

两艘德国军舰上发出了全员进入战斗岗位的命令。因为水雷具有显而易见的威胁，用于对抗磁性水雷的电防护系统也启动了。虽然能见度远远好于德国人的预料，大自然还是给他们开了一些玩笑。19 时 11 分，舰队中响起警报，因为有人在右舷方向观察到一艘船。11 分钟以后，等大家看清楚那艘船其实是一座冰山，舰队才恢复了先前的战备水平。

像这样的观测错误在这片海域并不罕见。由于这里邻近延伸到海洋深处的格陵兰大冰川，冷暖空气形成不同的分层。在分层交界处，会发生光线反射现象，与沙漠中的海市蜃楼非常相似。精神高度紧张的瞭望员很容易将这样的景象错看成敌舰。除少数高级军官之外，两艘德国战舰上几乎没有人来到过如此偏北的海域。

吕特晏斯希望尽可能靠近浮冰区航行，以便隐藏在潮湿空气被浮冰冷却后形成的雾气中。但是，这一次幸运之神抛弃了他。海上确实有雾，只不过是在靠近冰岛的地方，而在那里误入英国雷区的风险实在太高；另一方面，浮冰的危险也不容忽视。如果德国舰队被迫转向避开浮冰，就有可能在无意中闯入附近的雷区。因此，尽管被发现的风险比较大，吕特晏斯还是不得不沿着能见度异常良好的浮冰区航行。[8] 许多军官都对能见度的意外变化深感忧虑。[9] 米伦海姆－雷希贝格就是其中之一：

在冰岛方向，浓重的雾霭笼罩在没有浮冰的水面上；在我们船头所指的格陵兰方向，是一片片泛着微光的蓝白色浮冰，空中没有一丝雾气。格陵兰高耸的冰川在背景中清晰可见，我不得不克制住自己，以免过久地沉迷于这片冰雪美景的诱惑中，而放松应有的警惕，因为我们此时正在高速通过海峡中最狭窄的部分，我们的雷达还在不断搜索着地平线。[10]

德国舰队中再次响起警报时，海上还十分明亮。时间是 20 时 22 分，在船头左舷方向可以辨认出一个黑影。又是冰山吗？看起来可能性不大，因为声呐和雷达都在那个方向发现了目标。目标在 13 千米外，对德国军舰的主炮来说这是可以轻易命中的距离。

"我透过我的指挥仪凝视那里，"米伦海姆－雷希贝格回忆说，"但是什么都没看到。也许那个目标被本舰的上层建筑挡住了。我们的舰炮都做好了射击准备，就等火控信息了。但是始终没有收到。"

在短暂的一瞬间，瞭望员透过雾霭看清了那艘敌舰，并迅速认出她是一艘郡级巡洋舰。片刻之后，她再次化作一团模糊的黑影，很快消失在冰岛方向的浓浓雾气中。

问题是：那艘英国巡洋舰看到"俾斯麦"号和"欧根亲王"号没有？

与此同时，托维上将也在考虑许多其他问题。得知"俾斯麦"号已经离开卑尔根后，海军部将"反击"号和"胜利"号划归本土舰队司令指挥。前文已经提到，这两艘军舰原计划分别为前往中东和马耳他的船队护航。此时她们可以供托维调遣，但"胜利"号必须先卸载船上拆成大件的"飓风"式飞机。[11]

从纸面上看，增加 1 艘航母和 1 艘战列巡洋舰使托维的舰队实力大增，但这两艘军舰的作战能力却值得怀疑。"胜利"号是全新的战舰，其装备也许尚待磨合，但最大的问题是她的空勤人员训练不足。接获萨克林的情报数小时后，托维派人找来"胜利"号的舰长亨利·博弗尔（Henry Bovell）上校，询问他的飞行员能否对卑尔根的"俾斯麦"号实施攻击。博弗尔给出了否定的回答，但又补充说，如果"俾斯麦"号有突入大西洋的企图，他的航母可伴随本土舰队行动。[12]这艘航母只能作为一张王牌，不到关键时刻不能使用。

托维对"反击"号也持保留意见，这源于他对舰队航速的担心。"反击"号已经北上，将在苏格兰西海岸附近的外赫布里底群岛（Outer Hebrides）以北加入托维的舰队。"反击"号的续航能力有限，如果托维为舰队选择的航速过高，她可能不得不进入港口加油。另一方面，如果托维维持低速航行，也许德国战舰会抢在他实施拦截之前溜进大西洋。最终，他只能做出折中选择，在 5 月 23日 7 时"反击"号加入本土舰队后，立即将舰队的航速定在 15 节。[13]但是，除续航能力有限外，"反击"号还是一艘很旧的船，装甲也十分薄弱。[14]

与此同时，霍兰到达冰岛以南大约 200 千米的位置，并继续高速西进。由于托维还在东方很远的距离之外，霍兰意识到，如果德国人决定通过丹麦海峡，那么只有他的舰队能够迫使他们接受战斗。他并不知道德国人究竟是什么时候离开卑尔根的，但是他必须考虑到，他们可能在萨克林拍照之后就立即离开。若真是如此，那么霍兰就不可能赶在德国人之前到达丹麦海峡的狭窄段。但是他仍然有很大机会在狭窄航道西南方 200—300 千米处截击他们。这意味着他只能在开阔水域迫使德国人接受战斗，而在那样的水域，他单靠自己找到他们的机会很渺茫。因此，如果威克－沃克的巡洋舰不能在丹麦海峡中找到德国战舰并成功跟踪，而且不断通报其方位，霍兰就不太可能与德国人交战。[15]

威克－沃克承担的是一个不值得羡慕的任务：在同一片区域来回航行，搜寻可能永远不会出现的敌人。在此过程中很少有值得一提的情况，偶尔的警报总是被证明是虚惊一场。在这些北方海域，气候非常严酷。海面经常波涛汹涌，空气中有着明显的寒意。雨雪和雾霭更是增加了水兵们的苦难。格陵兰方向的冰川景观确实很迷人，但是往往因为天气恶劣，根本无法看到。"诺福克"号和"萨福克"号已经在丹麦海峡巡逻了很长时间，新鲜感早已消退。在"萨福克"号奉命去华尔峡湾加油之前，她已经在丹麦海峡连续巡逻了十天。[16]

与"诺福克"号不同的是，"萨福克"号新近完成了改造，可以更好地适应在丹麦海峡巡逻的要求。首先，她安装了比"诺福克"号上的旧装置更先进、更精密的雷达。其次，她的舰桥经过改造，可以更好地抵御风浪侵袭，还配备了采暖系统。而在"诺福克"号的开放式舰桥上，人们必须穿上非常保暖的衣物才能长时间值守。"诺福克"号舰桥上的军官之一就是威克－沃克少将。

威廉·弗雷德里克·威克－沃克1904年以海军学校见习生的身份加入皇家海军，后来成长为鱼雷专家。他是一个注重实际、很有技术天分的人，去年组织敦刻尔克大撤退时发挥了突出的作用。他并不以幽默感或想象力而著称，不过这些品质在当下的局势中也并无必要。他知道"俾斯麦"号和"欧根亲王"号已经离开卑尔根，也明白它们可能短时间内就会出现在丹麦海峡。因为非常清楚浮冰区边缘的雾气常常会降低能见度，威克－沃克把监视浮冰附近区域的任务交给了装备有新式雷达的"萨福克"号。"诺福克"号则在离冰岛较近的南部区域巡逻。[17]

他的任务看似简单，但也有复杂的一面。两艘英国军舰必须沿一条大致呈东北—西南的航线来回巡逻。因为德国战舰应该会从东北方向接近，所以威克－沃克的巡洋舰很有可能与德国分舰队迎面相遇。如果出现这种情况，德国人将有很大机会抢在英国军舰转向之前开火。这对于威克－沃克和他的部下来说是一种残酷的前景。英国巡洋舰的装甲根本挡不住"俾斯麦"号38厘米主炮射出的炮弹。只要她的炮弹有一发命中英国巡洋舰，英国水兵们就只能听天由命了。与"欧根亲王"号相比，两艘英国巡洋舰同样处于下风。德国巡洋舰是最新设计的，而"诺福克"号和"萨福克"号的舰龄已有近15年。"萨福克"号甚至没有装备鱼雷。如果威克－沃克全面了解德国军舰的性能，他的忧虑可能会进一步加深。与英国巡洋舰相比，"欧根亲王"号的防护更好，火力更强，速度也要稍快一点。两艘英国军舰的航速仅比"俾斯麦"号略胜一筹，但是在火力和防护方面，德国战列舰无疑具有压倒优势。[18]

要避免战斗，就必须赶在德国人能够开火之前发现他们。这并非易事。乍看起来，"萨福克"号的雷达似乎能够给她提供这个机会。但是，虽然她的雷达代表了英国海军雷达装备的最高水平，其探测距离充其量也只有23千米，明显低于德国人的舰炮射程。虽说距离越远，射击精度越低，但德军的舰炮火力仍然是个严重威胁。装备旧雷达的"诺福克"号要冒的风险就更大了。

有限的雷达探测距离并不是英军唯一的劣势。因为英国巡洋舰是在雷达尚未出现的时候建造的，所以也就不可能给雷达留出最佳安装位置。某些扇区会被上层建筑阻挡。例如在"萨福克"号上，舰艉方向就存在盲区。这意味着每当她朝西南方向航行时，德国军舰都可能从雷达无法提供任何预警的方向接近她。[19] 不仅如此，当时的雷达仍然处于早期发展阶段，并不是十分可靠。例如，雪飑常常会造成假回波。因此，第1巡洋舰分队的官兵肩负的任务并不轻松。任务几乎一直都很无聊，但这种无聊有可能突然变成致命的危险。

罗伯特·埃利斯（Robert Ellis）上校是"萨福克"号的舰长。他按照威克－沃克下达的命令沿航线巡逻，但很快就发现，在靠近格陵兰的区域能见度很不错，而冰岛附近却是白雾茫茫。和吕特晏斯一样，他注意到这种能见度条件与丹麦海峡中常见的情况截然相反。鉴于在这种情况下人眼可以看得更远，他便主要依靠他的瞭望员来发现目标。但是他也很清楚，德国人同样可以看得很远，因此他决定尽量靠近浓雾航行。这样一来，万一与敌军遭遇，他就可以快速进入雾团中获得掩护。只要有雷达，即使"萨福克"号不脱离浓雾的掩护，他也可以继续跟踪德国人。[20]

20时过后不久，"萨福克"号正在朝西南方向航行，也就是处于雷达扫描受到限制的态势。此时瞭望员们必须全神戒备。埃利斯上校非常小心地让军舰贴着雾气边缘行驶，同时下令增加瞭望人手。

20时22分，士官纽厄尔（Newell）发出了一声惊叫。之前他一直借助舰桥后方右舷侧的固定双筒望远镜百无聊赖地搜索着海面，但是突然之间，随着一个黑影的出现，所有疲倦感都消失了。

"一艘船，方向角140度，"喊出这句话后，他又立即更正为"两艘船，同一方向角。"

埃利斯箭步冲到右舷边，用他的望远镜看到了"俾斯麦"号和紧随其后的一艘巡洋舰。"向左急转！全速前进！"他这样告诉值日军官，后者立即将这条命令传达到轮机控制室和舵手室。

眼下的情况正是埃利斯最担心的，"萨福克"号正处于严重的危机中。"敌舰距离多少？"他提出这个问题后，得到的答案是 13 千米。他瞥了一眼东方的浓雾。雾气离他很近，而且随着巡洋舰转向，似乎正在朝他迎来。

敌人为什么没有开火？莫非他们还抱着没有被发现的希望，不想暴露自己？还是说浅色涂装的"萨福克"号在浓雾背景的掩映下很难被发现？无论如何，"萨福克"号很快就拉近了与雾团的距离。

"向海军部报告，我们看见它们了，"埃利斯对通信军官说，此时灰色的雾气已经笼罩"萨福克"号，两艘敌舰逐渐消失了。它们的航速在28到30节之间。埃利斯始终让自己的军舰在浓雾中航行，并用雷达持续跟踪。显然，此时他有一个压倒一切的任务：为英国海军的主力舰艇创造与"俾斯麦"号和"欧根亲王"号交战的条件。[21]

遭遇追击

在"俾斯麦"号和"欧根亲王"号上，众人通过雷达和声呐满怀焦虑地跟踪着那艘英国巡洋舰。虽然用肉眼看不到它，但是所有仪表都显示了一样的结果——敌舰起初消失在舰队后方，但很快再次出现，和德国分舰队朝同一方向航行。不久，"欧根亲王"号上的电侦人员截获了"萨福克"号发出的一条电讯。这是一份密码电报，通信军官冯·舒尔茨（von Schultz）少校敦促手下的密码专家进行破解。他们没花太多时间就破译了密码。其中一个人把电报的内容写在一张表格纸上，递给了冯·舒尔茨。

忧心忡忡的冯·舒尔茨匆忙赶到舰桥，把那张纸交给布林克曼。几分钟后，"欧根亲王"号上的一盏信号灯开始闪烁。"俾斯麦"号的一个通信兵记录下信息，然后呈交给吕特晏斯。这位舰队司令只扫了一眼就明白，避开敌军耳目突入大西洋的一切希望都已破灭。"发现一艘战列舰和一艘巡洋舰，方向角20度，距离13千米，航向240度"，这就是被监听到的电报的内容。此时吕特晏斯掌握的一切信息都表明，那艘英国巡洋舰正在安全距离上跟踪着他的分舰队。[1]

既然舰队已经被发现，那么对吕特晏斯来说，打破无线电静默也就没有风险了。"通知海军北方集群司令部，"他说，"我们在这个导航区发现一艘英国巡洋舰。"岸上的德国指挥部也可能截获了英国人的这份电报，但是为保险起见，吕特晏斯还是要确认一下。[2] 他还指示手下的两位舰长：如果敌巡洋舰靠到足够近的距离，或者出现其他敌舰，那么他们可以开火。

英国巡洋舰"诺福克"号上，舰长阿尔弗雷德·菲利普斯（Alfred Phillips）上校接到"萨福克"号的电报时正在吃晚餐。他立刻命令自己的巡洋舰驶向德国分舰队预计会出现的位置，也就是说，让"诺福克"号基本上直冲着"俾斯麦"号而去。菲利普斯和威克–沃克在舰桥上进行了短暂的商议，但是能够得出的结论只有一条：他们正处于非常危险的境地。此时的能见度很差，"诺福克"

号老旧的雷达只能提供微不足道的帮助。有几个宽大的扇区根本无法被它的雷达波扫描到。因此,突然性的要素可能完全掌握在德国人手中。

20时30分,"俾斯麦"号上再次响起警报,她的雷达发现了前方一艘船只。浓雾使瞭望员在远距离上什么都看不到。德国战列舰上的雷达能够提供准确度足以用于射击的方位信息,但毕竟比不上光学仪器提供的数据。林德曼上校决定暂时不开火,但是命令各炮做好接到命令就立刻射击的准备。[3]

由于"俾斯麦"号和"诺福克"号是相向而行,双方的距离缩短得很快。"左舷方向目击敌舰,"林德曼通过扬声器告诉他的部下,"准备战斗。"[4]

雾气突然消散,"诺福克"号的轮廓清晰地显现在"俾斯麦"号舰桥上众人的眼前。双方的距离只有6400米,阿达尔贝特·施奈德没有再等待上级指示。他立刻下达开火的命令。一声巨响标志着"俾斯麦"号第一次在实战中开炮。

"诺福克"号的舰员误判了敌军舰队的方位,舰桥上的菲利普斯和威克-沃克只看见庞大的战列舰突然就从浓雾中钻了出来。"俾斯麦"号的舰首劈波斩浪,掀起一波波硕大的水花,她的舰炮正直指"诺福克"号。就在他们刚刚看清这幅景象的时候,一道橙色的火光就刺穿雾霭,从"俾斯麦"号上腾起一团巨大的黑色烟云。

"向右急转!"菲利普斯立刻下令。"施放烟幕!"

"诺福克"号刚开始转向,大口径炮弹激起的水柱就令人不安地出现在右舷附近。一些弹片击中了这艘英国巡洋舰;其中一片就在威克-沃克和菲利普斯眼前掠过舰桥。片刻之后,爆炸产生的巨响震撼全舰。

"俾斯麦"号对"诺福克"号打了五次齐射,虽然炮弹落点有三次夹中了这艘巡洋舰,她却奇迹般地未中一弹。除炮弹碎片造成的轻微破坏外,她没有受到任何损伤。随后她就躲进了浓雾中。[5]

"诺福克"号的舰员无不把心提到了嗓子眼,直到德国舰队转向西南,他们才开始和"萨福克"号一起追击。与此同时,威克-沃克已经向上级报告,发现了"俾斯麦"号和"欧根亲王"号。"萨福克"号最初所发的报告没有被托维的旗舰收到,但是威克-沃克的电报被监听到了。托维终于知道了"俾斯麦"号的位置。尽管"俾斯麦"号显然已经快要进入大西洋了,但令托维安心的是,他已经提前派出了霍兰的分舰队。事实证明他的估算是正确的，现在仍有时间阻止吕特晏斯。如果德国人继续朝西南方向航行，那么托维本人无法拦截他们，但如果他们转向南方甚至东南方，那就大不一样了。在后一种情况下，他肯定可以赶到截击他们的阵位。为防万一，他决定将舰队航速提高到 27 节，几乎相当于"英王乔治五世"号的最大航速。[6] 但是，如果德国舰队继续按此时的方向航行，那么只有霍兰中将才有机会在他们离开丹麦海峡之前追上他们。托维最希望的是霍兰也监听到了"诺福克"号发出的电报。

此时第 1 巡洋舰分队还在跟踪德国分舰队，并不断地报告其方位。天气变幻无常。有时能见度会变得相当好，可以在地平线上辨认出如同高塔一般的两艘敌舰，但有时他们也会突然消失在雾气、雨幕乃至飞雪中。英国人能否逼迫德国分舰队接受战斗，完全取决于威克 – 沃克的两艘巡洋舰和她们与敌舰保持接触的能力。要是没有"萨福克"号的雷达，这或许就是一个不可能完成的任务。

由于英国巡洋舰的突然出现，吕特晏斯不得不考虑下一步对策。这些巡洋舰本身很难威胁到他的分舰队，因为对方的火力远远不如他。真正的威胁是英国人接到巡洋舰发出的情报后将会采取的措施。吕特晏斯从海军北方集群司令部得到的情报很可能在他的思考中起了重要作用。特别是 5 月 22 日那则声称英国战列舰还在斯卡帕湾的空中侦察报告。它意味着如果保持此时的航向不变，他可以大大领先于对手。他有充足的时间甩掉那两艘巡洋舰。只要德国舰队到了更偏南的海域，格陵兰的大片陆地不再限制他的机动，那么英国人就很难逼迫他接受战斗。不幸的是，吕特晏斯并不知道，他的决定建立在一份不准确的侦察报告的基础上。

如果吕特晏斯知道霍兰舰队与他的实际距离有多近，他可能会采取完全不同的行动路线。他根据自己所掌握的情况做出的应对是：集中精力甩掉英国巡洋舰，从而为"欧根亲王"号提供在几天内加油的机会。他有好几个加油选择，而且不必急在一时。那两艘英国巡洋舰出现时，"欧根亲王"号在卑尔根加的油还有近三分之二没有使用。[7]

吕特晏斯有三个方案可以选择。第一个是掉头返回，驶向挪威。因为他的情报表明本土舰队还在斯卡帕湾，所以这个选择似乎并不合适。从吕特晏斯此时的位置到特隆赫姆的距离几乎两倍于从斯卡帕湾到特隆赫姆的距离。如果他选择返回，很可能在途中遭遇英国的主力战舰。

第二个方案是击沉这两艘英国巡洋舰。但是，它们的速度优势或许足以使它们从"俾斯麦"号炮口下逃脱。第三个方案是继续按原计划执行。"欧根亲王"号如果配合速度稍慢的"俾斯麦"号继续前进，那么她的燃油足够再支撑40个小时。在这段时间里，英国军舰很可能不得不回去加油。吕特晏斯不知道英国人在大西洋上有没有油轮，但即使有，也必须中止追击才能加油。[8]

吕特晏斯觉得更紧迫的问题是"俾斯麦"号舰首的雷达，它在38厘米主炮射击时失灵了。它的构造没能经受住大口径火炮开火造成的剧烈震动。吕特晏斯决定让"欧根亲王"号移动到分舰队的先导位置，从而恢复雷达波的360度全方位覆盖。把"俾斯麦"号放在靠近追击她的巡洋舰的位置也有利于机动。[9]

于是"欧根亲王"号提高了航速，与此同时"俾斯麦"号放慢速度，并向右转了个小弯。两艘军舰在交错时距离极近，吕特晏斯甚至可以向巡洋舰上的人员挥手致意，并让人发了一条讯息："舰队司令致舰长：你的船很棒。"

布林克曼作了答复，而在这次短暂的交流中，他发送了一句令吕特晏斯感到茫然的话。"你对海军西方集群司令部发来的最新消息怎么看？"

"俾斯麦"号没有收到过海军西方集群司令部的任何消息。分舰队通过丹麦海峡时，它从海军北方集群司令部的辖区进入了海军西方集群司令部负责的区域，因此后者发来报告并不奇怪。吕特晏斯自己在与"萨福克"号遭遇后曾经发送过一份报告。岸上的指挥部应该知道他的分舰队即将进入大西洋。布林克曼收到的天气和侦察报告中都没有值得一提的信息。真正让吕特晏斯担忧的是这艘战列舰上的无线电接收机没有监听到电报的事实，这意味着某些技术缺陷可能使他错过重要情报。在接下来的几天里，这个问题还将多次重现。

就在两艘军舰变换位置的过程中，"俾斯麦"号的船舵意外地卡在了一个非常不方便的角度，导致这艘战列舰开始转向"欧根亲王"号。布林克曼很快意识到有可能发生事故，但是他的巡洋舰此时正在全速航行，而条令规定，在这种情况下出于安全原因不能作剧烈转弯。面对这突如其来的险情，布林克曼决定无视条令，命令舵手做角度尽可能大的转弯，使"欧根亲王"号避开"俾斯麦"号的冲撞。[10]

不久"欧根亲王"号就移动到了先导位置。"俾斯麦"号移到后方，并用舰艉的雷达继续监视两艘英国巡洋舰。此时德国人只能偶尔看清那两艘英国军舰的身影。"萨福克"号是在向西航行，大多数时候还隐约可见；"诺福克"号隐藏在越来越频繁的雪飑后面，只是间或闪现。零点前的某个时候，吕特晏斯决定尝试攻击尾随的巡洋舰，于是开始做一个 180 度的大转弯，与它们正面对决。因为舰首雷达无法工作，所以这艘战列舰在转弯时无法保持对敌舰的追踪，她穿过雪飑来到吕特晏斯预计能找到巡洋舰的位置时，却发现海面空空如也。吕特晏斯只好下令再转 180 度，让这艘战列舰恢复原来的航向。很快，她的舰艉雷达上就再次出现回波，表明英国巡洋舰仍然跟在后面，只是保持着安全的距离。英国军舰在这一事件中的表现在一定程度上证实了德国海军此前的怀疑：英国军舰不仅装备了雷达，而且它们的雷达非常精密。如果德国人没有猜错，那么针对英国海运的巡洋作战策略就必须接受全面的再评估了。

吕特晏斯掌握的所有信息都在暗示，他应该继续向西南方向航行。天气预报和关于当地气候的一般知识都表明恶劣天气有望再次出现，而且随着分舰队继续南下，夜晚也会延长。"俾斯麦"号的高速巡航能力意味着追击的巡洋舰不能犯任何错误。哪怕只是短暂地失去接触，只要不能立即选择正确的航向，它们就会跟丢目标。在只有 1 到 2 节航速优势的情况下，它们的航向只容许有几度的偏差，否则与德国分舰队的距离就会拉大。只要被追者和追踪者被限制在狭窄的丹麦海峡中，就没有多少机动空间。但是一旦到了海峡以南，吕特晏斯就会获得更大的行动自由。

相 遇 航 向

丹麦海峡中的狭路相逢并未使托维和吕特晏斯的计划真正改变。托维下令大大提高航速，而吕特晏斯仅将航速提高少许。此时，两人都保持着原来的航向。但是，在"胡德"号的舰桥上，来自英国巡洋舰的报告显然意味着指挥官需要做出新的决定。威克－沃克的舰队发现德国人时，霍兰和他的战舰处于德国分舰队的南方。在这样的态势下，成功的拦截似乎大有可能。[1]

对霍兰来说，最重要的问题是选择准确的航向。从英方角度看，最好是在尽可能偏北的海域与德国分舰队交战，而且霍兰应该从东面或者东南面发起攻击。这样一来吕特晏斯就没有多少机动空间，将被挤压在霍兰的分舰队和浮冰区之间。但是霍兰能够实现这种有利的态势吗？如果他让两艘英国主力舰维持现有航向不变并加速前进，那么他将出现在吕特晏斯的西方。这种情况是不可接受的，因为敌人可以向东转向，避开陷阱。因此更审慎的做法是将航向改到北方，然后在与德国战舰交火前的一刻转向西进。如果一切都按照这个计划进行，那么霍兰将会在海峡最狭窄的地方截住吕特晏斯的分舰队。但是这个方案也蕴含着一个风险——霍兰有可能向北航行过远，从而使德国战舰在恶劣天气下有机会避开他。霍兰必须选择一个不给敌人提供过多逃脱机会的航向。

拦截仅仅是霍兰必须考虑的一系列事件的第一步。接下来就是实际的战斗。因为威克－沃克不断向霍兰通报德国战舰的方位，而霍兰自己的位置可能没有人知道，因此他极有可能在有利的条件下发起战斗。例如，他知道德国人正在朝西南方向航行，而风是从东南方吹来的。大风扬起的水沫将会溅到德国人的测距仪镜头上，而"胡德"号和"威尔士亲王"号却可以在上风头使用她们的仪器。另一个有利条件是，以这样的方式接近德国战舰将会增加对方看清霍兰的战舰轮廓的难度，使德国人更难识别她们和判断距离。

霍兰可以选择的另一种方案是将舰队航向调整为使所有英国战舰主炮都能

开火，而"俾斯麦"号只能用前置的火炮瞄准英国战舰。这将构成经典的"T"字态势，是一种教科书式的战法。在双方都只有少数战舰参战的情况下，这种打法的好处或许并不明显，但是在战斗初期，它还是能提供优势。

乍看起来，霍兰似乎即将迎来一场具有决定性优势的战斗，以两艘主力舰对付敌人的一艘。但是很遗憾，他自己也非常清楚，他的战舰存在多种缺陷，冲淡了他获胜的前景。首先是"胡德"号薄弱的甲板装甲。其次是困扰"威尔士亲王"号的磨合问题。这艘全新的战列舰还有好几个缺陷没有解决。她的主炮问题尤其严重。海军部通报"俾斯麦"号已经出海时，制造商维克斯 – 阿姆斯特朗公司派出的技术人员还在"威尔士亲王"号上解决问题。这艘战列舰起锚时他们都留在了舰上，并且对自己平安的职业竟然要把自己卷入一场海战这一事实深感忧虑。[2]

霍兰知道"俾斯麦"号和"欧根亲王"号也都是新造的军舰，但与"威尔士亲王"号不同的是，它们都获得充足的时间进行测试和训练，因此这两艘战舰已经全面形成战斗力。它们应该都是强大的对手。

自 1916 年的日德兰海战以来，英国人一直都很敬佩德国人建造防护性能出色的战舰的能力。"俾斯麦"号和"胡德"号一样，装备 8 门 38 厘米主炮，但是据霍兰所知，因为这艘德国战列舰比对手晚下水近 20 年，所以其火力可能要优于"胡德"号。以往的经验表明，德国炮手即使在远距离也能快速击中目标。霍兰有充分的理由相信，这艘德国战列舰与他手下的每一艘战舰单挑都能占到上风。他的优势主要是在舰船数量上。

至于霍兰到底应不应该攻击敌人，则不存在疑问。按照皇家海军的惯例，舰队只有在迫不得已时才可以避免战斗。霍兰应该考虑的是如何战斗。"胡德"号薄弱的甲板装甲仍然是至关重要的考虑因素。距离在 25000 米及以上时，弹道将会很高，炮弹将会以陡峭的角度撞击甲板，从而穿透这艘战列巡洋舰的甲板装甲，击中弹药库或轮机舱等要害部位。反过来，缩短距离则可以降低风险。因此霍兰必须快速缩短与敌人的距离，最好是接近到 15000 米。从霍兰掌握的情报来看，他很可能认为自己可以用这样的方式进入战斗，从而减少自身面临的风险，并将敌人置于不利的境地。

权衡各种方案的利弊之后，霍兰决定在零点以后向西北方向航行。他估计这个新的航向将会使德国分舰队在日落后不久出现在他的炮口前面。他的舰队背后将是黑暗的夜幕，德国战舰的轮廓却会被比较明亮的夜空映衬得清清楚楚。

霍兰将航速提高到 27 节，但是在恶劣的天气条件下，驱逐舰只能勉强跟上大型舰船。他已经将自己的 6 艘驱逐舰中的 2 艘派到华尔峡湾加油。此时余下的 4 艘正在波涛汹涌的大海上剧烈颠簸。在"厄勒克特拉"号（Electra）上，凯恩（T. J. Cain）上尉不安地注视着船头在起伏中劈开波浪，而淡绿色的海水形成道道巨浪将这艘驱逐舰团团包围：

> 一片片水沫被激起，像暴雨一样浇透全舰。我们的姐妹——其他驱逐舰经常被她们激起的水幕所掩盖。这些战舰一边威严地前进，一边伴着雷霆般的巨响颠簸起伏，顺着锚链排出粗大的水流，并且从她们的"鼻孔"——船头两侧张开的锚链孔——喷溅水花，好像一对愤怒的蛟龙。[3]

霍兰完全没有减速的意思。他向各驱逐舰的舰长发送一条讯息，命令他们即使掉队也要尽力赶路。各驱逐舰在稍稍降低航速后，终于可以乘浪前进，而不必硬穿浪头。因为各驱逐舰跟上了主力舰的步伐，霍兰得以在零点时分命令她们在主力舰前方展开护卫队形。[4]

与此同时，威克–沃克的巡洋舰还在竭尽所能跟踪着德国分舰队。尽管有"萨福克"号的新式雷达提供的宝贵支援，这仍然是一个艰难的任务，而且随着夜里的天气进一步恶化，难度又大大增加。雾障变得越发浓密，雪飚成倍增加。这些严酷的条件与瞭望员所受的压力结合在一起，造成不少幻觉。正如德国瞭望员曾把冰山看成英国战舰，英国舰员也曾多次因为观察错误而拉响警报。跟踪德国舰队两个半小时后，"萨福克"号舰桥上的人员注意到"俾斯麦"号在一团浓密的雨飚中略微改变航向。这艘德国战舰消失了。大约一分钟以后，英国人惊恐地看到"俾斯麦"号朝着自己直冲过来。英国巡洋舰紧急转舵，向东北方躲避。但是几分钟以后，英国人开始怀疑自己的判断。海上没有"俾斯麦"号的丝毫踪迹，埃利斯和其他军官终于恍然大悟：德国人根本就没有改变过航向。

这只是一次错觉，却使德国舰队与追击的巡洋舰的距离拉大到了危险的程度。埃利斯赶紧下令全速向西南方前进，希望再次找到德国战舰。[5]

如果吕特晏斯知道"萨福克"号舰桥上发生的一幕，他极有可能下令全速前进并改变航向，因为此时他的分舰队已经通过丹麦海峡中最狭窄的部分，有了较大机动空间。但是，吕特晏斯并不知道，因此"萨福克"又恢复了与德国舰队的接触。

丹麦海峡里各艘战舰上的人员睁大双眼并绷紧神经时，在伦敦距离唐宁街和国会大厦不远的一座丑陋的混凝土建筑中，也在发生虽不甚精彩却至关重要的事件。这座建筑被称作"城堡"，是英国海军部的办公地，是皇家海军及其在世界各地所有行动的中枢。来自战舰、无线电监听、特工和其他各种民间与军方来源的大量关于海上战事的情报在这里得到收集、筛选和分析。在两幅巨大的地图上，英国皇家海军妇女服务队的队员们用大头针不停地标出战舰、潜艇、运输船和护航船队的位置。此时此刻，有多支英国护航船队正在大西洋上航行。其中有 6 支正在驶向英国，5 支正在前往大西洋彼岸的港口。有 2 支驶向英国的护航船队——SC31 船队和已经遭受重创的 HX126 船队——正位于丹麦海峡以南，如果吕特晏斯甩掉追踪者并转向南下，他的分舰队就有可能与这 2 支船队相遇。其他护航船队在南方距离尚远，短期内不会遇到危险。

前文已经提到，向西航行的 OB323 和 OB324 护航船队各有 35 艘商船，正位于冰岛以南，而比这两支船队晚了几天出发的 OB325 船队正在它们后面缓慢行进。第四支护航船队 OB326 即将离开利物浦（Liverpool）。在驶向外国的护航船队中，最重要的一支是 WS8B，它是每月向中东运送兵员的船队之一。WS8B 本该由"反击"号和"胜利"号护航，但这些战舰已经被调给托维，所以该护航船队的护航力量只剩下巡洋舰"开罗"号（Cairo）和 5 艘驱逐舰。后者隶属于第 4 驱逐舰分队，指挥官是 1940 年因登临德国补给船"阿尔特马克"号而在英国声名大噪的菲利普·维安（Philip Vian）中校。

除这些护航船队外，战列舰"罗德尼"号也在海上。她在弗雷德里克·达尔林普尔 – 汉密尔顿（Frederick Dalrymple-Hamilton）上校的指挥下，前一天刚和 4 艘驱逐舰以及运兵船"不列颠"号（Britannic）一起离开克莱德湾。因为"罗德尼"号将要前往波士顿进行一次大修，所以与这些船同行并不奇怪。美国海军的一名军官约瑟夫·威林斯（Joseph Wellings）少校也在离开英国前登上"罗德尼"号。他已经在伦敦担任了近一年的海军武官助理。1941 年 5 月，威林斯获得美国国内的一个新任命，因此在他看来随这艘英国战列舰完成横跨大西洋之旅是合情合理的。威林斯无法预料的是，他将因此把一段传奇故事带回国内。[6]

因为海上有这么多护航船队，所以直布罗陀的 H 舰队司令萨默维尔中将接到了让舰队处于最高戒备状态的命令。他的舰队包括战列巡洋舰"声望"号、巡洋舰"谢菲尔德"号（Sheffield）和航母"皇家方舟"号（Ark Royal）。舰队的任务是迎接 WS8B 护航船队，并担负起保护运输船的责任。为召回在直布罗陀休假的水兵，萨默维尔派出巡逻队到酒吧、餐馆和其他娱乐场所搜索。与此同时，各战舰上的锅炉纷纷升火以提高蒸汽压力，零点过后两个小时，萨默维尔的 H 舰队就在 5 艘驱逐舰的护航下离开直布罗陀。[7]

丹麦海峡里的能见度进一步恶化。在零点前不久，有些时候的能见度已经差到几百米外就基本看不见任何东西，对于希望和德国分舰队保持接触的英国人来说，这可不是好兆头。吕特晏斯也决定充分利用天气。他下令释放烟幕，并将航向改到南方。与此同时，两艘德国战舰将速度提高到 30 节。德军的无线电监听人员聚精会神地监听着英国人的无线电通信，很快就注意到对方的报告出现了变化。吕特晏斯下令采取的新航向似乎被英国军舰发现，因为它们也在向南行驶。但另一方面，德国人注意到英国人的报告中只包括了他们自己的位置；先前报告中都有的德国军舰位置此时消失了。[8]

吕特晏斯成功甩掉了追踪者吗？

事实上，由于"俾斯麦"号被众多雪飑中的一个所遮挡，英国战舰确实没有观察到她。接着，她突然就完全消失了。就连"萨福克"号上的雷达操作员也跟丢了目标。无论他们怎么努力，雷达屏幕上的光点就是没有再出现。零点过后不久，埃利斯发送了一份关于自身方位的新报告，但是其中没有包含关于德国战舰的情报。[9]

就在吕特晏斯判断"萨福克"号报告中的情报缺失可能是英国人与他失去接触的证据时，霍兰已经确认了这一事实。他眼看就要赶到在他计划中要将航向调整为正北的位置，通信参谋却拿来了一系列令他不安的报告。第一份报告说"俾斯麦"号将航向向左调整了 20°。第二份的内容是："敌舰躲进浮冰附近的雾障。估计其航向为 200°。"接着又有一份电报确认了该航向，但也指出敌舰队已经完全被一团雪飙掩盖。[10]霍兰立刻明白了局势的变化。如果巡洋舰队与敌人失去接触，他的拦截就不太可能成功了。不久，"诺福克"号发送的另一条电讯证实，"俾斯麦"号确实已经溜走了。

霍兰会怎么做？"胡德"号和"威尔士亲王"号上的舰员纷纷检查舰炮和光学仪器，或者以其他方式为即将打响的战斗做准备时，霍兰正在思考新的局势。有一点很清楚。在接下来的几个小时里，他仍然会处于德国舰队的南方，但过了这个时段以后，他就很有可能在没有发现吕特晏斯分舰队的情况下与其错过。如果出现这种情况，他就会发现自己位于德国人的背后，需要进行一场很可能以敌方胜利告终的追逐赛。权衡各种选择之后，他选择了一个折中方案。他决定将航向转到北方，并打算让舰队朝这个方向航行几个小时。然后，如果没有和德国舰队接触，那就掉头南下。

正要开始值班的特德·布里格斯走向舰桥，遇到了他的朋友——另一个通信兵弗兰克·杜克斯沃思（Frank Tuxworth）。他和布里格斯一样，胸前挂着装防毒面具的盒子，身穿救生衣，头戴英国水兵们普遍讨厌的扁平头盔（因为据说这种头盔容易在爆炸冲击波的作用下拉断佩戴者的脖子）。"小布，你记得吗？"杜克斯沃思问道，"'埃克赛特'号（Exeter）和'斯佩伯爵'号交战的那次，只有一个通信兵得救了。"

特德·布里格斯当然记得这件事。"嗯，要是我们遇到这种事，"他笑着说，"被他们救起来的就是我。"[11]

他赶到舰桥报到，刚好听到转舵的命令下达。英国舰队将航向转到北方，将暗黑的地平线甩在身后，径直向着暴风雪和预计会出现的敌人前进。除海图和罗盘箱上方的小灯外，舰桥上灯火阑珊，众人的对话也都压低了声音。霍兰坐在舰长的座椅里休息，"胡德"号的舰长克尔中校侍立在他的右侧。这两人都穿着厚厚的粗呢连帽大衣，佩戴防火装备和钢盔。布里格斯突然注意到，自己作为在场者中军衔最低的一个，是舰桥上唯一穿鞋子的人。其他人穿的都是厚皮靴。

1 时 30 分，太阳即将沉入海面时，狂风没有丝毫减轻的迹象，"萨福克"号和"诺福克"号自身的位置、航向和速度外，还是无法提供任何情报。霍兰向"威尔士亲王"号发送一条简短的讯息：如果到 3 时 10 分还是没有发现德国人，他可能就会掉头南下。[12]

在"威尔士亲王"号上，一架"海象"式飞机曾经做好起飞准备。空中侦察也许能够帮助英军重新找到德国战舰。不幸的是，就在准备过程中，能见度又变差了，人们只好把这架飞机的燃油排空，给它盖上蒙布。另一些原因也使出动飞机的做法存在风险。如果德国人看到这架侦察机，他们就可能意识到本土舰队已经进入大西洋，而不是安全地待在斯卡帕湾。在英国分舰队北上途中，霍兰向"威尔士亲王"号发送一条讯息，概述自己对于即将开始的这场战斗的打算。他希望自己的两艘军舰都把火力集中在"俾斯麦"号身上，让"萨福克"号和"诺福克"号与"欧根亲王"号交火。[13] 这个命令并不令"威尔士亲王"号的舰长利奇（Leach）上校感到意外。巡洋舰和战列舰在装甲和舰炮方面的差距实在太大，因此巡洋舰对战列舰造成的威胁几乎可以忽略，除非双方的距离拉近到可以使用鱼雷的程度。德国海军的手册也明确指出，巡洋舰不应该与战列舰交手。因此，霍兰希望看到的是两艘英国主力舰与"俾斯麦"号的对决。

既然霍兰希望让"萨福克"号和"诺福克"号对付"欧根亲王"号，那么他没有把自己的意图传达给威克－沃克似乎就显得有些奇怪了。日后也会有人批评他的这一"疏忽"。但是，如果他向威克－沃克发送电报，就有可能把自己的存在泄露给德国人，使他们注意到他的舰队和接近方向。此外，因为威克－沃克的巡洋舰正在被德国分舰队甩开，所以她们无法快速加入战斗。如此看来，霍兰不打破无线电静默的决定还是足够合理的。[14]

不幸的是，威克－沃克的巡洋舰没能重新与德国分舰队建立接触。霍兰给自己设定的时限无可挽回地不断接近，他却一直没有得到振奋人心的消息。直到 3 时，没有任何表明"萨福克"号或"诺福克"号找到了"俾斯麦"号的消息传到英国舰队司令的手上。他别无选择，只能通知"威尔士亲王"号上的利奇上校，两艘主力战舰应该将航向转到西南偏南方向。霍兰猜测此时德国人仍然在偏北的位置，并命令剩下的 4 艘驱逐舰朝那个方向搜索。事实上，英国驱逐舰队选择的航向近乎完美，要不是吕特晏斯为更贴近浮冰区而对自己的航向做了少许调整，双方几乎必然会遭遇。结果，霍兰的驱逐舰以毫厘之差与德国舰队错过，并继续北上，远离了预料之中的战斗。"胡德"号和"威尔士亲王"号上的警戒水平略微降低，战斗似乎不再迫在眉睫。舰员们终于可以稍作休息，有些人在自己的岗位上抽空打了个盹，不过在紧张的气氛下，大多数人根本无法静下心来。[15]

在德国战舰上，一切迹象都表明吕特晏斯达成了第一个目标——甩掉威克－沃克的巡洋舰，但这一事实带来的喜悦并未持续多久。3 时 20 分，在"萨福克"号报告失去接触约两个小时之后，德国战舰上的瞭望员又一次观察到了一艘英国巡洋舰。那就是"萨福克"号。她依靠雷达找到了这艘德国战列舰，而且她的瞭望员很快就确认过去几个小时的艰苦搜索并不是白费功夫。

"萨福克"号接近时，"俾斯麦"号的舰艉雷达并没有提供预警，这是个严重的问题。意识到这一点后，吕特晏斯命令"欧根亲王"号负责监视两艘德国军舰后方的扇区。大约 20 分钟后，电侦处人员截获英国巡洋舰发送的一份电报，其中包含了关于德国分舰队的航向、航速和位置的所有重要数据。[16]

吕特晏斯相信，"萨福克"号能够成功地再次找到德国分舰队，表明英国人拥有更先进的雷达技术，但"欧根亲王"号上的人却不这么想。布林克曼相信，英国人只不过是用声呐跟踪了德国舰队。在他看来，两艘英国巡洋舰拉得很大的间隔足以证明这一结论。通过比较德国军舰螺旋桨发出噪声的方向，英国人可以相当准确地估计出德国舰队的位置。布林克曼还怀疑，英国人有办法对短波通信进行测向，而短波通信正是两艘德国军舰在能见度妨碍光学通信时使用的通信手段。[17] 无论原因如何，吕特晏斯的分舰队没能甩掉追踪者。

在"胡德"号上，众人欣喜地收到了来自"萨福克"号的电讯。但对局势进行适当评估后，大家的喜悦之情有所收敛。收到这份电报的时间是 3 时 47 分。研究报告并估算方位之后，得到的结论是德国分舰队就在附近，距离只有 13 海里，但并不在霍兰所希望的北方，而是在西北方向。霍兰的舰队不在德国人的南方，而是在敌人左侧，航向大致与其平行。除非德国人实施某种使自己处于战术劣势的机动，否则霍兰根本不可能按照理想的情况进入战斗。[18]

霍兰下令将航速改为 28 节，航向向右调整 40°。"威尔士亲王"号的速度没法比这更快了，但是保持此时的航向和速度将使霍兰的分舰队与德国分舰队遭遇。能见度还是很差，然而没有迹象表明德国人知道这两艘英国主力战舰的存在，恶劣的天气或许能让霍兰将距离拉近到舰炮可以精确射击的程度。不过，威克－沃克的巡洋舰仍然需要保持接触。如果她们再次失去接触，无法让霍兰持续了解德国战舰的航向、航速和位置，那么他就可能无法与吕特晏斯的分舰队接近到交战距离，因为随着敌人不断南下，他们将获得越来越大的机动空间。[19]

"胡德"号上的许多人好不容易才入睡，就被扬声器里要求他们准备战斗的命令粗暴地唤醒。楼梯上的串串靴声伴着房门与舱门猛闭的撞击声在这艘战列巡洋舰中回荡。鲍勃·蒂尔伯恩（Bob Tilburn）下士的战位在左舷的一门 10.2 厘米副炮旁，他此时正在沉思自己即将遭遇的未知命运。"我们竭尽所能做好了准备，"他回忆说。"我们知道会有伤亡——不过受罪的应该是别人，不是我。"[20]

在"威尔士亲王"号上，利奇舰长向部下训话，告诉他们与敌人的较量应该很快就会发生。随后牧师接过了他的话筒："敬爱的上帝，您知道我今天会有多忙，"他这样祷告。"但是倘若我将您忘在脑后，恳请您不要将我忘却。"

天气稍微转晴了一些。东边的晨曦将低空的云朵映成粉色，天空也由黑转蓝。但这依然是个天气恶劣的早晨。大海显得非常粗暴，大浪从东北方滚滚而来。在西方，浓密的阴云预示着还会下雨，甚至有可能下雪。

"胡德"号的舰桥上听不到任何讨论。每个人的眼睛都死死盯着西方的地平线。5 时 30 分，前桅楼中的瞭望员高喊："警报！右舷，绿 40！"①

约 27000 米外出现了一个可疑的阴影，在"胡德"号的航向右侧 40°。这个目标很快得到确认。它就是"俾斯麦"号。"报告敌舰情况，"克尔压低嗓子对航海长说，仿佛担心声音太响会被德国人听到。"向海军部和本土舰队

---

① 译注：在航海术语中，红色表示左舷方向，绿色表示右舷方向。绿 40 就是右舷与船头夹角为 40 度的方向。

司令紧急发报。"

　　航海长向信号士官口授报告，告诉他敌人的航向、距离和位置，并补充了霍兰舰队的航向和速度。信号士官在自己的信号本上写下讯息，并通过传话筒向无线电室重复。不久舰桥上就收到了电报发送确认。

　　在舰桥上竭力克制着紧张感的特德·布里格斯终于忍不住打破了沉默。"你觉得会打多久，长官？" 他小声问旁边的一个士官。那个士官瞥了布里格斯一眼，然后用友善的口气回答："我认为会在几个小时之内结束，特德。" [21]

丹麦海峡中的战斗

吕特晏斯对霍兰的存在一无所知，直到英国分舰队已经极为接近、战斗一触即发时，他才如梦方醒。德国人第一次察觉到敌舰队的踪迹是在 5 时 25 分，当时是"欧根亲王"号的声呐接收到了左舷方向传来的螺旋桨噪声，只比英国瞭望员看到德国舰队早 5 分钟。12 分钟以后，德国瞭望员看到一个桅顶，并认为它属于一艘英国巡洋舰，几分钟后他们又看到距离第一个桅顶不远的另一个桅顶。这两艘船似乎在以与"俾斯麦"号和"欧根亲王"号相近的速度航行，不过吕特晏斯舰队的航向是 220 度，而敌舰的估计航向是 240 度。这些新来的家伙是巡洋舰吗？还是更大的舰船？

在"胡德"号上，瞭望员们瞪大了眼睛辨认德国军舰的细节。随着距离逐渐缩短，地平线上呈现出的桅杆和上层建筑的部分越来越多。不过和吕特晏斯不同的是，英国指挥官们毫不怀疑正在逼近的对方舰船的身份。霍兰本打算在德国舰队的左前方接敌，从而使自己的舰队直到最后一刻才被敌人发现，但前一天晚上的混乱导致他只能从敌舰的左后方接近。

不仅如此，霍兰也未能实现用自己的全部 18 门主炮与"俾斯麦"号舰首的 4 门主炮对抗的有利态势。此时他只能利用"胡德"号和"威尔士亲王"号舰首的 10 门主炮，而"俾斯麦"号却能够用自己的全部 8 门主炮射击。霍兰必须根据变化的形势进行调整，而他的第一要务是尽快缩短距离，以消减德方在较远距离上的甲板装甲和射击精度优势。

一发现德国舰队，霍兰就下令将航向从 240 度改为 280 度，让他的舰队直冲敌舰队而去。这使英国舰队的轮廓变得尽可能的小，从而增加敌人的命中难度。等到距离拉得足够近，霍兰将会让他的舰队转向，使所有主炮都能开火。届时英国军舰将会作为更大的目标呈现在敌人面前，但另一方面，"胡德"号甲板装甲薄弱的缺点在距离缩短后将会被很大程度掩盖。吕特晏斯起初想避免战斗，因此将自己的航向从 220 度改成 265 度。

在这一阶段，双方都犯了错误。由于"俾斯麦"号和"欧根亲王"号在旗舰的雷达发生故障后交换了位置，霍兰以为德国分舰队中的第一艘船才是最危险的敌人。在"威尔士亲王"号上，舰员们正确识别出两艘德国军舰的身份，但霍兰还是把攻击的矛头指向"欧根亲王"号。

德国人这边还在为识别敌舰伤脑筋，因为以大角度接近的它们呈现出难以辨识的轮廓。在"欧根亲王"号的射击控制中心，雅斯佩尔（Jasper）中校认为这两艘敌舰都是巡洋舰。第二枪炮长施马伦巴赫（Schmalenbach）少校则比他悲观。他细看了两艘军舰的舰首激起的巨大浪花，认为其中一艘是新式战列舰，另一艘是战列巡洋舰。

"胡说！"雅斯佩尔似乎很有把握。"那艘船不是巡洋舰就是驱逐舰。"

"我可以跟你赌一瓶香槟，"施马伦巴赫提议，"那艘船是'胡德'号。"

"赌了！"雅斯佩尔认为自己赢定了。"装填高爆弹和着发引信！"[1]

"俾斯麦"号上的军官们也无法确定敌舰身份。施奈德认为它们是巡洋舰，并下达相应的命令。位于前射击指挥塔中的阿尔布雷希特中校却通过电话提出异议，认为它们是战列舰或战列巡洋舰。

主炮开火的时间正在快速逼近。霍兰的参谋部成员纷纷用自己的双筒望远镜观察德国军舰。他们既没有热情高涨，也没有陷入绝望，因为他们都不敢肯定优势是在英国分舰队一方还是德军一方。从纸面上看，英方具有火力优势，因为"欧根亲王"号的吨位比其他各舰小得多，但接敌态势削弱了英方的优势。因为霍兰的舰队是在迎风航行，舰首激起的水沫不断被海风吹到前部炮塔测距仪的镜头上，这恰好是霍兰本来想给吕特晏斯制造的麻烦。如此一来，所有的炮火都不得不依靠主射击指挥仪上性能较差的测距仪来引导。这是一个令人恼火的情况，鉴于敌人的炮火可能会非常准确，这就更令人担忧了。"威尔士亲王"号舰炮的已知问题也带来不确定性。维克斯－阿姆斯特朗公司的民间技术人员不得不守在炮位附近，准备解决战斗中可能发生的任何技术问题。

对英国军舰而言，她们的接敌航线和阵型也很不利。因为霍兰一心想尽快接近敌人，这就意味着从德方瞄准具中观察，这两艘船相互之间挨得比较近。

因此德国人可以比较轻松地改换射击目标，不必浪费太多时间就能测准距离和方向。这预示着战斗中将会呈现令人不安的均势，双方的胜率差距要大大小于霍兰最初的预测。

留在舰桥上的特德·布里格斯坚定地把注意力集中在自己的任务上。他参加了上一年在奥兰的战斗。不过那一次的战斗无限接近于一边倒的屠杀。如今"胡德"号终于要面对她的设计者为她想定的任务了。布里格斯对这艘战列巡洋舰充满信心，甚至比他身边那些见多识广的军官更有把握。"我的情绪混杂了期待、狂热的兴奋和恐惧，"他回忆说。"我相信船上没有一个人不认为，'俾斯麦'和'欧根亲王'根本对付不了我们强大的'胡德'。"

时间是 5 时 53 分，"胡德"号的速度是 28 节。[2] 司令舰桥楼下的水兵报告，双方的距离已经接近到霍兰打算发起战斗的程度。舰队司令再一次用他的望远镜看了看德国舰队，然后说："执行！"

"开火，"克尔舰长下令。

一秒钟以后，舰桥里响起第一枪炮长的口令："放！"

"胡德"号的前主炮用一声巨响发了言，线状无烟火药造成的巨大黑色烟云扫过舰桥，4 发各重 800 多千克的弹丸开始了飞向预定目标的 23000 米航程。

"胡德"号主炮开火，"威尔士亲王"号的主炮几乎是紧跟着射击，德国人的所有疑虑都烟消云散。炮口的巨大火光和超长的射击距离足以说明问题。"真该死！"在"欧根亲王"号上，意识到自己错误的雅斯佩尔大叫。"任何巡洋舰上都不会装那种炮。它们是战列舰。"

施马伦巴赫则在无声地咒骂。他刚刚赢了一瓶香槟酒，但能不能喝到就完全是另一回事了。

"请求开火许可，"在"俾斯麦"号的舰桥上，扬声器里响亮地传出施奈德的声音，但是吕特晏斯犹豫不决，"俾斯麦"号的舰炮保持着沉默。时间一秒一秒过去，那一刻仿佛永远不会结束。舰桥里一片寂静，只听得到船头劈波斩浪的哗哗水声和桅杆与张线间或尖利、或低沉的风声。"炮弹掠过我们头顶时，"当时守在损管中心里，通过一个进风口听到炮弹呼啸的轮机兵约瑟夫·施塔茨（Josef Statz）回忆说，"可以毫不夸张地说，那声音就像鞭子一样抽得我全身发抖。那是一种无法形容的声音"。

落在"欧根亲王"号周围的炮弹激起的水柱清楚地证明，"胡德"号的炮火准头不差。不久"威尔士亲王"号的炮弹接踵而至，落点也离"俾斯麦"号很近。随着水柱塌落，炮弹爆炸的声音传到了德国士兵们的耳朵里。"敌人已经开火。"施奈德的嗓音再度从扬声器中传出，这一次要比先前焦躁得多。"他们的炮火很准确。请求开火许可。"

此时此刻，英国军舰射击时的轰鸣追上炮弹，响彻德国舰队上空。在远方的地平线上，可以看到英国人的炮口又冒出新的火光。吕特晏斯还在犹豫。他曾经下过命令，要避免与敌主力军舰的一切接触。但此时他却突然发现，自己陷入了一场与两艘英国战列舰或战列巡洋舰的战斗。他该战斗还是该逃跑呢？

"是'胡德'！"阿尔布雷希特通过扬声器高喊。"是'胡德'！"

此时霍兰为让尾炮塔也能开火，已经左转了20度，因此德国人更容易看清英国军舰的轮廓。烟囱和上层建筑清晰可见，任何残存的不确定性都被打消。德国人不再犹豫：那就是"胡德"号。很快，他们对另一艘战列舰也进行了足以确定其身份的细致观察。德国人相信她是"英王乔治五世"号，那艘外观与"威尔士亲王"号几乎完全一致的姐妹舰。英军的炮弹在舰队周围纷纷落下时，吕特晏斯还是拿不定主意。他的两艘军舰都比"威尔士亲王"号快，但要甩掉"胡德"号就比较困难。如果他选择逃跑，那么"俾斯麦"号就只有四门主炮可以开火，而敌人却能够使用10门主炮，至少在"威尔士亲王"号尚处于射程内时是如此。逃跑并不是特别有利。但另一种选择就更好吗？吕特晏斯有胆量对抗皇家海军两艘最强大的战舰吗？

"我不会听任我的船在我屁股底下被轰飞的，"林德曼舰长喃喃自语，他希望立即与敌舰交战。

"胡德"号的前主炮喷吐火舌，进行第六次齐射，吕特晏斯突然下定决心。"开火，"他对林德曼说，随后又命令将航向从265度改为200度。在"胡德"号上，蒂尔伯恩下士看见橙色的火光冲出"俾斯麦"号的前主炮。他自己操作的舰炮是在左舷，但他仍然能看到那艘德国战列舰深色的身影，以及被炮风吹出的一团巨大黑色烟云。英德两国最大的战舰终于正式开始交手了。施奈德在

主射击控制中心指挥所有舰炮射击时，奉命继续监视英国巡洋舰的米伦海姆 –
雷希贝格通过耳机监听着他下达的命令。第一次齐射落点偏近。第二次齐射的
夹叉距离为 400 米，各弹的落点被判定为"偏远"和"处于目标范围"。"夹中！"
施奈德喊道。"全炮齐速射！"

再也不需要等待炮弹落水来调整射击诸元了。[3] 只要炮闩在发射药包后面
关闭，各炮塔就可以立即开火。"俾斯麦"号和"欧根亲王"号都朝着"胡德"
号倾泻火力，很快那艘战列巡洋舰就被近得令人不安的炮弹落点上腾起的白色
水柱包围了。

"我记得自己怀着恐惧与沉迷参半的心情目睹'俾斯麦'的炮口喷出四颗
闪亮的星星，"特德·布里格斯写道，"并意识到它们就是瞄准我们的炮弹。"

他听到校射平台上有人喊道："我们打错了船。'俾斯麦'号是右边那条，
不是左边那条！"霍兰克制住了自己，没有因为这个消息而慌乱。"把火力转
移到右边的目标，" 他用平静的语气说道。[4] 但由于命令从指挥官传递到炮手
需要经过很多环节，而"胡德"号不久就被击中，这条命令没有及时执行。在
"威尔士亲王"号上，起初的误会已经被纠正，她正在对准"俾斯麦"号射击。
第六次齐射的落点覆盖了目标，舰员判断敌战列舰至少被一发炮弹命中。

但是，最先遭受严重损伤的是"胡德"号。

"船抖了一下，"布里格斯回忆道，"鱼雷长格雷格森（Gregson）中校跑
到右翼舱室去调查情况。他回来以后报告说，主桅底部起火了。"

遮蔽甲板上的蒂尔伯恩下士和另几个炮手刚接到去灭火的命令，一些弹药
就开始爆炸，因此这些炮手们不得不卧倒在甲板上躲避。紧接着，"胡德"号
再度中弹，这次是"欧根亲王"号发射的一发炮弹击中前桅楼，但没有爆炸。
不过炮弹动能产生的冲击波将许多水兵从桅杆震落到下面的甲板上。有些人在
落地前就已经死了。已经卧倒的蒂尔伯恩感觉自己的腿遭到重重一击，回头一
看才惊恐地发现，自己被一具残缺不全的尸体砸中了。

另一具尸体落在罗经观测台外面的露天甲板上。克尔中校命令候补少尉比
尔·邓达斯（Bill Dundas）看看那人是谁。邓达斯透过窗户瞄了一眼，面色顿时
变得刷白。他摇了摇头说："我不知道，长官，是个尉官，但我看不出是谁。

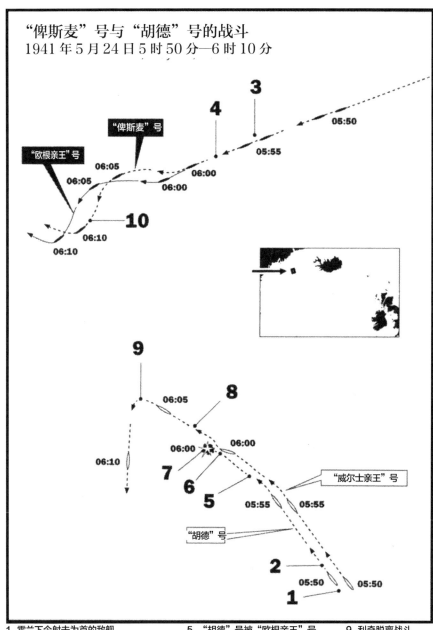

"俾斯麦"号与"胡德"号的战斗
1941 年 5 月 24 日 5 时 50 分—6 时 10 分

1. 霍兰下令射击为首的敌舰
2. 霍兰的分舰队向"欧根亲王"号开火
3. "俾斯麦"号与"欧根亲王"号开火
4. "威尔士亲王"号的齐射击中"俾斯麦"号

5. "胡德"号被"欧根亲王"号的一次齐射击中
6. "胡德"号开始左转
7. "胡德"号爆炸
8. "威尔士亲王"号被"俾斯麦"号的一次齐射击中

9. 利奇脱离战斗
10. "俾斯麦"号打出最后一次齐射

他没有手，而且……没有脸。"

双方军舰交火时，一架英国的"桑德兰"式水上飞机飞近战场。它是从冰岛起飞的，掠过"萨福克"号上空时，机长沃恩（R. J. Vaughn）上尉发现了海面上的炮口火光。"我们接近战场时，"他后来报告说，"看见双方各有两艘军舰，排成两路纵队朝着平行的方向前进，相距大约 20 千米。"

沃恩看见左边那一队中打头的军舰起火，但仍然在用舰首和舰尾的主炮还击。他此时还不知道那艘着火的军舰就是"胡德"号；事实上，他根本不知道哪一队军舰是德国的，哪一队是英国的。他驾驶着自己庞大的水上飞机慢慢转弯，想凑近看一看右边的那队军舰。[5]

此时是 6 时。在"胡德"号上，霍兰下令："全队左转 20 度。" 双方的距离已经接近到 16000 米左右。[6] 为避免舰尾的炮塔被上层建筑遮挡无法开火，"胡德"号必须采用与德国舰队平行的航向。在"威尔士亲王"号上，信号士官注意到旗舰桁端升起两面蓝色信号旗，表明霍兰已经下令向左转向 20 度。利奇上校和他的幕僚欣然接受这个命令。前炮塔中的一门主炮发生了故障，但只要完成这个转向，后炮塔就能够开火，为利奇的舷侧齐射增加 4 门主炮。[7]

"胡德"号开始转向时，"俾斯麦"号第五次齐射的炮弹可能已经飞到了空中。也许不管有没有这次转向，其中的一发炮弹都能击中这艘战列巡洋舰，但是正因为"胡德"号做了转向，一发炮弹击穿了她的侧面装甲。[8]

"我没有听到任何爆炸声，" 布里格斯回忆说，但他确实被冲击波震倒在甲板上。他亲眼看见舰桥两侧像焊炬一样炽烈而壮观的火焰直冲云霄。

我们也许永远无法知道，这发致命的炮弹究竟命中了"胡德"号的什么位置，但随之而来的爆炸似乎引燃了舰尾 10.2 毫米副炮的发射药库。线状无烟火药开始爆燃时，几乎立刻产生极高的气压，冲垮了附近的舱壁并涌入相邻隔舱。火焰一路蔓延到轮机舱，顺着通风系统转头向上，形成一条冲天而起的巨大火舌。同样的火焰还向舰尾冲去，到达 X 炮塔下方存储着近 50 吨发射药的弹药库。这个弹药库被引爆时，侧面装甲被炸开一个 15 米宽的大洞，站在"威尔士亲王"号上一门高射炮旁边的舰板军士弗伦奇（French）亲眼看到"胡德"号的 X 炮塔被炸飞。[9] 一眨眼的功夫，火焰就蔓延到 Y 炮塔，从两个舰尾炮塔到前轮机舱的一段 70 米长的舰体遭到严重破坏，导致整艘军舰断成两截。[10]

虽然有好几千人参加了这场战斗，但其中只有极少数人真正目睹了这场爆炸，而且他们的体验各不相同。利奇上校形容它"就像一个巨大的喷灯"。另一些观察者则认为它是"一团红白色的闪光，形状像个漏斗"，"像一束红色的亚洲大黄"或"一条由火焰组成的、长长的淡红色舌头"。有人从位于垂死的"胡德"号西北约 24000 米外的"诺福克"上观察，将它形容为"一片火海，形状像一把扇子或倒放的锥形"。而在距离爆炸现场近 30000 米的"萨福克"号上，除交战双方的炮口闪光外，无法看到多少东西。但是波特（Porter）中校突然观察到"一条非常细的火柱，在空中腾起 200 到 300 米高"。[11] 但所有观察者在某一个方面意见一致，那就是他们都没有听到任何值得注意的声响。大多数人认为这场爆炸是完全无声的，少数人相信自己听到了一种低沉的嘶嘶声。

在空中，沃恩上尉接近了右边那一队军舰。他注意到最右边的那艘军舰冒出异常多的烟雾，而且后面拖着一条油迹。正当他要进一步靠近时，左边那队军舰中领头的一艘突然喷出一团烟火消失了。[12]

虽然爆炸的火焰纵穿全舰，瞬间杀死了所有挡在其行进路线上的人，但司令舰桥上的军官们还是过了几秒才意识到战斗已经结束。"罗经发生故障，"值班军官平静地说道。

"操作机构失灵，长官，"舵手通过传声筒报告。

"切换到应急操舵装置，"舰长下令。

就在此时，整艘军舰开始向左侧倾，起初只有 10 度，接着就是 20 度、30 度，舰桥上的每个人都意识到她再也无法恢复平衡了。"胡德"号即将倾覆。

"大家始终没有一点恐慌，"布里格斯回忆道。"没有人命令我们弃舰。根本没这个必要。"

他奋力走向通往右舷露天桥楼的门，看见航海长约翰·沃兰德（John Warrand）中校挡住了自己的去路。沃兰德向旁边挪了一步，朝布里格斯和蔼地一笑，让他走了过去。这个笑容将永远铭刻在布里格斯的记忆中。

在遮蔽甲板上，蒂尔伯恩下士感觉到军舰在剧烈颤抖，看到舰桥和 B 炮塔之间燃起熊熊大火。[13] 他目睹自己的一个战友仰天倒下，死了。蒂尔伯恩的目光扫过甲板时，又看到另一个被弹片划开肚子的水兵正用怀疑的眼神注视着自己的肠子掉在甲板上。这幅场景实在令人无法接受，蒂尔伯恩不得不蹒跚地走向舷边呕吐。他扒住舷边时，意识到海面不在他以往记忆中该在的位置。深色的浪涛正在快速向他接近。他好不容易在海浪涌上甲板之前丢掉自己的钢盔。[14]接着蒂尔伯恩就到了水面以下，他试图往上游，却发现一根天线的电线缠住了自己的脚，正在将他向下拖拽。凭着事后连自己都感到惊讶的镇定，蒂尔伯恩拔出小刀割断电线，不过在此过程中，他已经被拖到水下很深的地方了。

布里格斯在通往露天桥楼的门口犹豫了一会。他瞥了一眼舰桥，看到霍兰坐在座椅里蜷缩成一团，顺从地接受了降临到所有人头上的厄运。这位吃了败仗的舰队司令是布里格斯在船上看到的最后一个人，随后他就被冰冷的海水包围，扯向冒着气泡的海洋深处。与此同时，比尔·邓达斯踩着倾斜的甲板，挣扎着爬到左舷的一个舷窗前。他成功地打碎了玻璃，刚爬出半个身子，海水就涌进船舱将他淹没，

在"威尔士亲王"号上，军官们快速发出一连串命令，以免与正在沉没的旗舰相撞。先前"威尔士亲王"号已经开始向左转向，但此时不得不操纵舵机急速右转。

在目睹"胡德"号毁灭的德国人眼里，这幅景象既壮观又恐怖。在海图室里，诺伊恩多夫（Neuendorff）少校听到施奈德高喊"夹中！"，就箭步冲到左舷的观察窗前。有人嚷嚷说"胡德"号着火了，片刻之后就发生了令人眩目的爆炸。诺伊恩多夫的助手和他站在一起：

起初我们什么都没看到，但稍后我们看到的景象在最狂野的想象中都不可能出现。"胡德"号突然断成两截，成千上万吨钢铁被抛向空中。一千多人死于非命。虽然距离还有 18000 米左右，但是"胡德"号上迸出的火球仍然像是触手可及。因为感觉实在太近，我忍不住闭上双眼，但是在一两秒钟之后，好奇心又促使我重新睁眼。我感觉就像身处飓风之中。我身上的每一根神经都能感受到爆炸的气浪。如果我能许一个愿望，那我只愿自己的孩子不会有这种体验。[15]

继"'胡德'起火了！"之后，又有人高喊"她在爆炸！"在"俾斯麦"号上，

人们带着不敢相信的神色面面相觑。片刻之后,他们意识到自己赢下了与敌舰的短暂对决,因此自己在战斗中生存下来的概率大大增加了。他们开始欢呼雀跃,拍打彼此的脊背。在损管中心里,通过对讲机听到外面的欢呼时,轮机兵施塔茨发现厄尔斯中校陷入了他从未见过的狂喜中。和惊讶的施塔茨一样,雅赖斯上尉等人也目瞪口呆地看着这个"全舰最孤独的人",因为厄尔斯正欢天喜地地催促他们"为'俾斯麦'号三呼'Sieg Heil'(胜利万岁)"[16]。

在"俾斯麦"号下层的一个锅炉舱里,上等兵约翰内斯·齐默尔曼(Johannes Zimmermann)发现自己很难理解外面发生的情况。起初扬声器里宣布"俾斯麦"号即将与"胡德"号交战时,他一度以为这个消息指的是一次训练或演习。等他好不容易让自己接受了战斗正在进行的事实,宣布"胡德"号覆灭的响亮呐喊又传进了"俾斯麦"号的下层舱室。"就像被震到了一样,"他说,"起初我们都在傻笑,但渐渐地我们明白了这意味着什么。我心里生出一种奇怪的感觉——明天没准就轮到我们了。"[17]

射击指挥仪前的米伦海姆-雷希贝格在耳机里听到说话的人越来越多,最后都无法听清大家说出的单词了。显然是发生了什么大事。他把监视"诺福克"号和"萨福克"号的任务交给一个部下,自己跑到左舷的观察窗前。

我还在[将射击指挥仪]转向"胡德"号时,听到有人喊,"她爆炸了!""她"——那只可能是"胡德"号!接下来看到的景象是我永生难忘的。起初我根本看不到"胡德"号;她所在的位置只有一根直冲云霄的黑色烟柱。渐渐地,在烟柱底部,我辨认出了这艘战列巡洋舰的船头,它向上翘起一定角度,这是这艘船已经断成两截的确凿证明。接着我看到了令我难以置信的事:她的前主炮冒出一道橙色的火光!虽然"胡德"号的战斗历程已经结束,但她还是打出了最后一次齐射。那艘船上的人令我深感敬佩。[18]

"胡德"号的这最后一次齐射或许并非舰员有意而为。看起来更有可能是电击发系统发生某种短路,导致主炮进行了最后一次射击。另一种可以自圆其说的解释是:米伦海姆-雷希贝格看到的其实根本不是炮口闪光,而是"胡德"

号前部弹药库爆炸造成的火光。爆炸产生的火焰水平冲向舰首。在装甲甲板的约束下，它向前冲破一个又一个隔舱的舱壁，每一次都会被阻挡零点几秒时间。由此造成的延时使后部和前部弹药库的爆炸稍微错开了一点时间。这点时间足够让这位德国上尉挪到左舷的观察窗前看到爆炸。在"威尔士亲王"号上，舢板军士弗伦奇看见从水面冒出的火焰纵穿了"胡德"号的大部分船体，而且他相信自己看到了这艘军舰在贴着 A 炮塔前部的地方折断。

"威尔士亲王"号上的舢板军士韦斯特莱克（Westlake）也记得这艘战列巡洋舰的船体前部发生断裂。[19]"胡德"号翻转沉没时，站在"威尔士亲王"号高处的特里（A. H. Terry）少校在刹那间看到了这艘战列巡洋舰的船体和龙骨所遭受的破坏。他能够通过破口看到这艘军舰的内部，以及装甲板被炸飞后露出的骨架。[20]

在漆黑的水下奋力求生的布里格斯耳边回荡着金属断裂的刺耳噪声、涌向海面的汩汩气泡声和心脏在胸腔中搏动的声音。他试图游泳，但是沉没的"胡德"号造成的吸力将他不停地向下拽。

恐慌消失了。我意识到，这就是我的结局了。但我还不打算轻易放弃。我知道在我头顶上是罗经观测台的天花板，我必须设法绕开它。我成功地避免了被钢质立柱砸昏，但是我在逃生之路上还没有任何进展。吸力正在把我向下拉拽。每过一秒，我的耳鼓受到的压力都在增加，而恐慌又以最严重的程度回来了。我要死了。我疯狂地挣扎，想把自己弄到水面上去。但是我哪儿都没去成。虽然当时的感觉像是永恒，但其实我在水下的时间充其量也就是一分钟而已。我的肺感觉要爆炸了。我知道自己必须呼吸。我张开双唇，结果吞了满满一口海水。我的舌头都被顶到喉咙口了。我到不了水面了。我要死了。随着体力越来越弱，求生的意志也离我而去。挣扎又有什么用呢？恐慌的情绪开始淡去。我以前听人说过，淹死是种好死法。我不再努力向上游了。海水就像一个安宁的摇篮。我在它的摇晃中逐渐入睡。我根本做不了什么——晚安，妈妈。我现在就这么躺下了……我准备去见上帝了。就在我幸福地迎接死亡时，身下突然传来一阵冲击，把我像香槟酒瓶的软木塞一样弹射到水面上。我不会死了。我不会死了。

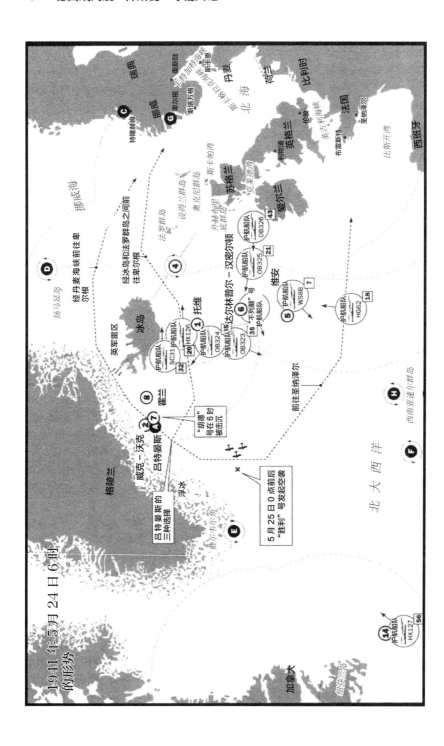

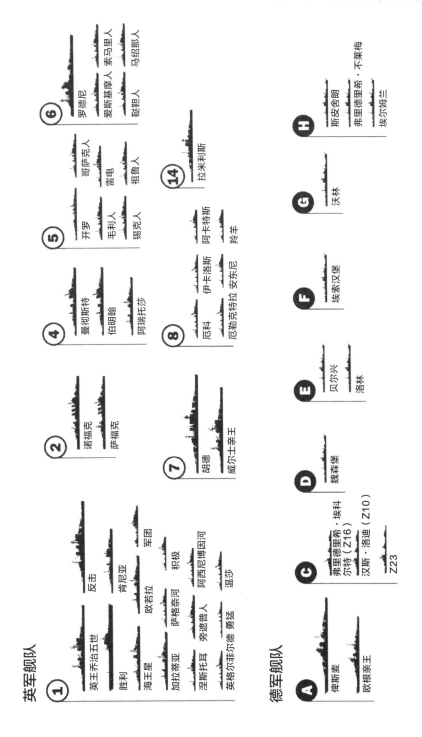

英军舰队

① 英王乔治五世｜胜利｜海王星｜加拉蒂亚｜涅斯蒂耳｜英格尔菲尔德｜反击｜肯尼亚｜欧若拉｜萨格奈河｜旁遮普人｜积极｜军团｜阿西尼博因河｜温莎｜勇猛

② 诺福克｜萨福克

④ 曼彻斯特｜伯明翰｜阿瑞托莎

⑤ 开罗｜毛利人｜锡克人

⑥ 罗德尼｜爱斯基摩人｜鞑靼人｜索马里人｜弓绍那人

⑦ 胡德｜威尔士亲王

⑧ 厄科｜厄勒克特拉｜伊卡洛斯｜阿卡特斯｜安东尼｜羚羊

⑭ 拉米利斯

⑤ 哥萨克人｜雷电｜祖鲁人

德军舰队

Ⓐ 俾斯麦｜欧根亲王

Ⓒ 弗里德里希·埃科尔特（Z16）｜汉斯·洛迪（Z10）｜Z23

Ⓓ 魏森堡

Ⓔ 贝尔兴｜洛林

Ⓕ 埃索汉堡

Ⓖ 沃林

Ⓗ 斯皮舍明｜弗里德里希·不莱梅｜埃尔姆兰

我一边踩水，一边大口大口地呼吸着空气。我还活着。我还活着。[21]

蒂尔伯恩下士和邓达斯候补少尉也被一股神秘的力量弹射到水面上，根据事后的推测，那力量可能来自一台爆炸的锅炉。他们在水面上挣扎时，看到"胡德"号的舳楼消失在水下，仿佛是池塘里的一件玩具。这艘战列巡洋舰的另两个部分——舯部和艉部——已经开始奔向海底。从沉没的军舰上发出的隆隆声和嘶嘶声逐渐淡去；火焰就像被施了魔法一样瞬间熄灭。不久以后，"胡德"号曾在的位置就只剩下一团已经开始消散的黑云和一大片混杂着残骸碎片的黑色油污。

但是战斗还没有结束。"威尔士亲王"号的第六次齐射夹中"俾斯麦"号时，利奇舰长注意到这艘德国战列舰中弹了。他还有机会为英国扳回这一局。但是接下来，"俾斯麦"号瞄准"威尔士亲王"号的第一次齐射就命中目标。一发炮弹撞进舰桥，然而利奇很走运，因为这是一发哑弹，它径直穿透舰桥，从"威尔士亲王"号的另一侧穿出，然后一头栽进水里。但是，38 厘米炮弹即使没有爆炸，仍然能够带来浩劫。刚才利奇身边还围着一群尽职工作的下属。转瞬间，他就发现自己身处一片充满烟雾、尖叫、鲜血和断肢残臂的屠场。这位晕头转向的上校挣扎着站稳脚跟时，看见只有信号军士还站在自己身旁。其他所有人都倒在地上，除一人外全部身亡。

这还仅仅是开始。炮弹一发接一发地命中这艘英国战列舰。雷达系统和光学仪器都被打坏，一些小艇和船舱也被摧毁。一架"海象"式飞机刚要起飞引导炮火，就被弹片打得千疮百孔，机组成员不得不迅速弃机。"威尔士亲王"号也进行还击，但她的好几门主炮都出了故障。虽然民间技术人员付出很大努力，但舰炮出问题的速度超过了他们的修理能力。最终利奇下达撤退的命令。如果这场不公平的对决继续下去，结果显然不会对他有利。此时更明智的做法是挽救他的军舰。

交战双方的距离迅速拉大，最后在这片海域只剩下了残骸、油污和三个人。其中两个人是蒂尔伯恩和邓达斯。第三个是特德·布里格斯。他在"胡德"号上服役的童年梦想变成了一场噩梦，并将在他的余生中一直萦绕心头。

"啤酒桶波尔卡"

丹麦海峡中的战斗就此结束，"胡德"号不复存在。这令"俾斯麦"号和"欧根亲王"号上的德国人感到难以置信，"威尔士亲王"号上的利奇上校恐惧万分，"诺福克"号和"萨福克"号上的威克－沃克、菲利普斯和埃利斯惊骇莫名。由于旗舰被摧毁，霍兰中将战死，威克－沃克少将接管了其余舰船的指挥权。

两艘巡洋舰继续跟踪德国分舰队，"威尔士亲王"号与她们会合，威克－沃克发了一份电报向上级报告"胡德"号爆炸沉没的噩耗，并要求"威尔士亲王"号上的利奇上校报告受损情况。首要任务仍然是与德国人保持接触，因此他没有时间搭救"胡德"号的幸存者。这个任务只能让霍兰的4艘驱逐舰来执行。一个小时后，利奇上校报告说，他的军舰已经恢复了一定战斗力，并且可以用27节速度航行。威克－沃克命令他在"诺福克"号左侧占据阵位。[1]

在"胡德"号爆炸沉没的地方，三个人在他们小小的卡利救生筏（Carley float）上奋力保持漂浮状态。时间一个小时一个小时地过去，这三个人的情绪在强烈的求生欲望，不断加重的疲劳感以及无缘重见陆地的预感之间起伏不定。蒂尔伯恩感到自己逐渐失去意识。他听人说过，如果难免冻死在海上，那么最好先入睡，这样就可以安详地离开这个世界。但是如果他睡着，就可能从卡利救生筏上滑入水中淹死，而他相信这种死法要糟糕得多。自我保护的本能使他在每次快要合上眼皮消失的时候都奋力振作起来。

是邓达斯候补少尉让他们坚持了下来。他不断和另两个人说话，鼓励他们唱起"啤酒桶波尔卡"，以防寒冷和疲乏压倒这三个陷入绝境的人。他们让各自的救生筏靠在一起，漂浮了很长时间，但最后三个人还是被冲散了。[2]

驱逐舰"厄勒克特拉"号是霍兰的护航舰之一，舰上的通信长接到威克－沃克的电报后，在震惊中把它交给了舰长凯恩少校。"从'诺福克'号发来的，长官，"他说。"'胡德'号爆炸了！"

凯恩以为通信长疯了，想要和他开什么蹩脚的玩笑，便厉声呵斥对方，直到他看见通信长脸上的泪水，才终于明白了真相。

"看在上帝的份上，长官，"通信长说，"这是真的……"

"大斗犬"号是为霍兰护航的另一艘驱逐舰，也是几个星期前俘获 U–110 号的功臣。舰长起初怎么也不相信他刚刚收到的电报，认为发报者肯定是把舰名搞错了。在萨默维尔的"声望"号上，达尔林普尔 – 汉密尔顿的"罗德尼"号上，在远东巡逻的其他英国战舰上，或是正在躲避德国空军袭击的皇家海军其他舰船上，这个噩耗的影响和人们的反应都如出一辙：怀疑、震惊、悲痛。对英国人来说，失去"胡德"号不仅仅是失去了一艘战舰，还失去了国家的一个象征。她曾经比全世界的大多数战舰更大、更快、更先进。如今她突然之间就不复存在，而她的 1400 多名舰员中只有 3 个人活下来见证这艘战列巡洋舰的最后时刻。正如大多数英国人都记得在英国对德宣战的那一天自己在做什么，许多人也清晰地记得在得知"胡德"号爆炸的消息时自己在干什么。[3]

在契克斯阁，丘吉尔被"胡德"号沉没的消息惊醒。他翻身起床。走进他前一天晚上招待美国特使埃夫里尔·哈里曼并与其短暂交谈的房间。"'胡德'号沉了，"丘吉尔垂头丧气地说道。

但是，还有更多的失望等待着这位大英首相。丘吉尔再次上床之后，好不容易又要入睡，他的私人秘书马丁（Martin）又带着新消息来了。"我们打沉她没有？"丘吉尔满怀希望地问。

秘书摇了摇头。"没有，"他说，"'威尔士亲王'号已经和敌人脱离接触了。"

托维的通信参谋带着威克 – 沃克的电报走上"英王乔治五世"号的舰桥时，他用异常高亢和激动的声音把电文读了一遍。虽然这个消息肯定令托维感到不知所措，但他在表面上还是镇定地接受了它。"没什么，雅各布斯（Jacobs），"他平静地回答道，"不必大声嚷嚷。"

然而局势毕竟是严重恶化了。几个小时前，托维拥有 3 艘颇为强大而快速的军舰："胡德"号、"威尔士亲王"号和"英王乔治五世"号。现在其中一艘沉了，另一艘伤了。旗舰上的瞭望员目送饱经风霜的 HX126 船队残部向东行驶时，托维召集自己的幕僚重新研究战局。他们并不看好眼下的局面，而伦敦的海军部也和他们一样悲观。此时的当务之急是聚集起尽可能强大的力量来击沉"俾斯麦"号。萨默维尔中将的 H 舰队已经接到迎接驶向中东的 WS8B 护航船队的命令,但此时将萨默维尔的军舰投入追击"俾斯麦"号的战斗看来势在必行。海军部还调集了其他援军参与作战。"复仇"号和"拉米利斯"号这两艘主要用于为商船队的护航的老船都接到了抢占合适阵位的命令。此时"复仇"号正在哈利法克斯港,必须立即起航才有机会与"俾斯麦"号交战。"拉米利斯"号在为 HX127 船队护航,正位于德国分舰队南方约 1700 千米的位置。她奉命丢下这支护航船队,机动到"俾斯麦"号按原有航向继续航行的情况下所经路线的西方。[4]

将这些老迈的战列舰投入对抗"俾斯麦"号的战斗,显示了海军部击沉这艘德国战列舰的决心。"复仇"号和"拉米利斯"号的主炮射程都不超过 22 千米,比"俾斯麦"号的主炮近了大约 15 千米。考虑到这艘德国战列舰的速度也要比她们快 10 节左右,这两艘老船只有在非常有利的条件下才有机会对"俾斯麦"号开火。德国战列舰既可以溜之大吉,也可以选择在"复仇"号和"拉米利斯"号的主炮射程之外与之战斗。

"罗德尼"号是一艘更能派上用场的船。虽然她的最高航速仅有 23 节,但是她的火力和防护都要比"复仇"号和"拉米利斯"号先进得多。丹麦海峡中发生战斗时,"罗德尼"号正在前往哈利法克斯的途中。正午之前,达尔林普尔-汉密尔顿上校接到了设法拦截"俾斯麦"号的命令。命令规定"罗德尼"号可以在必要时丢下"不列颠"号,而她不久就这么做了。[5]

另一些舰船也以各种方式参加这场作战。为逼迫"俾斯麦"号接受战斗,皇家海军需要持续监视她。此时"诺福克"号、"萨福克"号和"威尔士亲王"号正在跟踪吕特晏斯的两艘军舰,但失去接触的风险始终存在,追踪者还可能因燃油短缺等原因中断行动。当时"伦敦"号(London)、"爱丁堡"号(Edinburgh)和"多塞特郡"号(Dorsetshire)这 3 艘巡洋舰正位于亚速尔群岛以东和东北海域。海军部命令她们向西北方向航行,以便在失去德国分舰队踪迹的情况下到达合适位置。[6]

所有这些措施都不可能立即见效,托维不得不利用手头现有的兵力再支持一天。如果他能够让"英王乔治五世"号和"反击"号进入可用主炮射击德国分舰队的范围，而"威尔士亲王"号又保持了与敌人的接触，那么他就能用三艘主力舰对德国人的一艘。但这样的态势实在很难实现。从关于丹麦海峡战斗的初期报告来看，托维没有理由认为"俾斯麦"号受到了任何严重损伤。相反，她还在继续以 27 到 28 节的速度航行，这已经相当于"英王乔治五世"号和"威尔士亲王"号的最大航速了。鉴于托维的舰队与德国分舰队相距还有近 700 千米，交战的前景显得非常黯淡。[7]

即使托维能够用三艘主力舰与"俾斯麦"号交手，战斗结果也不一定对他有利。"威尔士亲王"号已经在丹麦海峡的战斗中受了伤，她的主炮还在被各种问题反复困扰，经常无法射击。而"反击"号的防护即使与"胡德"号相比也是很薄弱的。更糟糕的是，没有任何迹象表明"俾斯麦"号的作战能力受到了削弱。不过，这样的风险似乎还吓不倒英国人。相反，他们表现出了与敌人决一死战的惊人意志。有一件小事足以证明他们的决心：海军部曾要求威克 – 沃克说明他对于再度将"威尔士亲王"号投入战斗有何打算。

事实上，这个要求来自丘吉尔的意愿。英国首相之前就因为克里特岛和北非的灾难而心事重重，偏偏此时又接到了"胡德"号覆灭的消息。在祸不单行之际，他还深深担忧万一"俾斯麦"号发现大西洋上的英国护航船队会造成什么后果。尤其令他寝食难安的是 WS8B 船队的安全，因为这个船队正运载着前往中东的重要援军。于是他授意第一海军大臣达德利·庞德元帅询问"威尔士亲王"号能否再度与那艘德国战列舰交战。

威克 – 沃克并不知道这个问题来自丘吉尔本人，以为它只是源于海军部内部人员的某种普遍思维。他很熟悉海军部里的工作方式，因此在他看来，这份电报是在暗示他应该尽快与"俾斯麦"号交战。如果这确实是这份电报的言下之意，那么作为对局势有更清晰认识的一线人员，威克 – 沃克不敢苟同。他已经亲眼目睹了德军炮火非凡的精准度。他们的第二次齐射就夹中了目标，考虑到射击距离，这是非常惊人的成绩。另一方面，"威尔士亲王"号的主炮则暴露出了严重问题，在战斗中频繁发生故障。最后，这艘英国战列舰已经负伤，能否达到迫使敌人交战所需的航速很令人怀疑。仔细考虑各种选择之后，威克 –

沃克通知海军部，他并不打算与"俾斯麦"号交战，除非有英国海军的其他主力舰赶到，或者所有其他方法都已失败。[8] 不过，在发出电报之后，他已经深深怀疑海军部对他拒绝与德国分舰队交战的决定很不满意。

有一个问题对双方而言都极为重要，那就是"俾斯麦"号是否已经受伤，如果受伤了，那么究竟伤到什么程度。当然，英国人很难了解到关于这个问题的信息，但德国人要准确查明情况也不容易。其实德国人的这艘旗舰已经中了三发炮弹，全都是"威尔士亲王"号射出的。其中一发炮弹击穿一条舷板后钻入海中，没有爆炸。另一发炮弹在第 21 号舱段处穿透艏楼，并击破了几个油槽。最后，有一发炮弹先是击中水面，然后在第 14 号舱段的侧面装甲下方击中这种战列舰，贴着防鱼雷舱壁爆炸。舱段是从舰艉到船艏依次编号的，因此第 14 号舱段是在比前部两个主炮塔稍微靠近舰艉的地方。[9]

此时还无法确定这几发命中弹的长期影响，但吕特晏斯、林德曼和参谋们在战斗过后不久就形成了相当准确的认识。命中第 14 号舱段的那一发炮弹不是特别严重。整个船体非常出色地化解了它的冲击力，但是它造成的破洞使一个发电机舱和一个锅炉舱进水。"俾斯麦"号的发电能力设计得很宽裕，因此它的发电机能产生两倍于需求的电力。失去一个发电机舱仅仅意味着她的安全余量减少了。如果没有其他损伤，那么这个问题根本无关紧要。

击中舰首的那一发炮弹更令人担忧。它不仅意味着这个舱段的燃油会流失，而且在其前方舱段的燃油也无法向舰尾输送了。因此"俾斯麦"号有很大一部分燃油损失或无法使用，这就大大缩短了她的行动半径。此外，从炮弹造成的破洞涌入的海水也是个严重问题。只要这艘军舰不是以非常高的速度航行，那么充其量只是麻烦一点而已，但如果航速接近 30 节，第 20 和第 21 号舱段之间舱壁所受到的海水压力就会增大到危险程度。因此吕特晏斯下令将航速控制在 28 节以下。这样的速度还是相当高的，已经等于"英王乔治五世"号和"威尔士亲王"号的最大航速，但损失两三节速度意味着"俾斯麦"号相对于英国最快战列舰的航速优势不复存在。[10]

我们既不是吕特晏斯, 也不是林德曼或 "莱茵演习" 行动中幸存的其他任何高级军官, 因此只能猜测他们决策时的想法。除旗舰在丹麦海峡战斗之后的状况外, 另外几个因素很可能也影响了吕特晏斯和其他军官。首要也最明显的因素是, 皇家海军在德国分舰队离开卑尔根之后不久就派出了一支特遣舰队来对付它。因此德国人必然得出了以下结论: "俾斯麦" 号和 "欧根亲王" 号基本上刚离开港口就被英国人侦察到了, 否则他们不可能及时赶到丹麦海峡拦截德国战列舰。认为英国主力舰是因为其他原因碰巧出现在冰岛附近的想法只不过是一厢情愿。这些证据表明 "莱茵演习" 行动已经泄密, 因此更强大的皇家海军舰队可能就在不远处。

吕特晏斯似乎还相信敌人已经拥有非常高效的新式雷达, 这也是他不能不考虑的因素。对于英国人为何能如此成功地跟踪他们, 两艘德国军舰上的军官们做出的解释多少有些不同, 但是吕特晏斯在这天上午发给海军司令部的电报阐述了他自己的结论。

即便巡洋作战的整套理念依然正确, 至少对 "莱茵演习" 行动本身不能不提出怀疑。"俾斯麦" 号已经负伤, 而与此次作战有关的一切保密性都已遭到破坏。如果英国人也拥有能帮助他们追踪对手的雷达, 那么就急需制定新的计划。

如果吕特晏斯中止 "莱茵演习" 行动, 他主要有两个选择。"俾斯麦" 号应该前往某个港口进行修理。因此他要么与 "欧根亲王" 号分道扬镳, 让这艘巡洋舰独自对英国的运输船展开作战, 要么就让两艘军舰都中止作战, 回到港口。无论采用哪一种方案, 在法国的大西洋沿岸、在德国、在挪威, 都有多个港口可供选择。但吕特晏斯的选择余地还是很有限, 因为并不是所有港口都有大得足以容纳 "俾斯麦" 号的干船坞。在法国的圣纳泽尔有一个非常大的干船坞; 在德国, 也有几个足够大的干船坞。但是在挪威却没有够大的船坞, 不过他可以先在挪威进行临时修理, 然后前往德国进入干船坞。

对港口的选择当然会决定吕特晏斯接下来的航行方向。如果他选择前往圣纳泽尔, 那么他需要先向南航行, 然后转向东南, 最后向东前进。如果他选择前往德国或挪威, 那么就需要尽快掉头向东。以圣纳泽尔为目的地的南方航线将会使吕特晏斯的舰队进入更大的开阔海域, 而且那里的夜晚更长更暗, 将会方便他甩掉追踪者。吕特晏斯对本土舰队的部署所知甚少，但既然他们的大部分主力舰船都以斯卡帕湾为母港，那么向南航行就意味着与其遭遇的概率将变小。选择南线的另一个优点是有可能让"欧根亲王"号脱离旗舰，单独继续对商船的作战。"俾斯麦"号遭受的损伤也许可以快速得到修复，而在圣纳泽尔的逗留也只不过是作战中的小停顿而已。比起从德国港口出发，从圣纳泽尔出发悄悄进入大西洋要更容易。

但是，圣纳泽尔也有缺点。吕特晏斯此时的位置距离圣纳泽尔是 1700 海里，而距离卑尔根只有 1150 海里。即便吕特晏斯决定通过丹麦海峡返回，到卑尔根的距离充其量也只有 1400 海里。鉴于"俾斯麦"号已经损失了部分燃油，这些航程差距可能是很要命的。或许吕特晏斯认为总有办法把第 22 号舱段的燃油泵到受损的第 21 号舱段后面，那样一来，航程差距的影响就不大了。最后，他肯定还考虑到了走南线也许能甩掉追踪者，然后与一艘德国油轮会合。[11]

"胡德"号覆灭之后，仅过了一个小时多一点，吕特晏斯就通知海军司令部，"俾斯麦"号正在前往圣纳泽尔。"欧根亲王"号将会单独执行巡洋作战。

在丹麦海峡，"胡德"号的三个幸存者几乎已经放弃了希望。海浪逐渐将他们冲得越来越分散，寒冷使他们麻木，睡意开始征服他们。布里格斯依稀听见邓达斯还在唱"啤酒桶波尔卡"，但是他的声音变得越来越远，到最后布里格斯开始希望这位候补少尉闭嘴，好让大家安静地死去。就在布里格斯的意识变得模糊时，他注意到歌声停了，接着传来邓达斯的一声狂呼："一条驱逐舰！朝我们这边来了！"

布里格斯陡然恢复了精神，并且发现邓达斯没有说错。一艘英国驱逐舰冲开巨浪，径直朝着这三个落难者驶来。虽然双眼被海水泡得火辣辣的疼，布里格斯还是能认出船身上的标志"H27"，并意识到这是一艘自己人的驱逐舰。"是'厄勒克特拉'号！"他狂喜地喊道。"'厄勒克特拉'！'厄勒克特拉'！"

蒂尔伯恩也看见了那艘船。水中的三个人像疯了一样拼命呼喊和打手势。"厄勒克特拉"号在接到搜索幸存者的命令之后就向南行驶。过了两个小时才来到"胡德"号爆炸的地点，但是他们发现能救的人少得可怜。杰克·泰勒是"厄勒克特拉"号上的一个机枪手。和这艘驱逐舰上的其他许多水兵一样，他是准备搭救数以百计的幸存者的。前一天晚上肆虐的狂风摧毁了舰上大部分舢板。他们在船舷外放下了绳网，并做好了接纳幸存者的准备。舰上准备了毯子和医疗器械，还准备了食物和热饮料。许多人聚集在甲板上，随时准备抛出绳索。泰勒凝视着下方灰色的水面：

似乎只过了几分钟，我们就冲出一团薄雾，来到晴空之下。就是那里了。"胡德"号沉没的地方。各种各样的残骸漂浮在水面上。吊床、破碎的救生艇、靴子、衣服、帽子。但是我们以为会看到的成百上千人却无影无踪。这是一个令人充满恐惧的时刻，我身边的一个战友惊呼"天哪，她带着所有人一起去了。"[12]

这个水手说的基本没错。水面上可以看到几片很大的油污，然后是一张被许多白纸包围的办公桌。剩下的就是破碎的物品和随身装备。仅此而已。

只有三个人在水里一边高喊一边挥手。

"传来一声呐喊，在稍远的地方出现了一个扒着一块漂浮物的人，"泰勒回忆道。"接着我们又看见了两个人——一个在游泳，另一个似乎在一个小筏子上。"

"可是肯定还有其他人的，"轮机长喊道。"不可能只有三个！其他人到底在哪儿？"[13]

然而他们就是"胡德"号上94名军官和1324名士兵中仅有的幸存者：两个水兵高喊着驱逐舰的名字，还有一个候补少尉不停地唱着"啤酒桶波尔卡"，仿佛他的性命还在靠这首歌维系一般。"厄勒克特拉"号放慢速度，停在这三个人身边。许多水手缘绳而下，身子一半泡在水里，伸出手去抓住水中的幸存者。有人把一条救生索抛到布里格斯身边，虽然手指几乎被冻僵，他还是成功地抓住了它。

"别松手，"驱逐舰上有人喊道。

"你可以拿你的狗命打赌，我才不会松呢。"

这三个人尝试沿着绳网向上攀登时，几个小时的冷水浸泡终于压倒了他们。他们已经筋疲力尽，要不是水兵们爬下来帮助他们，他们根本不可能爬上这艘驱逐舰。

搜索又持续了一个小时，但是鉴于战斗是最近才打完的，任何幸存者都不可能漂远。很快人们就不得不相信，已经没有别的幸存者了。"厄勒克特拉"号将航向转到北方，向着冰岛驶去。

在伦敦，丘吉尔接到了这天上午第三条令他倍感痛苦的消息。损失的不仅仅是"胡德"号，几乎所有舰员也和这艘战列巡洋舰一起去了海底。

"我不管你怎么做，"他向第一海军大臣下令，"一定要打沉'俾斯麦'！"

别了，俾斯麦！

在"俾斯麦"号上，轮机兵、损管团队和其他人员努力查明了她的受损情况。然后他们就不得不进行处理了。前文已经提到，舰首的伤势最严重，因为隔舱后部的舱壁可能承受不住高速航行时海水涌入造成的压力。一支进水控制小组奉命为舱壁增添一些支撑，以使这艘军舰能够恢复全速前进的能力。此外，人们还尝试抽取中弹部位前方隔舱中的燃油。卡尔–路德维希·里希特（Karl–Ludwig Richter）率领几个损管小组，试图利用紧急逃生通道进入最靠前的隔舱。他们希望到了那里以后，也许能打开油泵，将燃油泵到靠近舰尾的其他燃油槽中。但不幸的是，他们发现油泵已经泡在水下，这次尝试失败了。有人建议把输油软管接到前部舱段，从而利用第 17 号舱段的油泵来泵取燃油。但是这次尝试也没有成功，而且在此过程中大家发现，艏楼中的油管阀门显然也坏了。[1]

舰首的损伤已经导致几千吨海水在舰首左舷一侧涌入船体，因此右侧螺旋桨有一部分被抬出了水面。大管轮威廉·施密特（Wilhelm Schmidt）接到向平衡水舱注水来扶正船身的命令。这个操作并不复杂，可以迅速完成。更麻烦的问题是，被击中的第 21 号隔舱中的油槽漏出许多燃油，在"俾斯麦"号身后形成一道明显的油迹。如果英国追踪者与这艘战列舰失去接触，他们有可能借助这道油迹重新找到她。[2]

"俾斯麦"号上无一人在战斗中阵亡或重伤。所有武器都保持着完整的战斗力。弹药消耗量是 93 发 38 厘米炮弹，大约相当于总弹药量的十分之一。装甲部分也毫发无伤，轮机完好无损。如果英国人想再来挑战，这艘战列舰仍然是一个可怕的对手，而且一切迹象都表明舰员们对自己的战舰依然信心十足。[3]

但是不管舰员们怎么想，吕特晏斯或许有更多担忧。在作战指令中，他已经强调要尽量降低风险，而最近在丹麦海峡中的这一仗清晰地显示了与同级别对手交战所固有的危险。尽管挨的这几发炮弹相对无害，作战行动还是不得不中止。这种必然性恰恰证明了作战指令的指导思想是明智的。

这天上午，吕特晏斯命令自己的两艘军舰交换位置，好让"欧根亲王"号上的军官观察"俾斯麦"号身后的油迹。两艘军舰就这样航行了40分钟左右，然后又恢复了原来的相对位置。随后，布林克曼上校立即提供了一份令人不安的报告。油迹很宽，几乎不可能逃过英国人的眼睛。因此在白天要甩掉追踪者是非常困难的。

吕特晏斯还有一个选择尚未尝试。在"柏林"行动中，他曾试图与潜艇配合，但发现难度很大。这一次前景似乎要好一点儿。因为邓尼茨的指挥部一直在监听吕特晏斯的无线电通信，所以他知道这支德国分舰队的位置，可以指示潜艇前往吕特晏斯和追踪他的敌人将要通过的海域。而且，"俾斯麦"号和"欧根亲王"号很快就会进入有许多潜艇活动的区域。[4]

吕特晏斯希望潜艇司令部组织一条与他此时的航向垂直的潜艇截击线，其所在的经度应该大致与格陵兰的南端相同。他希望这些潜艇能够在5月25日上午攻击迎击他的英国军舰。从这个请求可以推测，吕特晏斯打算继续朝西南方向航行，这意味着他并不认为燃油状况有多严重。如果他沿着此时的航向继续航行12到24小时，那么他的舰队就会进一步向西移动，而这就要求"俾斯麦"号动用舰首的燃油，或者利用海上的油轮加油。[5]

虽然吕特晏斯还没有过多担忧"俾斯麦"号的燃油状况，但他对"欧根亲王"号有限的续航能力肯定一清二楚。他必须一有机会就让这艘巡洋舰离开舰队，以便她与油轮会合。15时20分，吕特晏斯通过信号灯向"欧根亲王"号发送了一条信息，其中包含了让她离开的指示。在遇到下一团雨飑时，"俾斯麦"号将会转弯向西，而"欧根亲王"号要继续南下。英国人的注意力主要放在"俾斯麦"号身上，而"俾斯麦"号又是跟在"欧根亲王"号后面航行的，所以在这艘战列舰右转时他们可能也会跟着右转。条件似乎有利于"欧根亲王"号悄然脱离，不过能否成功还要看英国雷达的效能。无论如何，"欧根亲王"号都要继续向南航行三小时。只要她没有因为某些不可预见的事件而偏离航向，她应该就能甩掉追踪者。在成功之后，她可以调转航向去找"贝尔兴"号或"洛林"号加油。然后她可以单独猎杀护航船队。只要收到暗语"胡德"，这个计划就要开始实施。[6]

从中午开始的天气变化也给吕特晏斯的计划提供了方便。海上的风浪更大了，继雨飑之后又来了浓雾。看起来，即使在黄昏前尝试让"欧根亲王"号离队，也大有成功的希望。但是，在这个计划实施前发生了两件事。第一是德国分舰队的航速降到了 24 节。第二是他们的航向改成了向南。减速是为帮助舰首的损管小队工作。改变航向的原因则比较难说，因为这意味着吕特晏斯舰队将会从正在组织的潜艇截击线东侧绕过。或许吕特晏斯是想拉大与格陵兰岛的距离，让巡洋舰在脱队前有更多机动空间。如果是这样，那么他可能只是打算暂时改变航向。[7]

面对恶劣的天气，吕特晏斯决定尝试让巡洋舰脱队。他的舰队接近了一团雨飑，16 时 40 分，"欧根亲王"号上的信号兵报告说，旗舰发出了"执行胡德"的信号。"俾斯麦"号按照计划向西转向，很快就消失在视野中，但敌人仍然与她保持着接触。仅仅过了几分钟，在"欧根亲王"号上就又能看到"俾斯麦"号了，而且旗舰上一盏信号灯发出了"巡洋舰去右舷"的命令。显然，这团雨飑还不够浓密，不过接下来可能还有其他机会。

与此同时，托维上将正在被事态的发展困扰。和吕特晏斯不同的是，他不缺重要情报。事实上，他对局势的了解相当全面。然而，了解到的事实并不能给他提供信心。在德国舰队的航向和速度都保持不变的情况下，他只能缓慢地缩短与敌人的距离。如果德国人知道了他的位置（比如通过德国潜艇观察到他的舰队），吕特晏斯就能拉大距离。祸不单行的是，对英国舰队的距离、速度、航向和燃油消耗量的一切计算都表明，他们在追上德国人之前就会耗尽燃油。[8]

托维只能期待两种情况。第一种是战斗中所受的损伤迫使德国人转向，第二种是德国人不得不寻找油轮加油，两种情况下英国舰队都有可能突袭他们。但此时没有任何迹象显示这两种情况可能发生。一架"桑德兰"式水上飞机报告说，"俾斯麦"号身后拖着一道油迹，但最初英方无法从这个现象推测出任何结论。到下午，英国人终于开始燃起希望，推测"俾斯麦"号至少出了某些问题。虽然没有迹象表明她受了重伤，但那条油迹还是让人有些盼头。[9]

*　　*　　*

　　另一方面，H 舰队正在从直布罗陀北上，但是萨默维尔中将的军舰只能从海军部估计德国军舰可能采取的众多路线中选择一条来监视。另一些军舰则离主战场近得多。"拉米利斯"号接到海军部的电报后就丢下 HX127 护航船队，以 8 节的龟速参与猎杀德国舰队的行动。如果这艘老旧的战列舰按照命令要求提速至 18 节，就必须快速提高锅炉的蒸汽压力，从而喷吐出在很远的距离上都清晰可辨的大团烟云。舰长里德（Read）上校曾经对许多采取这种做法的商船提出严厉批评，因为这些烟雾很容易被敌人的潜艇发现。如今自己也不得不采取同样做法，他意识到货船上的许多船长正在暗地里发笑。但命令就是命令，而海军部显然接受了有关风险。

　　海军部接受的风险还不止于此。包括威克 – 沃克的巡洋舰以及巡洋舰"爱丁堡"号和"伦敦"号在内，许多被从其他任务中抽调出来参与追击德国分舰队的军舰都接到了不惜一切代价找到"俾斯麦"号的命令。一旦与敌人发生接触，就要尽可能长久地跟踪这艘德国战列舰，即使这些英国军舰因此耗尽燃油、在浩瀚的大西洋上动弹不得也在所不惜。[10]

　　吕特晏斯决定改变航向并减速时，局势发生了变化。威克 – 沃克以尽可能快的速度报告了德国舰队的动向。在此之前，托维面临的形势看起来一直毫无希望，但是突然之间，成功的希望就明显增加。如果"俾斯麦"号保持她的最新航向，那么托维就有可能用"英王乔治五世"号和"反击"号拦截她。虽然德国人的航向和速度变化可能是暂时的，因此机会仍然远不算好，但至少出现了机会。托维和吕特晏斯之间的距离每过一小时都在缩短。另外，托维还有一张牌可打。"胜利"号搭载的鱼雷机有可能击伤"俾斯麦"号，从而使她减速。只不过天气并不适合航空兵活动，更何况"胜利"号的空勤人员训练水平糟糕。而且，此时和德国战列舰的距离还远得很，这就使任务更显艰难。但是，恶劣的天气也增加了另一种风险：在托维的主力舰追上"俾斯麦"号之前，他可能失去与这艘敌舰的接触。要是没有"萨福克"号的雷达，英国人几乎不可能跟踪德国分舰队。所以虽然空袭把握不大，还是必须让"胜利"号的鱼雷机尝试一下。[11]

　　要想发动空袭，必须先让"胜利"号脱离舰队，向西南方向航行，同时托维的主力继续向西南偏南方向航行。实施这样的分头行动主要是因为军舰和飞机在速度和续航能力上差异很大。飞机的速度当然比军舰快得多，但是它们的航程有限。"胜利"号如果向西南航行，就会经过德国分舰队后方，接近到足以让飞机能攻击"俾斯麦"号的程度。但是让"英王乔治五世"号和"反击"号按同样的方向航行是不可能的，因为这样一来她们就没有任何机会截住德国舰队，除非后者在空袭中严重受损。

这样的决策存在一个显而易见的缺点。"胜利"号也许无法在 5 月 25 日接近到足以对德国舰队实施空袭的位置。更糟糕的是，万一与德国分舰队失去接触，她的侦察机也将因为距离太远而无法发挥侦查作用。不过，托维还是决定冒一下险。临近 16 时，4 艘巡洋舰"加拉蒂亚"号（Galatea）、"欧若拉"号（Aurora）、"肯尼亚"号（Kenya）和"赫尔弥俄涅"号（Hermione）与"胜利"号一起脱离大队行动，这些舰船全都归第 2 巡洋舰分队指挥官柯蒂斯（Curteis）少将指挥。[12]

在这一阶段，除"英王乔治五世"号外，托维不能对他的战列舰和战列巡洋舰有过多期待。他很清楚"反击"号和"拉米利斯"号的缺陷，而"罗德尼"号还离得太远。H 舰队当然就离得更远了。如果"胜利"号发起的空袭没有得手，或者威克－沃克失去了接触，那么与"俾斯麦"号交战的希望就基本上全落空了。

威克－沃克和他的分舰队仍然扮演着至关重要的角色。他不仅需要与德国人保持接触，还必须确保自己的舰船不被德国人突袭。在这样恶劣的天气下，雷达性能较差的"诺福克"号很容易与德舰失去接触，被突然袭击打个措手不及。13 时 30 分，威克－沃克命令"诺福克"号做一个 360 度的转弯机动，使她位于另两艘英舰后方三到四海里处。这个决定的意义在大约 40 分钟后体现，当时吕特晏斯试图让"欧根亲王"号脱队，于是"俾斯麦"号突然出现在了距离"诺福克"号只有 8 海里的位置。在前文已经提到，此后"俾斯麦"号立即掉头向东，"诺福克"号又与她失去接触，但这一次雷达仍能提供有力帮助的"萨福克"号将敌舰动向通知了同伴。因此"诺福克"号没有再遭惊吓。[13]

除威克－沃克舰队的雷达和瞭望员外，侦察机也在执行监视任务。飞机的优点是可以在德国人无法反击的距离上盯梢。另一方面，威克－沃克却必须小心地进行机动，在被敌人炮击和失去接触这两种风险之间取得平衡。变幻无常的天气进一步增加了难度，因为能见度在上一分钟和下一分钟都会显著不同。[14]午后不久，此前一直监视着德国人的一架"哈德逊"式飞机返航，由一架从冰岛起飞的"卡特琳娜"式飞机接替。糟糕的是这架"卡特琳娜"的发动机出了毛病，两个小时后不得不中止任务。

这一系列事件发生时，威克－沃克抽出时间反复思考海军部询问他是否打算用"威尔士亲王"号再次挑战德国人的电报。他相当确定的是，托维倾向于在"英王乔治五世"号和"反击"号赶到前避免战斗，"胜利"号的鱼雷机也只是为防万一的后招。然而，海军部似乎与托维持不同意见。威克－沃克肯定曾无数次怀疑自己是否过于谨慎和保守。他掌握的信息暗示海军部也有这样的想法，否则他们就不会发出那份电报。

于是威克－沃克决定采用折中方案。用他手头的舰船与"俾斯麦"号和"欧根亲王"号进行海战显得太鲁莽，但他或许可以"惹毛"敌人，让他们追击英国舰队，从而把吕特晏斯引到离托维更近的地方。他命令"萨福克"号离开自己在右翼的阵位并靠近"诺福克"号，而"威尔士亲王"号则提高航速，在巡洋舰前方占位。威克－沃克的航海参谋提出反对，强调这样的阵型会增加跟踪敌人的难度，但是他的意见被舰队司令否决了。威克－沃克希望自己的舰队以密集队形机动。[15]这样就没有人能指责他缺乏攻击精神了。

就这样，海军部的质询无意中帮了吕特晏斯的忙，因为他在19时14分决定再做一次让"欧根亲王"号离队的尝试。在"欧根亲王"号上，布林克曼上校对自己的通信长口授了一则讯息。他打算建议吕特晏斯，先让分舰队把英国追踪者引入德国潜艇布下的陷阱里，如果甩掉了敌舰，再与"贝尔兴"号和"洛林"号会合加油。如果这个计划没能达到预期效果，那么他建议向南航行，同时指示油轮"埃索汉堡"号和"斯皮舍朗"号（Spichern）北上与德国战舰会合。

但是，布林克曼的消息根本没有发出去。因为通信长突然向他报告："舰队司令通知'欧根亲王'号……"

用不着听完消息，布林克曼就明白了它的内容。"俾斯麦"号已经开始向右转弯，而她前部的炮塔也开始转向敌舰所在的方向。

"……执行'胡德'！"通信长说完了讯息。

　　"欧根亲王"号在"俾斯麦"号做急转弯时加速到31节。在"萨福克"号上，雷达屏幕突然显示与德国战列舰的距离急剧缩短。埃利斯迅速命令舵手向左急转，同时命令轮机舱将速度提到最大。最后一刻的这个机动救了这艘英国巡洋舰，"俾斯麦"号38厘米主炮的炮弹在离她近得令人不安的地方落入水中。"萨福克"自己的主炮转向舰艉还击时，B炮塔的炮口暴风震碎了舰桥的窗户。好在糟糕的能见度限制了"俾斯麦"号的射击精度。"威尔士亲王"号加速赶来支援己方巡洋舰，但两艘战列舰只进行了短暂交火，双方均一炮未中。[16]

　　在趁着这阵混乱成功躲过探测的"欧根亲王"号上，舰员们能够听到"俾斯麦"号主炮发出的巨响，很快又听到了更远处敌人还击的炮声。许多没有要紧工作的人聚集到船舷边眺望这场战斗。他们只是短暂地看到了"俾斯麦"号在地平线上的黑色身影，看见几团炮口闪光和棕色烟云升腾而起并变为深灰色。接着这艘战列舰就消失在一团雨飑后面。

　　"我们的大哥走了，"雅斯佩尔在舰桥里说。"我们将会非常非常想念他。"[17]他们再也不会见到"俾斯麦"号了。

空　袭

　　吕特晏斯和威克－沃克的短暂交手没有造成任何伤亡或损失，却改变了局势。变化之一就是"欧根亲王"号成功离开旗舰，甩掉了英国追踪者。在只有一艘船需要机动的情况下，吕特晏斯躲过追击的机会也增加了。但最根本的变化和威克－沃克的部署有关。他接到报告说，将要进入的海域有大量德国潜艇活动。因此他命令自己的舰队走"之"字形航线，以尽量降低遭雷击的风险。此外，威克－沃克也没有让"萨福克"号回到她原先在右翼的阵位。事实上，他始终让"萨福克"号与旗舰保持近距离，以防"俾斯麦"号再度攻击。因此，"俾斯麦"号右后方的扇区就没有英国舰船监视了。

　　5月24日20时30分，威克－沃克接到海军部的电报，通知他"胜利"号在22时以后随时可能发动空袭。收到这份电报时，他恰好与"俾斯麦"号失去了接触，而且到空袭预计要发动的时候仍然没有重新建立接触。随着时间一分钟一分钟地过去，始终看不到德国军舰，英国舰队中的气氛也越来越紧张，不过好在空袭时间被推迟了。23时30分，英军终于又观察到"俾斯麦"号，"诺福克"号报告说，这艘德国战列舰正在其前方约11海里外航行。[1]

　　与此同时，"胜利"号正在准备一次近乎孤注一掷的空袭。她将要出动的是"剑鱼"式飞机，这种飞机因为采用双翼结构，经常被形容为从逝去的年代流传下来的古董，而它那由帆布、钢丝和支柱组成的机身又加深了人们的这种印象。不过这种看法还是过于武断，因为"剑鱼"式飞机其实有着许多优点。它们身兼鱼雷机、侦察机和校射机这三种角色。"剑鱼"能够克服非常不利的气象条件，而它们的空气动力学特性对于即将实施的这次攻击是不可或缺的。

　　攻击机群由9架"剑鱼"组成，领队是中队长尤金·埃斯蒙德（Eugene Esmonde）少校。他1928年加入皇家空军，担任战斗机飞行员，但是在从军五年后，他开始驾驶往澳大利亚运送邮件和旅客的飞机。随着第二次世界大战爆发，他成为第825"剑鱼"机中队的队长。作为指挥官,埃斯蒙德以大胆果断而著称,他非常适合即将实施的这个任务。

攻击机群分为三队。埃斯蒙德自己指挥一队,海军鱼雷学校的前教官珀西·吉克(Percy Gick)上尉和波拉德(Pollard)上尉指挥另两队,其中后者因为出了名的游手好闲,按照海军传统得了个"快手"的绰号。出击的飞行员中,只有他们三个有执行类似任务的经验。其他人基本上不具备执行这个任务所需的经验和训练水平。其中许多人直到五天前才第一次驾机在航母上降落,而且除三个队长之外,没有一个人练习过编队鱼雷攻击。

尽管如此,这些飞行员在接到命令时还是努力摆出了一副自信的派头。他们将要在呼啸的狂风中从航母甲板上起飞,飞行160千米,然后借着渐暗的日光攻击敌舰。然后,如果他们在敌人的高射炮火中保住性命,还要飞回"胜利"号,在黑暗中把他们的飞机降落在甲板上。在勇敢的表情掩饰下,他们深知这很有可能是一次有去无回的任务。

9架"剑鱼"式飞机被运到飞行甲板上。"剑鱼"能够在低速下产生相当大的升力,因此强风儿乎让它们在无人操纵的情况下就腾空离开甲板。维护人员不得不固定住这些飞机,让机组员登机。发动机突突叫着发动起来。黑烟刚从排气管冒出,就被强风吹散。很快埃斯蒙德就表示自己做好了起飞准备。他的鱼雷机在飞行甲板上疾驰而前,很快就飞上了天空。其他飞机也纷纷仿效。所有人的起飞都很成功。埃斯蒙德集结起他的机队,向西南方向飞去。不久这些飞机就消失在一团雨飚中。时钟显示,此时5月24日还剩下一个小时,随着"剑鱼"的噪声逐渐消失,又有3架"管鼻鹱"式飞机从"胜利"号起飞。它们将追随埃斯蒙德的机队,并报告自己看到的情况。

在西方远处,美国海岸警卫队的巡逻艇"莫多克人"号(Modoc)正在劈波斩浪,搜寻HX126护航船队的幸存者。她没有找到任何水手,只看到空无一人的救生艇和小筏子。这是一次单调乏味的航行,船员们都感觉无聊得要命,不过很快他们就会如愿以偿地看到一些变故。"胡德"号爆炸沉没的消息已经传到了这艘美国船上。他们是通过监听无线电通信以及与英国护卫舰"筷子芥"(Arabis)短暂交流了解到这个情报的。"莫多克人"号的船员们也意识到,"俾斯麦”号和“欧根亲王”号就在离他们不远的地方。尽管如此，“俾斯麦”号的威武身影突然在倾盆大雨中显现时，还是在“莫多克人”号上引起一场大骚动。没有重要任务的水手们纷纷跑到甲板上。就在他们观察这艘德国最大的战舰时，他们也发现地平线上出现了几个小黑点。他们怀着惊慌和喜悦参半的心情，注视着埃斯蒙德的双翼飞机慢慢穿过云层，以一种令人不快的坚决态度接近这艘美国船。

虽然能见度很差，埃斯蒙德还是以相当高的精确度完成了领航，直到代表敌舰的光点几乎和预计时间分毫不差地出现在机载雷达屏幕上。在短短的一瞬间，他甚至能从云层的间隙中看见“俾斯麦”号。不过此后他很快又失去目标。埃斯蒙德不得不率领他的“剑鱼”编队降到云层下，以便向跟踪德国战列舰的英国巡洋舰寻求帮助。他找到了威克－沃克的旗舰，后者通过信号告诉他，“俾斯麦”号在其舰首右舷方向12海里处。于是“剑鱼”朝着指示的方向转弯，同时再次飞进漫天雨云中。不久雷达屏幕上就出现了回波，埃斯蒙德随即发出攻击命令。机队穿云而下，机动到攻击位置，但这时却出了差错。这些英国飞机飞向一艘船，可是她看起来实在太小了。而且，她似乎显得出奇的平静。说实在的，这样一艘小巧而安静的船怎么也不像“俾斯麦”号或“欧根亲王”号。在最后关头，埃斯蒙德终于意识到自己将要铸成大错，赶紧向其他飞机发出了新的命令。

与看到“莫多克人”号之前就知晓其存在的德国人不同，英国飞行员对她一无所知。虽然英国飞行员及时终止了对这艘无辜美国船只的攻击，但他们的错误还是造成了不良后果。英国飞机朝“莫多克人”号俯冲时，“俾斯麦”号上有人看到它们，并提醒了舰上的高射炮手。

随着星期五结束、星期六到来，埃斯蒙德的机队开始逼近“俾斯麦”号。此时天空仍未变暗，但暮色正从东方快速接近。米伦海姆－雷希贝格正在“俾斯麦”号的舰艉射击控制塔里。

一些两两成对的飞机正在从舰首左舷方向接近。它们在一层乌云下方飞近，我们能够清楚地看见它们组成了攻击队形。［……］空袭警报！几秒钟内，“俾斯麦"号上的每一门高射炮都做好了战斗准备。那些飞机一架接着一架朝我们冲来，一共是9架"剑鱼"，机身下都挂着鱼雷。[2]

埃斯蒙德原本打算掠过这艘战列舰的舰首，然后带着他的三机小队转弯，从右舷发起攻击，但是"俾斯麦"号的炮火很猛烈，飞机方向舵中弹。虽然飞机仍可操纵，但埃斯蒙德意识到趁它还能飞的时候发起攻击比较明智。[3]

随着这三架飞机逐渐接近，"俾斯麦"号上几乎每一根炮管都开了火。从口径较小的高射炮喷射出的曳光弹纷纷飞向这几架双翼机。38厘米大口径炮弹落入海中，激起的巨大的水柱足以撕碎任何飞入其中的飞机。大口径火炮的齐射一次接着一次，但每次水柱落下时，都能看到那三架"剑鱼"式飞机仍在空中，而且离这艘战列舰又近了一些。

三架飞机无一被击落的事实看似难以理解，但实际上有多个因素使炮手的任务复杂化，也使飞机成为难以击中的目标。首先，高爆炮弹都被设定为在飞行一段时间后引爆。装定炮弹信管时，炮手会随着攻击的飞机越飞越近，把时间设定得越来越短。这个过程意味着，炮弹起爆前所要经过的时间应该随着飞机与战列舰距离的缩短而缩短。德国人并没有意识到"剑鱼"式飞机飞得有多慢，结果大部分炮弹都在过近的距离上起爆。因此，"剑鱼"式飞机缓慢的速度在这种情况下反而成了优点。另一个帮助了英国人的因素是汹涌的海浪，它增加了高射炮手的射击难度，"俾斯麦"号为躲避敌人将要射出的鱼雷而开始做"之"字形机动时，火炮的瞄准就变得更复杂了。

在"俾斯麦"号的露天桥楼上，林德曼指导着防空战斗。他直接向舵手汉斯·汉森（Hans Hansen）下士下令。林德曼不需要望远镜就能看到埃斯蒙德的机队如何投下鱼雷。他命令汉森向右急转，结果第一队飞机的鱼雷全都在"俾斯麦"号的舰首左侧擦了过去。

第二队飞机紧跟着埃斯蒙德的小队发起攻击。"我们在仅比海平面高一点的高度上接敌，"莱斯·塞耶（Les Sayer）中尉回忆说，他当时是吉克上尉飞机上的观察员。"他们朝我们射击，但我们接近时幸运地没有中弹。"

由于汉森的右转，"俾斯麦"号的姿态发生改变，吉克的小队突然发现自已是在从这艘战列舰的右舷接近。吉克的战友都选择继续攻击，但吉克认为攻击角度太不理想，便掉转机头想再作一次尝试。"那时我想：要死了！"塞耶回忆。"我们已经闯了一次鬼门关，现在还要再来一次。"

吉克转弯离开时，他小队里的另两架飞机继续向前，投下鱼雷。汉森看到了它们，但此时各种武器射击的噪声震耳欲聋，他已经听不到林德曼在说什么了。他自己主动操纵军舰又做了一次转弯。[4]

此时德国人的注意力转移到第三个小队上，这一队的飞机已经减少到 2 架，因为有 1 架在云层中迷航了。它们在德国战列舰前方兜了个大圈。一架飞机转弯后从舰首左舷方向发起攻击。另一架飞机在"俾斯麦"号前方掠过，然后做了个"剑鱼"的性能所允许的最急转弯，从右舷方向接近。

汉森又成功避开了这次攻击，但是德国人没有看见，吉克在最初的攻击失败之后画了个半圆，此时又卷土重来。他在极低的高度飞行。起落架几乎碰到海浪，夕阳就在他身后。这一次他感觉有十足的把握命中目标。"我们以大约 170 千米的时速接近，贴着海面飞行，"塞耶回忆说。"没有人看到我们，也没有任何炮火瞄准我们。"[5]

投下鱼雷后，"剑鱼"立刻转弯脱离。吉克和塞耶奋力逃出德军火炮射程时，他们欣喜地看到那艘战列舰的右舷腾起一条高高的水柱。"我看到了我们料想的命中场面，"塞耶回忆，"从船身旁边升起一条巨大的水柱。那是我们干的，我想。是我们命中了目标。"[6]

鱼雷爆炸时震撼全舰的冲击波使士官库尔特·基希贝格（Kurt Kirchberg）重重地撞在舱壁上，当场身亡。还有五个水兵因为骨折被送进医院。"鱼雷击中了我们的右舷，"齐默尔曼下士回忆，"在锅炉舱里，螺栓和螺母被震飞后四处反弹，力道足以杀人。"[7]

下层甲板上的一个水兵被冲击波甩出了好几米。他昏昏沉沉地爬起身来，听到大管轮镇定地问他："布迪希（Budich），你这么着急是要去哪儿？"[8]

随着英国飞机急速向东飞回"胜利"号，"俾斯麦"号的主炮打了最后几次齐射。有一发炮弹在吉克的飞机下方击中水面，强大的冲击波在机身底部撕开一个大洞。"我们肯定是飞到了一个水柱的外围，"塞耶说，"它扯掉了一部分帆布。飞机本身没有受到什么严重的损伤。只是我们突然发现可以在自己的两脚之间看到海面了"[9]。

此时英国飞行员们还没有脱离险境。虽然他们已经飞出"俾斯麦"号的火炮射程,但他们还必须在黑暗中完成一段危机四伏的飞行,然后安全降落到航母的甲板上。在这个经度上,按照德英双方的舰船及飞机上设定的时钟,黄昏会在零点之后来临。"胜利"号上的无线电导航台出了毛病,博弗尔上校不顾德国潜艇的威胁,决定打开探照灯照射云层,以帮助飞行员们找到母舰。柯蒂斯少将命令他关闭探照灯时,博弗尔假装自己没有明白对方的信号。柯蒂斯不得不用更严厉的语气发出另一通信号,这才让博弗尔服从了命令。不过,博弗尔还是间歇性地用航母上功率最大的信号灯打出闪光。

埃斯蒙德没有看到"胜利"号发出的光束。他的中队错过了舰队所在的位置。不久他们就明显看出自己飞过头了。于是埃斯蒙德和其他飞行员不得不做180°转弯,飞向他们估计能够找到航母的区域。他们在黑暗中苦苦挣扎,最后终于看到一束亮光,并发现那是柯蒂斯的巡洋舰上发出的。虽然飞行员们缺乏经验,但他们全都成功地在漆黑的夜里降落到飞行甲板上。9架飞机全都安然无恙。博弗尔和他手下的军官们如释重负,英国飞行员们也有同感,尤其是驾驶着负伤"剑鱼"的吉克。在回程的大部分时间里,他都能在机内对讲系统里听到冻僵的塞耶发出越来越绝望的声音:"我这里太冷了!"[10]

两架在1时起飞的"管鼻鹱"式飞机的运气则要差得多。它们是去接替报告空袭情况的飞机,结果这两架飞机全都迷航坠海了。36个小时之后,货船"布雷弗希尔"号(Braverhill)找到两个飞行员。另两人则永远失踪了。[11]

"已经与敌舰失去接触"

虽然那发命中目标的鱼雷并未令"俾斯麦"号受损，但这次空袭还是产生了一定后果。为躲避鱼雷，她曾提高航速并实施剧烈机动。由此造成的压力加上大口径火炮后坐产生的振动，导致舰首附近控制进水的修补部分损坏，海水再度涌入船舱。为让修理人员解决问题，"俾斯麦"号不得不将航速降到16节。[1]

除了这个问题，以及基希贝格死亡和几个水兵骨折，英军空袭的成果微乎其微。"俾斯麦"号的主装甲经受住了鱼雷的冲击。不过，德军的士气可能受到一定影响。"胡德"号的沉没无疑大大增强了"俾斯麦"号舰员的自信心，但是这次空袭向他们清晰地证明，敌人仍会紧追不舍。这一次，这艘军舰的战斗力没有被削弱，但是下一次会怎样？显然，在离"俾斯麦"号不远的地方有一艘航母，可能还伴有其他大型军舰。更糟糕的是，士官基希贝格在舰上人缘非常好，他的死无法让人忽视。虽然大家的士气还是很高，但一些谣言也迅速传播开来。"据说来袭的鱼雷机有8架被击落，"轮机兵施塔茨回忆说，"这不符合事实。光是有飞机袭击我们这一事实就让我不得不思考。也许我们终究不是永不沉没的。"[2]

黑夜掩护了"俾斯麦"号，但是天明后可能还会有空袭。20时50分，"俾斯麦"号收到了海军司令部发来的电报。司令部直到这天中午才接到"俾斯麦"号在上午发送的报告。这一次他们在电报中建议吕特晏斯先甩掉追踪者，然后在完成加油后再前往某个港口。

吕特晏斯决定不理睬这个建议。他已经命令"俾斯麦"号驶向圣纳泽尔。两个小时后的22时32分，他通知海军西方集群司令部，自己将继续按照先前的决定行动。燃油的短缺使他不得不做出这一决定。遭空袭后，舰首的问题进一步恶化，意味着这艘军舰不应该在海上作不必要的停留。或许这就是使吕特晏斯决定中止作战行动的最终因素。不过他应该走什么航线呢？如果要凭借手头的燃油到达圣纳泽尔，那么他就必须在不久之后停止向南航行。[3] 这样的决定意味着计划中的潜艇拦截线将失去意义，因此吕特晏斯通知海军西方集群司令部自己将要走前往圣纳泽尔的最短路线时，原先计划的陷阱就失去作用了。邓尼茨必须设法在通往圣纳泽尔的航线上布置新的陷阱。[4]

　　另一些问题也使德国海军司令部不得不全面反思局势。吕特晏斯在报告中出言谨慎，涉及战斗中所受损伤和燃油状况时尤甚。海军司令部的军官们估算了"俾斯麦"号上剩余的燃油量。他们是根据她离开格丁尼亚以来的航行距离、航速和出发前补充的燃油量计算的。考虑过掌握的所有信息后，他们的结论是这艘德国旗舰应该还有约 5000 吨燃油。这是一个客观的数字，或许比英国战列舰的最大燃油量还多，只不过德国人对此无法确定。有了这一结论以后，在 22时 32 分收到的吕特晏斯的电报肯定令他们吃惊不小。吕特晏斯宣布自己打算大致沿最短路线直航圣纳泽尔。为解释自己的决定，他提到了燃油短缺问题，但是没有提供任何细节。他还宣布自己无法甩掉追踪者，因为后者装备了雷达。他并未提到舰首的燃油已经无法利用。[5]

　　吕特晏斯在空袭前发送的这封电报暗示他已对甩掉英国人不抱多少希望，因此，他打算赶在英国人集结起压倒性优势的兵力发动攻击之前进入德国空军的活动范围。唯一合理的解决办法就是沿最短路线前往比斯开湾，这样的路线也能满足他节省燃油的需求。因此，吕特晏斯决定不理睬海军司令部的建议。德国海军没有任何水面战舰能够提供协助，指挥潜艇发挥作用也不容易，因为她们的速度实在太慢。此时此刻，"俾斯麦"号距离所有德国空军基地都太远，空中支援无从谈起。这艘战列舰必须再航行至少 24 小时才能进入德国飞机的掩护范围。考虑这些因素，吕特晏斯基于他掌握的情报做出这样的决定也就不奇怪了。海军司令部同意了他的意见，此后除提出一些谨慎的建议外也未作任何指示。[6]

　　托维上将从"胜利"号接到的报告让他越来越乐观。有一发鱼雷击中目标，而且空袭后"俾斯麦"号的航速降到了 22 节。用"英王乔治五世"号、"威尔士亲王"号和"反击"号同时发起攻击的机会突然不再是可望而不可即了。但托维和吕特晏斯一样，有充分的理由担心燃油问题。"反击"号和"威尔士亲王"

号很快就将难以为继。"英王乔治五世"号的燃油比较多,但余裕也不大。为托维护航的驱逐舰已经被迫在零点前后退出作战,因为她们的燃油只够让她们回港了。渐渐地,托维发现"俾斯麦"号又重新提速,而且即使那发鱼雷使她的速度有所损失,也是微乎其微的。不过,他还是有一点机会。如果"俾斯麦"号保持现有的航向和速度不变,托维可以在 5 月 25 日 9 时 30 分前后截住她。如果发生这种情况,"反击"号就可以参加战斗,否则她只能前往纽芬兰加油。[7]

英国海军部很清楚燃油短缺对英国舰队和"俾斯麦"号的影响。经过一段时间的分析,他们认为德国人在大西洋上显然安排了一些油轮,以便在海上为战舰加油。令人多少有些诧异的是,皇家海军从来没有准备过这样的应急措施,换言之,从未将英国油轮布置到预定地点为大西洋上的皇家海军战舰加油。此时临阵磨枪未免为时太晚,不过搜索德国油轮还是办得到的。于是原本被指派搜索"俾斯麦"号的巡洋舰"伦敦"号接到了另一个任务,她接到了在亚速尔群岛西南海域搜寻德国补给船的指示。[8]

严重的燃油短缺不允许英方出任何差错。威克 – 沃克的舰队必须与"俾斯麦"号保持接触。前文已经说到,他将自己的舰船排成密集队形,试图诱使吕特晏斯向东北方向航行。这次尝试失败了,但发生短暂炮战且"欧根亲王"号趁机逃脱后,他还是让自己的几艘船紧紧地靠在一起。"威尔士亲王"号位于"诺福克"号后方,而"诺福克"号前方的"萨福克"号负责继续与德国战列舰保持接触。因此,威克 – 沃克的舰队无法再对宽广正面进行搜索,在黑暗中只能完全依靠"萨福克"号和她的雷达。[9]

德国潜艇带来的威胁给这个任务进一步增加了难度,因为威克 – 沃克的舰队不得不走"之"字形航线。此外,他还需要与"俾斯麦"号保持足够的距离。"俾斯麦"号的火炮射程要大于"萨福克"号的雷达探测距离,但是只要能见度不良,埃利斯上校就敢于让自己的军舰处于对方射程内。按照此时的天气条件,精确射击几乎不可能实现,特别是在超过 20 千米的距离上。"萨福克"号基本上处于"俾斯麦"号的左后方。沿"之"字形航线行驶意味着这艘英国巡洋舰与德国战列舰的距离会交替缩短和拉长,具体取决于她是朝西南还是东南方向航行。她的位置过于偏向东面时,"俾斯麦"号就会处于她的雷达探测距离之外,

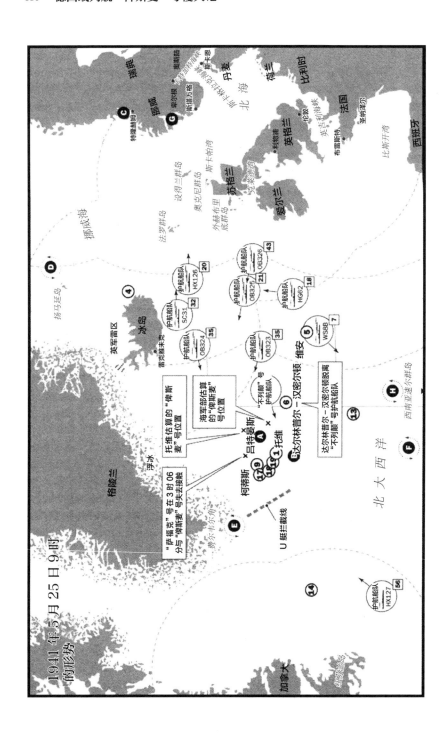

1941年5月25日9时的形势

"萨福克"号在3时06分与"俾斯麦"号失去接触

U艇拦截线

柯蒂斯　吕特晏斯　托维

托维估算的"俾斯麦"号位置

海军部估算的"俾斯麦"号位置

"不列颠"号护航船队

达尔林普尔－汉密尔顿脱离"不列颠"号护航船队

护航船队 HX126 20

护航船队 SC31 32

护航船队 OB324 35

护航船队 OB323 35

护航船队 OB335 21

护航船队 OB326 43

护航船队 HG62 18

WS88 7

护航船队 HX127 56

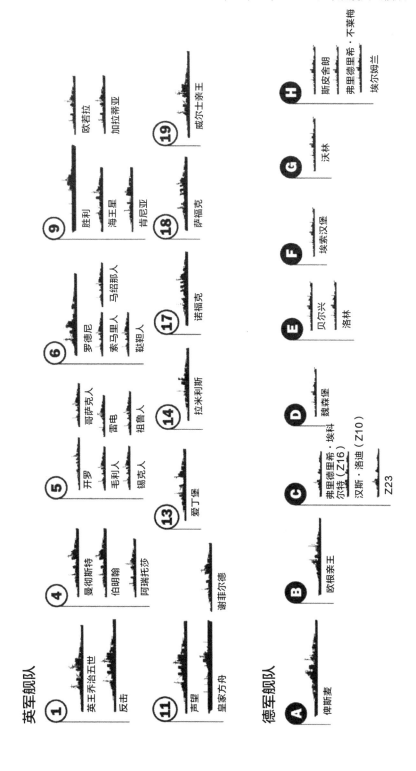

但她朝西南方向航行时，雷达就会重新接收到回波。[10]

截至此时，追踪行动已经持续很长时间，双方的军官和士兵都感到疲惫不堪。与敌舰距离拉近时，无论是德国战舰还是英国战舰，都要保持很高的警戒水平。在"萨福克"号的舰桥上，埃利斯上校从 5 月 23 日开始跟踪敌舰以来就不曾合过眼。他已经在舰桥上连续值守了 30 个小时，全靠部下持续供应的热咖啡和船医提供的药丸支撑。"萨福克"号舰桥上的其他人员们也苦不堪言，因为自家舰炮的冲击波震碎了窗户，他们只能无遮无挡地忍受北大西洋的风吹雨打。[11]

5 月 25 日 3 时 6 分，"萨福克"号向左转向，开始"之"字形航线中一段东南方向的航程，因此她与德国战列舰的距离逐渐拉大。而在不久之后，吕特晏斯下令向右大幅度转弯，从而使"俾斯麦"号变为向西航行，而英国人还在向东南方向航行，结果"俾斯麦"号驶出了他们的雷达探测范围。因为"萨福克"号此前与"俾斯麦"号的距离曾多次拉大到超过雷达探测能力的程度，所以英国人并未觉得这次有什么特别。大约半小时后，"萨福克"号向右转向，开始朝西南方向航行。埃利斯倾听着雷达操作员单调的报告，以为很快就能重新发现"俾斯麦"号。但是，时间一分一秒地过去，雷达屏幕上却没有出现任何回波。又过了 20 分钟，他开始担心情况不妙。到了 5 时左右，已经可以明显看出问题的严重性。[12]

埃利斯向威克–沃克发出信号："已经与敌舰失去接触。"

我们不清楚"俾斯麦"号的转弯究竟是吕特晏斯精明的战术机动，还是仅出于巧合而发生在"萨福克"号开始转向东南方向时。也许他并不知道敌人在走"之"字形航线，不过他的声呐操作员应该能够告诉他，右舷方向没有敌舰。无论如何，这次机动的时机是完美无缺的。转向西方后，"俾斯麦"号保持这个航向行驶了半个小时，然后提速至 27 节，并转而向北行驶。10 分钟后，她又缓缓右转，过了一段时间，她的航向就指向了东方。就这样，这艘德国战列舰从追踪者身后绕过，然后继续向东方前进。这一天恰好是吕特晏斯的 52 岁生日，甩掉难缠的追踪者应该是一件很合他心意的生日礼物。不过，他并不知道英国人失去了和他的接触。[13]

在"萨福克"号寒风凛冽的舰桥上，埃利斯必须快速做出决定。他相信要么是"俾斯麦"号向右兜了很大的圈子，从英国舰队背后溜掉了，要么是她提高航速向南逃跑了。考虑到她在失去接触前航速只有 16 节，后一种可能性是非常令人不安的。这艘德国战列舰在一个小时内可能已经多拉开了 10 海里的距离，情况非常严重，因为英国舰队在失去接触前就在很远的距离上跟着她。由于不清楚"俾斯麦"号的航向，缩短和她的距离或许是不可能的。[14]

埃利斯最初发出的讯息可能没有被威克－沃克收到。直到 18 时，他才意识到发生了什么。他随后命令舰队向西搜索，进一步远离了"俾斯麦"号的真实位置。此后威克－沃克在一个铺位上小睡，留下菲利普斯在舰桥值守。"是的，这令人失望——当然了，"菲利普斯回忆。"但这并不是世界末日。我把消息转发给了约翰·托维，以防他没有收到。然后我就再次着手寻找敌舰。"[15]

托维最初得知"俾斯麦"号逃脱追踪是在 6 时左右。当然，对他来说局势发生了大逆转，他的所有计划都被颠覆了。不幸的是，吕特晏斯有多种选择，可以驶向某个港口，也可以去找大西洋上的某艘油轮。如果他选择后者，托维相信"俾斯麦"号将会在格陵兰以西与油轮会合。如果吕特晏斯选择前往某个港口，那么他很有可能在途中遭遇某支护航船队。在东方，OB323 船队正在向西行驶。再往南去，有重要的运兵船队 WS8B。大型护航船队 HX127 正在从西南方逼近，它包括了从纽芬兰开往英国的 56 艘商船。托维决定集中力量搜索德国战列舰最后已知位置的西方。[16] 其实"俾斯麦"号此时差不多就在"英王乔治五世"号的正北方，而且吕特晏斯即将穿越托维刚刚路过的海域。不难想象，要是有人拿这个情报和托维做交易，他恐怕会不惜重金来换。双方的距离不到 100 海里，如果托维命令舰队转向 180 度，他将会在几小时内截住"俾斯麦"号。

但是这位英国海军上将没有掌握这个至关重要的情报，也无法将充足的侦察力量指派到他相信可能找到"俾斯麦"号的区域。距离足够近的舰船只有威克－沃克的那几艘。不过托维还有一张王牌可以打——"胜利"号上的飞机。中午前他将它们派出去搜索敌舰最后已知位置的北侧和东侧半圆区域。他还指示与敌舰失去接触的巡洋舰到同一海域搜索，但所有努力都是白费功夫。托维自己选择向西南方向航行，并命令"威尔士亲王"号与他会合。"反击"号因为燃油即将耗尽，不得不中止作战，前往纽芬兰。[17]

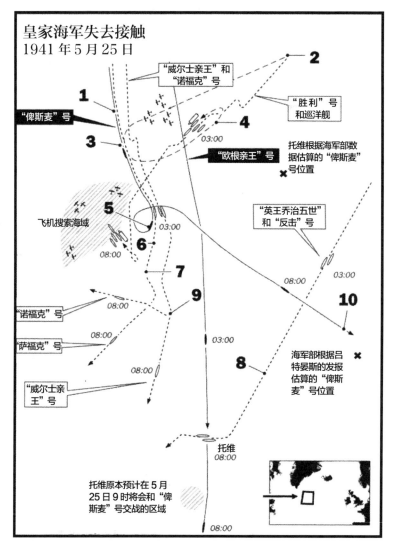

皇家海军失去接触
1941 年 5 月 25 日

"威尔士亲王"和
"诺福克"号

1

"胜利"号
和巡洋舰

"俾斯麦"号

4

3

03:00

"欧根亲王"号

托维根据海军部数
据估算的"俾斯麦"
号位置

✕

飞机搜索海域

5

"英王乔治五世"
和"反击"号

03:00

6

08:00

7

08:00

03:00

10

"诺福克"号

9

08:00

"萨福克"号

08:00

8

海军部根据吕
特晏斯的发报
估算的"俾斯
麦"号位置

✕

"威尔士亲
王"号

08:00

托维
08:00

托维原本预计在 5 月
25 日 9 时将会和"俾
斯麦"号交战的区域

08:00

1. 吕特晏斯通知海军西方集群司令部他打算驶
向圣纳泽尔

2. 埃斯蒙德的鱼雷机从"胜利"号起飞

3. 埃斯蒙德的鱼雷机攻击"俾斯麦"号

4. 埃斯蒙德的飞机返回"胜利"号

5. 吕特晏斯在 3 时 06 分开始尝试摆脱威克 –
沃克

6. "萨福克"号恢复西南航向，但是德国
战列舰没有出现在雷达屏幕上。

7. 埃利斯报告说与"俾斯麦"号失去接触

8. 托维得知与"俾斯麦"号失去接触

9. "威尔士亲王"号离队与托维会合

10. 吕特晏斯开始向海军西方集群司令部
拍发一份很长的电报

因为"俾斯麦"号做了300度的大转弯，5月25日上午她其实是朝东南方向航行的。因此她从继续朝西南方向航行的托维舰队后方穿过。双方的距离大到足以让任何瞭望员都无法看到敌舰。而托维找到敌舰的希望非常渺茫。搜索的海域是错误的，他的舰队也朝着完全错误的方向航行，结果与"俾斯麦"号的距离越拉越大，使后者在以法国港口为目标的赛跑中领先了一大段。更糟糕的是，因为有些舰船必须加油，托维的兵力也减少了。"反击"号已经开往纽芬兰。不久以后，"威尔士亲王"号也将不得不中止作战，因为她的燃油也所剩无几。托维希望将她尽可能长久地留在舰队中，但他终究必须让她离队。最终她驶向冰岛，缓慢地开往华尔峡湾。她5月27日中午到达目的地时，油舱里只剩50吨燃油了。[18]对一艘可装数千吨燃油的大船来说，这实在不能算多。

就这样，在短短几个小时里，托维先是和"俾斯麦"号失去接触，接着又不得不让两艘主力舰离队。即使找到了"俾斯麦"号，单凭"英王乔治五世号"与其作战也没有胜算。他确实可以在一定程度上依赖"拉米利斯"号，但这艘老战列舰不会给新锐的德国战列舰造成多少麻烦。"复仇"号已经在5月24日下午离开哈利法克斯，但是只要"俾斯麦"号没有真的掉头西进，她就离战场太远。如果德国战列舰开往布雷斯特，那么"罗德尼"号所在的位置正合适，但以她的航速基本上不可能迫使"俾斯麦"号接受战斗。或许把希望寄托在H舰队上要稍好一点儿。萨默维尔中将手下有很难与"俾斯麦"号匹敌的战列巡洋舰"声望"号，以及航母"皇家方舟"号。此外，萨默维尔还可以调用一些较小的战舰。给人希望的主要是那艘航母。她有可能成功搜索到"俾斯麦"号，而且如果能用鱼雷命中她，还可以降低其航速。但无论如何，种种情况都表明，托维已经输了第一回合。

神秘的电讯

5月25日中午前的几个小时，德国舰队连续多次打破无线电静默。一封带有如下内容的密码电报飞越北大西洋的天空：

敌军有雷达装备，探测距离至少为35千米，对大西洋上的作战行动已造成严重不利影响。我舰队虽有浓雾掩护，仍在丹麦海峡被发现，且敌军此后也未失去接触。虽然天气有利，但所有摆脱敌军的尝试均告失败。海上加油已不再可行，除非能够依靠优势速度远离敌军。

在20800—18000米的距离上进行了交战。"胡德"号在五分钟后爆炸沉没，随后我舰队将目标转向"英王乔治五世"号，该舰中弹后冒出黑烟逃窜，连续数小时不见踪影。我舰弹药消耗：93发。此后，"英王乔治五世"号仅在极远距离上应战。"俾斯麦"号被"英王乔治五世"号击中两弹，一发击中第13至14号舱段侧面装甲下方。一发击中第20至21号舱段，造成减速，且导致舰首下沉一度，部分燃油损失。"欧根亲王"号已借浓雾掩护，趁战列舰攻击敌舰时离队。我方雷达易出故障，射击时尤甚。[1]

这份电报是分成几段分别从"俾斯麦"号发出的。[2]它引出了许多问题，其中最根本的一个问题是吕特晏斯究竟为什么要发报。对收件方——海军西方集群司令部和海军司令部——而言，它没有包含多少新信息。即便有新的内容，对接收者也并无大用。而吕特晏斯发送电报这一事实本身就是在强烈暗示：他仍然相信英国人在跟踪他，尽管他们实际上在六个小时前就和他失去了接触。在"欧根亲王"号上，这份电报令众人惊愕不已。该舰的报务员截获了英军的大部分通信，而且电侦处人员都能破译。在布林克曼和"欧根亲王"号上的其他军官看来，英国人显然已经失去了与这艘德国战列舰的接触。他们意识到吕特晏斯并不清楚自己已经甩掉了追踪者，可他为什么不知道呢？

　　一种可能的解释是："俾斯麦"号收到了英国军舰的雷达信号。雷达是依靠发射短促的射电脉冲来工作的，这些脉冲在遇到舰船之类的物体时会被反射回去。发射脉冲的军舰可以接收到被反射的部分射电能量，从而计算出方向和距离。但是，由于辐射的能量只有极小部分会构成可被探测的回波，发射的脉冲能量必须很强。所以，对方探测到雷达波的距离要比雷达本身能够"看到"物体的距离更远。由此推断，"俾斯麦"号可能接收到了英国军舰发射的雷达脉冲，但因其回波太弱，英国军舰却无法接收到。"俾斯麦"号发送电报时，威克 – 沃克的舰队离她至少有 200 千米，而托维的舰队离她比较近。如果德国人确实探测到了雷达波，那一定是从托维的舰队发出的。[3]

　　或许我们永远也无法确定吕特晏斯相信英国人仍然保持着接触的真正原因，但是他的电报显然令海军西方集群司令部感到意外。在发送这份长电报之前，吕特晏斯曾经通过提高测向难度的短促发报方法发送了几份短电报。其中一份声称，一艘英国战列舰和两艘巡洋舰仍然与他保持着接触。这促使海军西方集群司令部发送了一份注明时间为 8 时 46 分的报告。这份电报指出，英军最新一份显示了"俾斯麦"号位置的电报注明的时间是 3 时 13 分。之后没有任何报告提到这艘德国战列舰的位置。海军西方集群司令部由此推测，英国追踪者已经失去了"俾斯麦"号的踪迹，并在给吕特晏斯的报告中强调了这一点。但是吕特晏斯似乎没有收到这份报告，因为在这份报告发送后一个多小时，他就发出了自己的那份长电报。[4]

　　吕特晏斯这份电报的危险性并不在于其内容可能被敌人了解，而在于如此长的电讯在空中传播时可能被敌人测出方位。当时英国人还无法破译德国大型舰船使用的密码，至少破译的速度不足以对作战产生任何影响。但是英国的报务员和他们的德国同行一样，能够识别出发报者的"指纹"（发报手法）。这并不是一种万无一失的方法，但英国人可以通过它判断，飞越长空的这则长长的电讯是从"俾斯麦"号上发出的。

英国人相信这份长电报可能发自与他们失去接触的战列舰时，便进行了测向定位。不幸的是，只有两个相隔不远的电台能够测定方向。这两个电台都位于英国境内。要确定发报者的位置，需要从截获信号的电台向电波传来的方向画一条直线。在理想情况下，应该从多个不同的电台画出多条直线，这些直线相交的地方就是"俾斯麦"号发报时所在的位置。因此，如果收到信号的接收者彼此之间距离很近，画出的线条就会接近平行，测向过程中的一点小误差就会严重影响总体定位精度。在理想情况下，位置合适的接收者画出的线条夹角应该接近90度，而且最好能够利用多个接收站来提高定位可靠性。但是具体到这个例子，位于冰岛或直布罗陀的电台都没有收到吕特晏斯的电报。

由于每个接收者只掌握自己获取的基本数据，包括其自身位置和无线电信号传来的方向，他们需要将这些数据转发给海军部。通常海军部会分析这些数据，然后将测得的方位通报给海上的部队。但是在海军部进行这一操作之前，托维就请求海军部只把基本数据发给他，而不必发送海军部估算的方位。这是因为本土舰队此前已经获得了两艘装备测向定位装置的驱逐舰。因此，看起来正在大洋上的托维和他的参谋们也许能够更准确地估算方位，因为本土舰队可以将海军部的数据与驱逐舰得到的数据结合起来分析。很显然，托维有条件利用多个相距遥远的接收者。但是，此时托维实际上已经失去了那两艘带有特殊装备的驱逐舰。其中一艘在离开斯卡帕湾后不久就发生了轮机故障，不得不折返，而另一艘正在前往冰岛加油。更糟糕的是，这艘驱逐舰上用于测向定位的装置也坏了。[5]

因此，托维和海军部只能分别对同一套数据进行分析。结果他们估算出了两个相距甚远的位置。事后来看，我们知道海军部估算的位置更为准确，它显示电报发送自"萨福克"号与敌人失去接触的地点东南方的某处。但是在"英王乔治五世"号上，人们得出的结论是"俾斯麦"号已经到"萨福克"号最后看到这艘德国战列舰处东方的某个位置。于是在托维看来，吕特晏斯显然是在赶往挪威南部或者德国的某个港口，他的路线将经过英伦三岛以北。在敌舰位置估算方面的分歧很快就会造成严重影响，不过托维至少可以不必再向西方搜索了。

托维转发了自己估算的"俾斯麦"号的位置，并命令本土舰队的舰船搜索他根据这个估算位置画出的一片海域。不幸的是，本土舰队中有足够燃油来执行这个命令的舰船比较少。"英王乔治五世"号至少还有50%的燃油，但其他船只的燃油大都消耗过半。最重要的一艘船是"胜利"号，因为她的飞机能够提供强大的搜索能力。自拂晓以来她一直在朝西方搜索，而此时她被命令停止这个方向的搜索。她召回了自己的飞机，但其中有一架未能返航。博弗尔决定先找到这架飞机再说。因此，"胜利"号没有立刻驶向托维指定的新海域。[6]

正如前文所述，海军部得出了不同的结论。海军部作战处的彼得·肯普（Peter Kemp）少校通过测向定位，得到了一个比托维的位置偏南的位置。两个位置的差距很大，因此两边的结论也大不相同。托维估算的位置明显是在暗示吕特晏斯在返回挪威或德国，而肯普的计算结果却明白无误地表明，"俾斯麦"号正在前往法国。两条路线分别处于大不列颠群岛的南北两面。肯普向他的上司克莱顿（Clayton）少将做了汇报，并建议立即将他的计算结果发送给托维。但克莱顿否决了肯普的提议，理由是托维有配备特殊装备的驱逐舰帮助，他的估算也许比仅靠陆上电台提供的基本数据进行的估算更准。不过在海军部内部，还是使用了肯普的计算结果。9时48分和10时54分又两次接到新的测向数据，结果都支持肯普先前的结论，即"俾斯麦"号正在驶向法国。[7]

海军部根据肯普估算的位置向H舰队下达指示，不到一小时后，又对"罗德尼"号做出了类似指示。5月25日早晨，"罗德尼"号的舰长达尔林普尔－汉密尔顿上校组织了一个临时的"行动委员会"，美国海军武官助理也参与其中。达尔林普尔－汉密尔顿是在接到威克－沃克的舰队与"俾斯麦"号失去接触的消息后，主动做出这个决定的。一天前他丢下了"不列颠"号，让后者在驱逐舰"爱斯基摩人"号（Eskimo）护航下继续西进，自己则集中精力追踪德国战列舰。委员会认为"俾斯麦"号已经在丹麦海峡的战斗中受伤，因为她在航行时留下油迹，而且可能已经降低航速。此外，"胜利"号的空袭可能加重了她的伤势。最后的结论是，她正在驶向某个法国港口，可能是圣纳泽尔或布雷斯特。这个结论的主要依据是：格陵兰和苏格兰之间的航道对"俾斯麦"号来说过于危险，而且走南线更容易获得德国飞机和潜艇的支援。此外，"沙恩霍斯特"号和"格奈森瑙"号的战斗力也许已经恢复得差不多了，这同样意味着吕特晏斯会倾向于前往法国港口。[8]

不过委员会意见不一，给达尔林普尔－汉密尔顿提供的备选方案也多种多样。但是在10时前后，这位舰长决定暂时停留在原地。如果2—3个小时内没有接到新情报，"罗德尼"号就按照"俾斯麦"号正在驶向法国港口的猜测行动。因此，海军部对"俾斯麦"号无线电波的测向定位结果来得正是时候。海军部的数据刚传到"罗德尼"号，参谋们就在海图上标记"俾斯麦"号的位置。结果表明"俾斯麦"号确实正在驶向法国，因此"罗德尼"号上的军官们接到托维要其在更偏北的区域搜索的电报时，都感到惊讶。参谋们再次验算测向结果，得出了和先前一样的结论。"俾斯麦"号正在开往法国，而海军部应该更正托维的电报。[9]

深思熟虑之后，达尔林普尔－汉密尔顿决定忽略托维的指示。参谋们在海图上画出了从"俾斯麦"号最后的已知位置到布列塔尼地区的最短路线。此时"罗德尼"号在这条线以南，达尔林普尔－汉密尔顿将航向设定为东北偏北方向，并将航速提升到21节。他希望这能使她在德国战列舰前方抢占有利位置。另一个情况也影响了达尔林普尔－汉密尔顿的决策。考虑到此时的位置，如果"俾斯麦"号是向着挪威去的，那么他的战列舰就离得太远了。但如果这艘德国战列舰驶向法国，那么"罗德尼"号就可以发挥重要作用。不久以后，11时58分，达尔林普尔－汉密尔顿接到海军部的一条命令，指示他按照敌舰驶向比斯开湾中某个港口的假设展开行动。[10]

我们不清楚托维的幕僚在测向定位时犯错的原因。[11]事后我们当然很容易看出，"英王乔治五世"号上有人搞错了，但要确定他们犯了什么错就要难得多。也许紧张、疲劳和时间压力都是原因。无论是什么造成了错误，总之它导致托维带着"英王乔治五世"号以及舰队中还没有因为缺乏燃油而退出行动的舰船向着东北方向前进。虽然这个新的方向至少比他们先前搜索的西方要好一点儿，但毕竟此时需要争分夺秒，而托维的新航向意味着"俾斯麦"号与他的距离还会拉大。

当然，海军部本可以给托维发电报纠正这个错误，但由于伦敦的军官们仍然相信托维的驱逐舰有用于测向的设备，他们并没有这样做。托维报告说自己打算搜索更偏北的海域时，海军部推测他掌握着支持这一决定的重要情报。因此伦敦的决策者们选择了等待，不过他们也派出"卡特琳娜"式飞机搜索"俾斯麦"号在前往法国时最有可能走的路线，以及她返回北海时的必经之路。[12]

在不久以后的 13 时 20 分，英国人又收到一条电讯并测定了发报方位。这条电讯发自"俾斯麦"号前往圣纳泽尔的情况下可能经过的位置。获得这个重要情报后，海军部认为自己先前的结论得到了证实。不过有趣的是，他们实际上搞错了。发出那份长电报后，吕特晏斯似乎意识到英国人已经失去了与他的接触；也许海军西方集群司令部发送的电报终于让他相信了这一点。此后他没有再发送任何电报。而被英国人截获的电讯实际上是一艘潜艇发出的，而她恰好位于"俾斯麦"号经过的海域。就这样，英国人歪打正着地确认了"俾斯麦"号正在驶向法国。[13]

威克－沃克和托维花费几个小时在错误的方向搜索时，吕特晏斯取得了相当大的领先优势。事实上，5 月 25 日中午，"俾斯麦"号和本土舰队各部的距离之大已经使托维再也不可能追上吕特晏斯，至少不可能凭他自身的力量追上。航速、距离和燃油存量都对他不利。也许他尚未意识到，此时唯有"罗德尼"号和 H 舰队还有机会在这艘德国战列舰抵达法国港口之前与其接触。因此，在"俾斯麦"号与其目的地之间只剩下两艘英国主力舰，而且她们的技术水平都不足以和这艘德国战列舰匹敌。事实上，英国人的一切希望都寄托在了航母"皇家方舟"号上。

本土舰队花费数小时在错误的海域搜索时，吕特晏斯继续朝着东南方向航行。虽然面临重重危机，但她的航行截至此时还是颇为成功的。"俾斯麦"号击沉了英国最大的战舰，又击伤了该国最先进的战舰。此后她遭遇一次空袭，但仅受轻微损伤，而且虽然舰员并不知情，但她接下来又甩掉了追踪者。只不过，原定的攻击护航船队的任务并未完成。

米伦海姆－雷希贝格走上舰桥时，满心希望能得到更多关于战局的消息。但是他失望地发现，舰桥里只有一个军官——卡尔·米哈奇（Karl Mihatsch）少校。

他是当值军官，但是对整体战局的了解并不比米伦海姆－雷希贝格多多少。不管怎样，这两人还是进行了一次小规模的战局研讨会，并且一致认为"俾斯麦"号很有可能在被英国舰队再次拖入战斗前到达某个港口。他们的这艘军舰已经大幅领先对手，而且只要航速不低于28节，西面的敌军舰队想不被进一步拉大差距都难。部署在直布罗陀的H舰队应该正在北上，它是个更严重的威胁，但萨默维尔中将要找到"俾斯麦"号也不容易。两位军官都认为，最大的威胁是英军的飞机。如果英国人在附近有一艘航母，就可能再次实施鱼雷攻击。对"俾斯麦"号来说，绝对不能遭受导致航速和机动能力下降的损伤。如果出现这种情况，西边的英国舰队就有可能追上她，而"俾斯麦"号若遭到多艘英国战舰围攻，获胜的机会将微乎其微。[14] 不过，英国皇家海军到底有没有离得够近的航母呢？

米伦海姆－雷希贝格离开舰桥时对局势更乐观了，而且他的这种情绪很快就进一步增强，因为一条好消息迅速传遍全舰：追踪者已经失去接触！然而到中午，吕特晏斯的一次讲话却使这个消息的鼓舞效果烟消云散。在正午前几分钟，吕特晏斯接到了雷德尔的一份电报。海军元帅在电报中为吕特晏斯的生日道贺，并祝愿他以后取得更多胜利。不久以后，"俾斯麦"号上的扬声器就宣布，吕特晏斯将要对舰员发表讲话。过了几分钟，遮蔽甲板和安装了扬声器的隔舱里就响起了他的声音：

战列舰"俾斯麦"号上的水兵们！你们已经为自己争得了无上光荣！战列巡洋舰"胡德"号的沉没不仅有军事意义，也有心理意义，因为她是英国的骄傲。从今以后，敌人将会想方设法集中兵力与我们交战。因此我在昨天中午让"欧根亲王"号离队，让她独自对商船开展行动。她已经成功躲过敌人的追踪。另一方面，我们因为中弹受损，已经接到前往某个法国港口的命令。在我们前往该港口的途中，敌人将会集中起来与我们交战。德国人民与你们同在，我们将战斗到炮管发红、炮弹打光为止。对我们海军官兵来说，现在面临的选择不是胜利就是死亡！[15]

或许吕特晏斯的本意是鼓舞士气，但这通演讲却起到了相反的效果。大部分舰员，尤其是年轻和缺乏经验的人，都以为这一仗已经打赢了。他们和米伦海姆－雷希贝格以及米哈奇一样，都认为只要快速航行到某个法国港口就够了。扬声器里不断向他们通报敌人的活动，而且在最近一段时间，敌人显然被远远甩在了后面，基本上没有一点缩短距离的机会。那么，为什么吕特晏斯却说要进行一场生死搏斗呢？

实际上，英国人几乎没有机会在"俾斯麦"号到达法国港口之前截住它。米伦海姆－雷希贝格不久前刚轮到值班，他留守在舰尾的射击指挥仪前，让自己的部下去听吕特晏斯讲话。虽然米伦海姆－雷希贝格自己没有听到这次演讲，但部下返回时，他立刻看出这次演讲对听众造成了不利影响。林德曼也明白吕特晏斯这次讲话的效果，便决定在一小时后自己对舰员发表讲话。他的讲话很简洁，没有提到为击沉"俾斯麦"号而正在聚集的英国舰队。相反，林德曼宣布英国人基本上不可能追上"俾斯麦"号，这艘军舰要不了多久就会到达法国港口。

林德曼的讲话多少缓解了舰员们的忧虑，随后他又启动了另一个计划，其目的至少部分肯定是为鼓舞官兵。他决定制作一个假烟囱，希望以此骗过英国飞行员，让他们把"俾斯麦"号认作英国战列舰。按照计划，这第二个烟囱将立在机库前面的飞行甲板上。此外还要把主炮塔的上表面漆成黄色。舰员们利用金属板和帆布做出一个可折叠的"烟囱"，并漆上了和这艘军舰上其他大部分表面一样的颜色。由于种种原因，这个伪装措施始终没有付诸使用，但是在制作过程中，轮机长瓦尔特·莱曼少校曾反复跑到甲板上来查看工作进展。他很佩服制作者的手艺，但还是担心这个烟囱安装到位后的模样。"我们必须保证它和真烟囱一样冒烟，"他开玩笑说。

在舰桥上，这个玩笑很快就传开了，而且有人决定做进一步的发挥。扬声器里煞有介事地传出了命令："不当班的人员去副舰长室报到领雪茄。这些雪茄要在第二个烟囱里抽。"[16]

这个笑话把舰员们逗乐了。既然负责的军官能这样开玩笑，那么局势不会太坏。但是，虽然关于假烟囱的活动让官兵们娱乐了一把，莱曼却有一个麻烦得多的机械问题要处理。命中第 14 号舱段的那一发炮弹终于开始影响这艘战列舰的机动能力。由于海水涌入，一台汽轮发电机的供水被海水污染，动力装置也可能因此受到影响。如果海水泄漏到锅炉供水中，水滴有可能随蒸汽进入主汽轮机，从而迅速毁坏汽轮机叶片。因此必须更换锅炉供水，但高压锅炉中的水非常多，这一操作需要不少时间。费了很多功夫之后，莱曼和他的部下成功地利用舰上四台冷凝器和一台辅助锅炉产出足够的锅炉供水，因此到 5 月 25 日晚上，问题已经得到有效控制。[17]

在法国，海军西方集群司令部为接待"俾斯麦"号做好了准备。随着时间一小时一小时过去，形势显得越来越光明。她已经甩掉追踪者，而破译的英军电报显示，好几艘军舰已经回头去为商船队护航了。此时尚不能确定 H 舰队是否在搜索"俾斯麦"号。萨默维尔的军舰也可能是在海上保护商船队。天气预报也令人宽慰，因为它显示大西洋东部将会刮起大风。这将给英国的航空作战，尤其是航母舰载机作战增加困难。德国空军的侦察机和轰炸机部队都接到待机命令，只要"俾斯麦"号进入德军飞机掩护范围就立即提供支援。还有五艘潜艇奉命在"俾斯麦"号的行进路线上占位。司令部希望他们能够攻击任何追踪者。在圣纳泽尔已经准备好了接收这艘战列舰的干船坞，港湾中还布置了能让她更安全地锚泊的防雷网。[18]

黄昏过后，吕特晏斯可以为全天都没有迹象表明敌人发现"俾斯麦"号而庆幸了。在 5 月 24 日，"俾斯麦"号先是与"胡德"号和"威尔士亲王"号交战，接着又与英国巡洋舰交火并遭到空袭，与之形成鲜明对比的是，5 月 25 日的白天波澜不惊，仿佛是一次和平年代的巡航。下午，吕特晏斯还收到了希特勒发来的一封电报："祝您生日快乐。"

吕特晏斯的生日和随后的夜晚都在平静中度过，但这种平静即将结束。周围的英国人还在心急火燎地寻找"俾斯麦"号，好为"胡德"号报仇。5 月 26日早晨，在一片深灰色的云层笼罩下，海面上波涛滚滚而来。10 时 30 分，扬声器里传出了警报："左舷方向有飞机！"随后防空警报就响彻全舰。

"发现战列舰"

英国人寻找"俾斯麦"号的努力还在继续，只是随着她不断向圣纳泽尔方向前进，成功的希望一小时比一小时暗淡。回头说 5 月 25 日，海军部阴差阳错地把一艘德国潜艇的电报当成"俾斯麦"号所发。虽然测向定位的结果表明这艘德国战列舰正在开往法国，但由于托维坚持在偏北的海域搜索，情况仍然扑朔迷离。另一个使情况复杂化的原因是电报发送过程中的延迟。电报首先需要加密，然后经过发送、接收和解密过程，其内容才会被接收方了解。因此，情报、报告和命令通过这套系统传送时可能会损失很多时间。而且，延迟的长短并不一致，也就是说，有时候即使一封电报的发送时间比其他电报晚，也可能先于后者被收到。这可能造成严重的误会。

14 时 30 分左右，海军部命令"罗德尼"号忽略先前德国战列舰前往法国的结论，转而按照托维的指示行动。[1] 我们未能查明这份电报的来由，但考虑到海军部已经明确将南线视作"俾斯麦"号最有可能的行动路线，这份电报确实很奇怪。也许海军部只是想缩短"罗德尼"号与托维之间的距离。不过，由于达尔林普尔－汉密尔顿已经命令"罗德尼"号向东北偏北方向前进，海军部的电报并没能使他做出任何改变，却影响了托维。

托维按照错误的计算结果行动时，又有新的测向数据被逐渐转发到他的舰队。在"英王乔治五世"号上，参谋们根据这些原始数据做了新的计算，逐渐意识到先前可能是搞错了。不久以后，15 时 30 分，关于那艘德国潜艇的测向数据也传到托维的旗舰上。这个最新的情报，加上对先前可能犯错的怀疑，促使托维得出了"俾斯麦"号实际上正在前往法国的结论，于是他将航向转到了布雷斯特的方向。但是没过多久，他又收到了海军部给"罗德尼"号的电报，内容是指示这艘军舰按照先前托维的猜测（即德国战列舰正在驶向法罗群岛以北海域）行动。于是托维放弃了他刚刚选择的指向法国的航向，命令舰队向东航行，算是在法罗群岛和法国之间作了折中。于是他选择的航向再一次拉大了他和"俾斯麦"号的距离。具有讽刺意味的是，其实这是他自己发出的命令经过延迟以后让他自食其果。

16 时 21 分，托维向海军部发报，询问对方是否相信"俾斯麦"号正在驶向法罗群岛。这封电报表明托维自己对敌情的把握并不比海军大，因此海军部考虑一番后，撤销先前给"罗德尼"号的命令。她应该重新按照"俾斯麦"号正前往法国的推测行动。不幸的是，托维为等待答复而损失了不少宝贵的时间。[2]

就在托维和海军部为澄清混乱的局面而焦头烂额时，布莱奇利庄园的密码专家也在千方百计破解"九头蛇"和"海神"密码。他们的努力没有获得任何成果，德国海军发送的电报都不能在可影响作战的时限内被破译。但是，他们也有几个重要的发现。首先，在吕特晏斯的分舰队通过丹麦海峡之后，位于法国的德国海军各指挥部发出的电报明显增多。其实原因很简单，吕特晏斯的分舰队穿过了海军北方集群司令部与海军西方集群司令部的分界线，但英国人认为这表明"俾斯麦"号正在驶向法国。5 月 25 日下午，似乎又有一个迹象印证这艘德国战列舰已将航向指向法国。虽然"超级机密"无法破解德国海军使用的密码，但能够轻松破译德国空军的电报。德空军参谋长汉斯·耶顺内克（Hans Jeschonnek）将军当时正在雅典监督德军对克里特岛的空降突击。他的一个亲属在"俾斯麦"号上实习，耶顺内克想知道他将会到达法国还是斯堪的纳维亚，便发了一份用"红色密码"加密的电报询问。[3] 布莱奇利庄园很快就破译了这份电报和回电："俾斯麦"号正在驶向某个法国港口，可能是布雷斯特。[4] 这个至关重要的情报又得到了"超级机密"的其他破译结果印证。德国空军的多份通信表明，法国境内的空军部队已经得到加强，特别是在比斯开湾地区。[5] 于是海军部接到通知：情报部门已经获得确切证据，表明"俾斯麦"号的目的地是法国港口，但这些情报的获取方式仍是最高机密。这个通知是在入夜后不久发出的，海军部 19 时 34 分通报各部队，"俾斯麦"号正在驶向法国。

虽然这个情报非常重要，但它其实并未对此战的结果造成多少影响。托维花了几个小时等待海军部的答复，在此期间他一直采取两种方案的折中路线，即向东行驶。但是在 18 时 10 分，虽然没有收到海军部的答复，他还是判断"俾斯麦"号正在驶向法国，因此将航向转到了东南偏东方向。在接到海军部确认这一决定的最终报告后，他再也没有犯过给自己拖后腿的错误。不幸的是，他截至此时所犯的错误已经让他失去了截击"俾斯麦"号的机会，这艘战列舰此时至少领先了80海里。

5月26日黎明时，还没有因燃油短缺而中止作战的英国军舰纷纷将船头指向法国。与此同时，海防司令部新派出的一架"卡特琳娜"式水上飞机朝西南方向飞进大西洋。这架飞机是在一个小时前从北爱尔兰的厄恩湖（Lake Erne）起飞的，初现的晨曦并不能令飞行员感到轻松。爱尔兰西部上空的天气非常糟糕，云底高度是30到300米不等，能见度充其量只有7000米，而且常常会下降到零。这架飞机将爱尔兰岛甩在身后，飞到大洋上空时，气象条件基本上没有改善，机组成员预计这又是一次单调乏味的巡逻。他们所能指望的最大乐事只是享用在一台小酒精炉上加热的伙食（通常由豆子和咸肉组成），或是每隔四个小时在卧铺上打一小时盹。没有人相信自己会看到一艘战列舰。

实际上，这次侦察飞行是海防司令部的指挥官弗雷德里克·鲍希尔特别要求的，当初也是他命令萨克林飞到伦敦报告，结果造成延误，让"俾斯麦"号占得先机。不过他下令执行的这一次侦察将会带来巨大收获，远不止是将功补过而已。虽然海军部的大多数军官相信，吕特晏斯已经决定沿最短路线奔向法国，很可能是布雷斯特港，但鲍希尔认为这位德国将军更有可能选择偏南的路线，以免在过于靠近大不列颠群岛的海域经过。为此，他要求派一架"卡特琳娜"式飞机在通往布雷斯特的最短路线以南搜索。海军部接受了他的要求。[6]

丹尼斯·布里格斯（Dennis Briggs）上尉是这架"卡特琳娜"的机长，但他并不是飞机上唯一的驾驶员。"卡特琳娜"式飞机能够在空中连续飞行28小时，因此至少要配备两名驾驶员才能充分发挥它出色的续航能力。布里格斯可以依靠塔克·史密斯（Tuck Smith）上尉的协助。史密斯是个美国飞行员，被派到英国帮助英国人掌握这种新型飞机。由于美国此时还不是交战国，只有极少数人知道美国飞行员参与了这样的任务。"要是国会发现了，"罗斯福曾告诉这位美国海军飞行员，"我会被弹劾的。"[7]

为避免飞入气象条件过于恶劣的空域，布里格斯和史密斯不得不多次改变

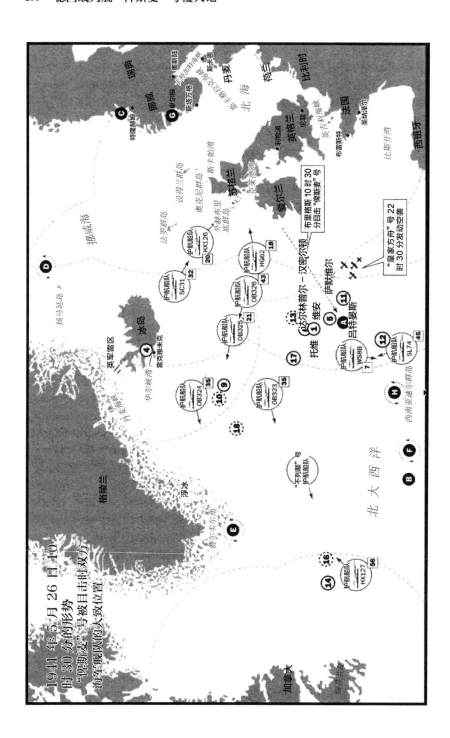

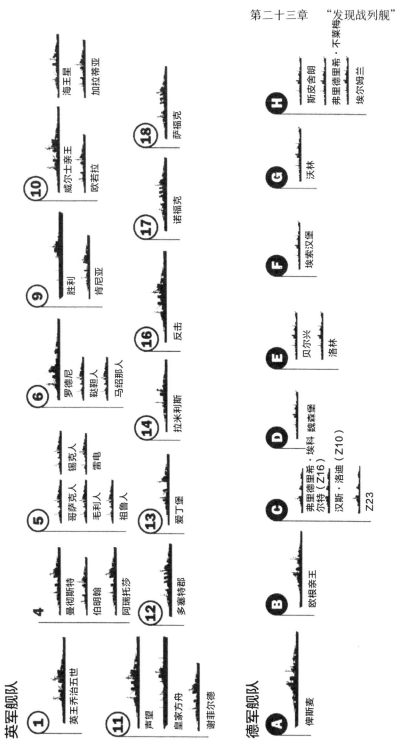

航向。能见度时好时坏，但是在 300 米以上的高度，始终没有足够好的能见度。在这样的气象条件下，找到"俾斯麦"号的机会微乎其微。[8] 但是，史密斯在这次任务中却非常幸运；事实上，他很可能完成了自战争开始以来由美国军官执行的最重要的作战行动。到达要搜索的海域后，他操纵飞机飞行了大约 15 分钟，然后透过云层的间隙发现了某样东西。"那是什么？"他问坐在自己身边的布里格斯。

布里格斯在座椅上直起身子。在他们面前，大约 7 海里外，雾霭中有一个深灰色的阴影依稀可辨。渐渐地，那个阴影呈现出一艘大型军舰的形状。那很有可能就是"俾斯麦"号。

"看起来像是战列舰，"史密斯说。

布里格斯相信那是一艘敌人的军舰。"我们得靠近看一下，"他说。"如果是英国战列舰，周围应该有护航的驱逐舰。"

"当时由于能见度的关系，精确识别是不可能的，"史密斯后来在他的报告中写道。"我立刻从'乔治'（自动驾驶仪）手上接过控制权；开始缓慢爬升并右转，让那艘船保持在飞机左侧，同时英国军官跑到机尾写接触报告。"史密斯打算利用云层掩护接近那艘船，从而在近距离进行观察。他希望尽量可靠地识别这艘船的身份。如果它是"俾斯麦"号，那么"卡特琳娜"就退到更安全的距离跟踪它。但是他误判了距离，结果靠得太近。他飞到云层中的一个缺口时，突然意识到自己的飞机正好位于这艘船的上空。

"到达 2000 英尺高度时，"史密斯写道，"我们飞出一团阴云，右后方立刻射来可怕的高射炮火。"[9]

布里格斯快速写好电文，并交给报务员。这架"卡特琳娜"式飞机从厄恩湖起飞时，按惯例装载了一些深水炸弹。史密斯匆忙甩掉这些炸弹，然后尝试用剧烈的闪避动作来躲避敌人的高射炮火。"卡特琳娜"差一点儿就被击落。一个机组成员当时正在睡觉，一发炮弹爆炸的冲击波将他猛地甩出铺位。布里格斯迅速回到驾驶舱。他刚在座位上坐下，一块弹片就击穿地板，从机顶穿出。另一个机组成员（空勤机械师）跑到驾驶舱，毫无意义地报告说，飞机被好几块弹片击中了。史密斯驾驶飞机左躲右闪，以增加敌军炮手击中目标的难度。

一次转弯时，他能清晰地看见下面哪艘船。"我看见那是一艘战列舰，就是'俾斯麦'号，"他写道。"她做了一个90度的右转弯，用舷侧火炮向我们齐射。炮火一直持续到我们飞出射程、躲进云层为止。"[10]

不久以后，报务员就发出了布里格斯的那份著名的电报："发现一艘战列舰，方向角240度。"随后是敌舰距离、敌舰航向和布里格斯自身的位置。电报的结尾是日期和时间：5月26日10时30分。避开英军监视30多个小时之后，"俾斯麦"号再次被发现。

第二次空袭

布里格斯的报告在皇家海军中间激起交杂着希望和失望的轩然大波，上至迅速转发"俾斯麦"号位置的海军部，下至参与追击的英国军舰上的每一个军官、士官和士兵。对许多人来说，这让他们明白自己无法在这次战斗中继续发挥作用。"反击"号早就已经不得不退出作战。"胜利"号、"威尔士亲王"号和"萨福克"号已经驶向冰岛去加油。在"英王乔治五世"号上，托维收到电报时心情复杂。确认了"俾斯麦"号的位置当然是好事，但是他意识到，如果"俾斯麦"号继续保持此时的航向和速度驶向法国，那么他手下的舰队是鞭长莫及的。"罗德尼"号上的达尔林普尔－汉密尔顿和"诺福克"号上的威克－沃克也和托维一样处境尴尬。

率领一支驱逐舰分队为WS8B船队护航的维安上校已经接到离开护航船队、与托维舰队会合的命令。如果他的舰队选择了更偏东的航向，那么他在几个小时前就可以和"俾斯麦"号狭路相逢。就在8时左右，他的驱逐舰穿越了吕特晏斯30分钟前刚经过的航线。而维安接到发现"俾斯麦"号的情报时，他的舰队正处于这艘德国战列舰的后方。他肯定意识到了"俾斯麦"号曾经离WS8B船队有多近。如果先前"俾斯麦"号的航速再快那么几节，这些运输船应该已经出现在她的炮口下了。维安明白，自己的驱逐舰有很大机会在这艘敌战列舰到达法国前将她截住。但是，直奔"俾斯麦"号而去意味着违背托维给他的命令，因为本土舰队的总司令此时位于维安所在位置的北方：

如果我们不理会这个命令，那么"英王乔治五世"号和"罗德尼"号这两艘战列舰（只有她们能够对敌舰实施决定性的打击）在接近敌舰时就完全没有抵御U艇攻击的护航舰了。万一这二者中任何一个中了鱼雷，只要"俾斯麦"号没有被空袭阻止，她就肯定能到达港口。很显然，我们必须选择最有可能符合总司令意图的航向；我们抱着正确理解了他意图的希望，试探着将航向转到了 "俾斯麦" 号的方向。当时必须保持严格的无线电静默，因此我们没有将这个决定通报给托维上将或其他任何人。[1]

维安将航向转到东南偏南方向，不过他还是在 "俾斯麦" 号后方保持着几小时的航程差距。

只有萨默维尔中将的 H 舰队具有拦截 "俾斯麦" 号的合理机会。萨默维尔中将是个身材高挑、性格开朗的人。他有着无法抑制的从身边一切事物中寻找好玩细节的冲动，还喜欢抓住一切机会讲黄色笑话。1940 年，他曾领受了不值得羡慕的任务：击沉奥兰港中的法国海军舰船，这次经历在他心中留下了无法治愈的伤痕，但并没有影响他指挥 H 舰队的能力。

他此时的任务要求他拿出作为水兵和指挥官的全副本领。离开直布罗陀以来，他的舰队一直冒着极其恶劣的天气向北航行。5 月 25 日上午，萨默维尔不得不命令自己的驱逐舰返回直布罗陀，但 "皇家方舟" 号和 "谢菲尔德" 号仍然陪伴着他的旗舰——战列巡洋舰 "声望" 号。此时此刻，这位舰队司令主要关心的倒不是 "俾斯麦" 号，而是 "格奈森瑙" 号和 "沙恩霍斯特" 号，因为他担心她们出海支援吕特晏斯。萨默维尔已经指示手下的一艘驱逐舰在向南航行 130 海里以后向海军部发报询问：布雷斯特的德国战列舰是否仍在其系泊处？在等待答复的过程中，他还向布雷斯特方向派出了一架侦察机。同时他也下令侦察机对自己特混舰队西北方的海域进行更为全面的搜索，希望能够找到 "俾斯麦" 号。[2]

收到海军部通报 "俾斯麦" 号位置的电报时，舰队的士气立刻为之一振。萨默维尔和其他军官意识到，这艘 "德国战列舰" 此时位于他们的西方，实际上已经进入了从 "皇家方舟" 号起飞的侦察机预定搜索的海域。这位舰队司令一度考虑撤销先前的命令，转而指示他的飞机去支援那架 "卡特琳娜"，但最终放弃了这个想法。毕竟撤销命令总是存在引发错误和误解的风险。但不久以后，他截获了布里格斯关于 "卡特琳娜" 飞机与 "俾斯麦" 号失去接触的报告。于是萨默维尔再一次考虑让他的飞机改变航向，不过还没等他这样做，他的一架侦察机就发来了鼓舞人心的消息：在比布里格斯提供的位置略微偏东的地方，发现了一艘大型战舰。由于某种原因，那架飞机的机组将那艘船识别为"欧根亲王"号，但很快另一架"剑鱼"也发出报告，并正确地将那艘船识别为"俾斯麦"号。由于两份报告提供的位置完全一致，显然它们所指的是同一艘船。不仅如此，敌舰的距离也比预料中的要近，充其量只有 60 海里左右。

萨默维尔命令"皇家方舟"号的舰长洛本·蒙德（Loben Maund）上校在侦察机着舰并挂载鱼雷后就立刻实施空袭。最后他又调整了航向，目的是让"声望"号和"谢菲尔德"号插到"俾斯麦"号和法国之间。但是在 11 时 45 分，他接到了海军部的一道命令。该命令指示萨默维尔，只有在"英王乔治五世"号或"罗德尼"号已经与"俾斯麦"号交战的情况下，才可以让"声望"号参战。这艘高龄列巡洋舰的防护显然不足以抵挡"俾斯麦"号主炮的直接命中。海军部希望避免重蹈丹麦海峡战斗的覆辙。于是萨默维尔改变计划，不过他还是派出"谢菲尔德"号跟踪德国战列舰，等待正在奋力赶来的托维。另一方面，萨默维尔把一切赌注都押在空袭上。"谢菲尔德"号通过信号灯接到指示，却没有转发给"皇家方舟"号。"声望"号上还发出一封密码电报，向托维和海军部报告 H 舰队的行动。这份电报也发给了"皇家方舟"号，但不是作为加急电报，而只是作为一般通信。因此，"皇家方舟"号的报务员没有急着给电报解密。于是蒙德并不知道"谢菲尔德"号可能会出现在离"俾斯麦"号不远的地方。

与此同时，蒙德的飞机正冒着大风大浪在"皇家方舟"号上降落。飞行甲板随着这艘航母在大浪中的起伏忽上忽下。大部分飞行员都驾驶飞机成功着舰，但是有一个人对海浪做出误判。这位飞行员没有在飞行甲板下沉的时候完成着舰，结果降落时突然看到飞行甲板朝自己冲过来。剧烈的撞击折断了起落架，飞机沿着甲板滑行时分崩离析。好在所有机组成员都活了下来，飞机的残骸则被推进大海。

很快，空袭准备就如火如荼地展开。斯图尔特－穆尔（Stewart-Moore）少校领受了这个危险的任务。起飞过程将比执行侦察任务时更困难，因为飞机要携带沉重的鱼雷，而天气没有丝毫改善的迹象。此外，他们还必须穿过由大口径火炮和小口径高射炮编织的密集火网进行攻击。不过埃斯蒙德的飞机无一被击落，这个事实至少能让飞行员们感到一点宽慰。他们并不担心会误击友舰，因为上级已经告诉他们，那个海域的战舰不是"俾斯麦"号，就是"欧根亲王"号。此外，第 820 中队的飞行员都是在地中海经受过战火洗礼的老兵。因为对于敌舰的身份仍然有一点不确定，他们决定将鱼雷的定深从 10 米减为 8 米，确保磁性引信对这两个潜在目标的任何一个都能起作用。[3]

临近 15 时，攻击机队从"皇家方舟"号起飞。虽然天气恶劣，但所有飞机的起飞都非常顺利。蒙德目送它们消失在云层中。这些飞机起飞后就打开机载雷达，扫描前方的海面。不出 30 分钟，他们就收到了一艘船产生的回波。它与萨默维尔舰队的距离比预计的近了差不多 30 千米，但是既然这片海域没有英国舰船，斯图尔特－穆尔便决定发起攻击。20 分钟后，15 架"剑鱼"式飞机向着海面俯冲，从多个方向进行协同攻击。[4] 很快飞行员们就看到雨幕后显现的一个巨大阴影，那是一艘在雨中显得特别大的军舰。

这是一次教科书式的攻击。高度和速度都准确，攻击角度也合适。敌人肯定完全出乎意料，因为那艘船一直没有开火。领头的飞行员透过风镜注视着目标。随着距离迅速缩短，那艘船变得越来越大。渐渐地，它灰色的身影上现出了各种细节：舰炮、桅杆、舷缘、楼梯，还有甲板上跑动的人。飞行员投下了鱼雷，并感觉到随着鱼雷的重量消失，飞机猛然上扬。

但是有什么地方不对劲。目标突然间显得是那么熟悉。就在"剑鱼"的机头即将抬起、那艘船将要消失在身下的时候，飞行员清清楚楚地看到了站在高射炮旁边的炮手。为什么他们没有还击？

这艘船有两个烟囱！

在"谢菲尔德"号上，舰长拉科姆（Larcom）上校早已看到斯图尔特－穆尔的机队出现在云层下方。他知道空袭部队已经出发，因此对"剑鱼"式飞机的出现并不意外。可是这个机队却没有从"谢菲尔德"号上空掠过，反而散开队形，开始从多个方向朝"谢菲尔德"号飞来。几秒钟之后，拉科姆就明白了将要发生什么。"天哪——他们在攻击我们！"他发出惊呼。"全速前进。向左急转！"

转眼间，舰桥上乱作一团。从传声筒和内部通话系统中飞快地发出连串指令，扬声器里宣布来袭的飞机是英国飞机，禁止朝它们开火。甲板上的水兵们看到第一架飞机投下鱼雷。鱼雷消失在水下，开始朝这艘英国巡洋舰扑来。接着又有两架飞机跟随第一架飞机发起攻击，但是它们的鱼雷一碰到水面就爆炸了。"谢菲尔德"号开始奋力转弯，躲避第一发鱼雷。

就在拉科姆熟练地操舰闪避鱼雷时，其他"剑鱼"也纷纷发起攻击，只有三个机组意识到自己差点犯了大错。所有鱼雷无一命中，不过有三发在穿过"谢菲尔德"号船底后爆炸，表明这种武器存在严重问题。此时第820中队的飞行员们已经明白发生了什么，他们怀着痛苦的心情飞向"皇家方舟"号。"丢了条鱼，真抱歉，"在"剑鱼"隐入云中前，其中一个人向"谢菲尔德"号发了这样一条信息。斯图尔特－穆尔在"皇家方舟"号上降落并报告时，他对这个错误深感歉意。"这是一次完美的攻击，"他报告说。"高度正确，距离正确，云层掩护正确，速度准确，就是特么打错了船！"[5]

斯图尔特－穆尔执行他失败的攻击时，托维正带着"英王乔治五世"号继续东进。他心里清楚，以当时的条件，他已经输掉了这场赛跑。为节省为数不多的燃油，他已经降低航速，因此在他能够追上"俾斯麦"号之前，她应该早就到法国了。就在托维和他的幕僚焦急地等待着空袭报告时，左舷的一个瞭望员突然喊道："一艘船，方向角红70！"

因为一度担心远方的那艘船是"欧根亲王"号，舰员们迅速进入战位。但是随着那艘不知名舰船的上层建筑显现出来，她的身份也就不言自明了。"罗德尼"号加入了本土舰队总司令的舰队。两艘战列舰之间交流了无数讯息。其中一条询问"罗德尼"号所能达到的最大航速。托维得到的答复是22节，刚好等于"英王乔治五世"号此时的航速。托维决定继续以22节的速度航行，"罗德尼"号却逐渐但不可逆转地被甩远。最终达尔林普尔－汉密尔顿不得不表示："恐怕您的22节比我们的快。"

重新拥有两艘战列舰固然让托维感到欣慰，但作战前景依然黯淡，而他接到关于空袭的报告时，情况似乎更糟了。萨默维尔没有透露关于误击"谢菲尔德"号的任何细节，他只是简单地报告说，没有观察到"俾斯麦"号中弹。但萨默维尔还表示，如果条件允许，他打算尽快发动另一次空袭，时间可能在18时前后。托维认可了萨默维尔的报告，并指出这很可能是在"俾斯麦"号到达法国港口之前阻止她的最后一次机会。托维无法提高航速来缩短与敌舰的距离，只能满足于不被进一步甩开。如果"皇家方舟"号的飞行员不能取得令敌舰减速的战果，那么这场追击肯定就要结束了。

对吕特晏斯和"俾斯麦"号的舰员来说，布里格斯那架"卡特琳娜"飞机的出现显然意味着他们又被发现了。几个小时前，维安的驱逐舰在与托维会合途中经过他们身后时，他们曾看见地平线上的几根桅杆，但没有任何迹象表明英国水兵看见了他们。[6] 这架水上飞机就大不一样了。高射炮开了火，但是它成功避开爆炸的炮弹，很快就飞出了射程。没过多久，德国报务员就截获布里格斯的电报，并迅速交给电侦处人员。密码很快被破译，吕特晏斯获得了和英国海军部一样的情报。与此同时，瞭望员观察到那架"卡特琳娜"飞机正在安全距离上盯梢。

得知"俾斯麦"号再次遭到跟踪，大家都有些忧虑，不久之后另一架飞机出现时，忧虑更是化作沮丧。这次来的不是水上飞机，而是一架有着固定起落架的双翼飞机。此时那架"卡特琳娜"已经消失，但是新的飞机比那架水上飞机不祥得多。米伦海姆－雷希贝格立刻明白了其中的含义：

一架带轮子的飞机！如此看来，附近肯定有一艘航空母舰。在她身边应该还有其他军舰，很可能是大型军舰。会不会有巡洋舰和驱逐舰接到它的报告，和我们遭遇？在令人高兴地摆脱"萨福克"号和"诺福克"号之后，我们又要再被跟踪一次吗？

我们这些在"俾斯麦"号上的人被迫意识到，作战又进入了新的阶段。我们先是被几乎不间断地跟踪了 31 个小时，接着又有整整 31 个小时摆脱了跟踪，现在这段时间或许要永远结束了——两个阶段的小时数完全一致，好巧！这架航母舰载机真的预示着决定性的转折吗？在那些能够明白这些预兆的人中间，士气稍稍下降了一点。[7]

但是预料中的空袭并没有发生，尽管跟踪的"剑鱼"式飞机又多了一架。"俾斯麦"号继续向东前进。天气进一步恶化。短暂的阵雨浇湿了甲板，能见度在很差和几乎为零之间波动。是不是天气太差，让航空作战无法实施？很有可能是这样。或者，是不是这架跟踪的"剑鱼"式飞机和不久以后新出现的一架"卡特琳娜"飞机比挂载了鱼雷的同类飞机飞得远？如果是那样，那么航母可能也离得太远。当然，德国人根本不知道，这段喘息时间是斯图尔特－穆尔误击"谢菲尔德"号所致。随着下午结束，夜晚来临，德国人都希望不用再经受一次空袭的折磨。

18时刚过，瞭望员在舰艉方向看到一个阴影，不久就识别出它是一艘南安普顿级巡洋舰。吕特晏斯断定那是"谢菲尔德"号，H舰队肯定就在不远处。英国人的追击又一次全面展开了。

十万分之一的概率

19时，蒙德做好了让15架"剑鱼"再次尝试攻击"俾斯麦"号的准备。强劲的西北风势头不减，云底高度只比在倾斜中航行的"皇家方舟"号高出200米左右。这艘航母转向迎风方向让鱼雷机起飞时，猛烈的雨飑扫过海面。她好几次都差点失控，但最终15架飞机全都安全出发。

这一次领队的是蒂姆·库德（Tim Coode）少校，他决心不再重蹈误击"谢菲尔德"号的覆辙。从某个角度讲，对这艘英国巡洋舰的攻击也有好处。它证明了鱼雷的磁性引信存在某种缺陷。如果没有这次错误，英军飞机将会使用实际上毫无用处的鱼雷去攻击"俾斯麦"号，而不是及时换用另一种引信。另外，这一次英军没有依靠雷达搜索目标，而是让尾随敌舰的"谢菲尔德"号发送导航信号，供飞机用来寻找这艘巡洋舰。找到之后，拉科姆将会为飞行员指示目标。

库德将飞机保持在低空，一边小心翼翼地躲避头上深灰色的雨云，一边在导航信号的帮助下飞向"谢菲尔德"号。其他飞机跟在他身后，组成6个双机或三机小队。大约一个小时后，库德的观察员卡弗（Carver）上尉看到了"谢菲尔德"号，并向这艘巡洋舰发讯息询问德国战列舰的确切位置。卡弗原本在马耳他和直布罗陀之间驾驶"飓风"式战机执行任务，接到"俾斯麦"号突入大西洋的消息后，他作为预备飞行员随H舰队离开直布罗陀，不久就在一架"剑鱼"上担任库德的观察员。此时他接到拉科姆的答复："俾斯麦"号就在前方10海里处。

库德心里明白，"谢菲尔德"号上的水兵看到这15架"剑鱼"式飞机时嘴上肯定不会客气。他命令自己的机队爬升，直到被云层掩盖。糟糕的能见度不仅使这些飞机躲过了"俾斯麦"号的观察，也导致它们的队形变得散乱。爬升到云层上空的1700米高度时，它们不得不花费宝贵的几分钟时间重新整队。不过，很快攻击机队就直奔"俾斯麦"号而去。但是，没等这些飞行员看到敌战列舰，前方就出现了一团巨大的雨云。库德开始带队俯冲，准备从多个方向发起攻击时，他意识到这个战术无法奏效：

能见度很有限——只有几码左右。我看着高度表的读数下降。我们到达2000英尺时，我开始担心起来。在1500英尺时，我拿不准是否应该继续俯冲。在1000英尺时，我已经确定有些不对劲，但这时我们还是完全被云包围着。我在俯冲过程中保持着队形，直到700英尺才穿出云层，刚好已经快没有高度了。[1]

库德再次向各小队的队长发讯息；这一次他指示他们各自为战。时钟此时显示的是20时54分。

在"俾斯麦"号上，库德的机队从上空接近时，防空警报的声音立刻在全舰回荡。炮手们匆忙确认射击准备是否完成，损管团队进入待命状态。自从观察到一架"剑鱼"，大家就料到空袭会来，但因为迟迟不来，许多人已经开始希望敌人因为光线太暗而放弃攻击。

敌机发出的噪声越来越响，之后却又重新变小并逐渐消失。难道因为云层太厚，英国飞行员没有看到这艘战列舰？时间一分钟一分钟的过去，炮手们接到解除战备状态的命令时，一股如释重负的感觉传遍了全舰。但是这种感觉没能持续多久。突然间空袭警报重新响起，这一次大家几乎立刻看到了正在逼近的鱼雷机。[2]

库德的小队穿云而下时位于"俾斯麦"号前方距离很远的地方，而这将迫使他顶着大风发动攻击。因此他中断攻击，为寻找更好的攻击角度，又飞回了厚厚的乌云中。高射炮弹很快在他周围炸响，机组成员们意识到眼前的任务非常艰难。

第二小队的戈弗雷-福塞特（Godfrey-Fausset）上尉和帕蒂森（Pattison）上尉率先发难。他们曾经爬升到3000米的高度，飞机因此遭遇了结冰问题。尽管如此，这两架飞机还是机动到了攻击"俾斯麦"号的合适位置。他们在这艘战列舰的右舷正横方向降低高度，立即开始向其接近，准备投放鱼雷。与此同时，第三和第四小队的飞机也从相反方向发起攻击。

"俾斯麦"号上所有的武器都开了火，埃斯蒙德攻击时的那一幕几乎原封不动地重新上演。唯一的重要差别是，这一夜的风浪非常大。在甲板上的德国水兵看来，这些飞机仿佛一动不动地悬在空中，有的高度非常低，机轮似乎都消失在浪花中了。令人难以置信的是，没有一架飞机被击落，但是汹涌的波涛加上"俾斯麦"号的机动，确实使这些飞机成为难以瞄准的目标。有一架飞机的飞行员和机枪手都被弹片击伤，但是，虽然后来在这架飞机上数出了175个弹孔，飞行员斯旺顿（F. A. Swanton）上尉还是坚定地完成了攻击。

"后座机枪手后来告诉我，我们飞向目标时，我差点把嗓子都喊破了，"伍兹（Woods）回忆说。"也许确实是这样，但是我一点印象都没有。我只知道我们丢下'铁皮鱼'时，A4'查理'几乎凌空跃起，而我们急转掉头时，我们在空中悬停了一会儿，那一瞬间仿佛是永恒，因为每一门炮似乎都在把火力集中到我们身上。"[3]

"俾斯麦"号奋力转弯以缩小目标投影面。与此同时，又有更多鱼雷落入水中。许多舰炮朝水中射击，希望干扰鱼雷的弹道。有几次也许是干扰成功了，又或者鱼雷本来就不会命中。投射鱼雷的难度非常大，因为必须让鱼雷落在海浪的波谷中，而不能落在波峰上。如果落在波峰上，鱼雷的航向就会变得飘忽不定。打头的6架飞机掉头躲避密集的炮火时，观察员和后座机枪手都看不到任何明显的命中迹象，不过后来有人声称其中一发鱼雷可能击中了目标。

第一波攻击机消失后不久，"俾斯麦"号的舰员又看到库德和他小队里的另外两架飞机一起接近目标。在他们后面稍远一点的地方，还有属于另一个小队的第四架飞机，它和自己的小队失散，所以才会跟着库德他们。于是，这艘战列舰上的高射炮和大口径火炮雷霆般的轰鸣再次响彻天空。"我们钻出云层时位于700英尺的高度，距离'俾斯麦'4000码，"一个飞行员回忆说，"她的高射炮立刻一起向我们开火。闪光的火球飞快掠过，数量多得让人又敬佩又害怕。"

小队里的第二架飞机被多次击中，但是飞机和机组成员都幸免于难，完成了投射鱼雷的操作。在第三架飞机里，约翰·莫法特（John Moffatt）上尉眼看着"俾斯麦"号在视野中逐渐变大。在他和这艘军舰之间，有许多被落海的大口径炮弹激起的水柱。它们在强风的吹拂下形成了一道水幕。他竭尽全力同时计算高度、速度、距离和瞄准提前量。这并不容易，因为五颜六色的曳光弹正从水幕后面不断射出，而炮弹爆炸的冲击波使飞机剧烈晃动。900 米是投放鱼雷的最佳距离，但是他必须避开高耸的波峰。就在莫法特怀疑自己能否真的做到时，耳机里响起一句伴着噼啪杂音的话语："我会告诉你的！我会告诉你的！"那人说。"我会告诉你什么时候放鱼雷！"

莫法特回头一看，发现他的观察员半个身子挂在飞机外面。"我没开玩笑，"莫法特后来写道。"他真的伸出去了，脑袋冲下……然后我明白了他想要干什么。"

观察员盯着下面的海浪，试图判断投射鱼雷的正确时机，"稳住……稳住！"

莫法特把注意力重新集中到正在他眼前迅速变大的战列舰上。他投放鱼雷的时间不能太晚："他一直在叫我稳住，时间拖得实在太长了。"

"稳住……放！放！"[4]

莫法特按下投弹扳机，然后立刻做出他敢做的最急的转弯，躲开对准飞机飞来的炮弹。"俾斯麦"号的所有火炮继续朝第四架飞机倾泻炮弹，火炮产生的烟雾将这艘战列舰完全笼罩，因此莫法特和他的机组成员没有看见鱼雷是否命中。

战友们纷纷返回"皇家方舟号"时，库德又回到了目标所在的海域。他几次冲出云层观察海面，但是看不到"俾斯麦"号有任何受损的迹象。他也没再看到攻击这头巨兽的"剑鱼"式飞机。于是他怀着失望的心情，指示卡弗向上级报告攻击已失败。

在"英王乔治五世"号上，托维和他的幕僚们紧张地等待着空袭的消息。夜晚迅速来临。突然报务室里传出收到电报的声音，通信参谋立刻传达了库德报告的内容："估计战果：没有命中。"

托维没有回答。他在起伏不定的旗舰上用一只手扶住以免摔倒，同时回味着这条消息。这么说，一切都是白费功夫？黎明时分，"俾斯麦"号就会进入德国空军的掩护范围，而英国军舰将不得不掉头北上，否则她们的燃油就不足以返回英国港口了。所有的参谋军官都一言不发。他们全都看着自己的司令，等待他的反应。等到托维终于有了反应，他们看到的只是他勉强挤出的一丝微笑。

他们已经竭尽所能。[5] 结果还是输了。

但是，这份报告其实为时过早。跟在库德三机小队后面几百米外的第四架飞机的观察员看见，"俾斯麦"号左舷比烟囱略靠近舰艉的地方腾起一股水柱。同一架飞机上的机枪手确定自己看见了烟雾，但不能排除烟雾来自舰炮射击的可能性。事实上，莫法特的鱼雷确实击中了"俾斯麦"号的左舷侧。

这不是唯一的命中。戈弗雷－福塞特和帕蒂森的攻击也取得了战果。右舷一门高射炮的炮长格奥尔格·赫尔佐克（Georg Herzog）下士看见这两人的"剑鱼"式飞机快速接近。英国飞行员的勇气令他惊讶。他们冒着弹雨越飞越近，而且高度低得几乎要触及浪花。没过多久，因为这两架飞机飞得太近，高射炮已经无法快速调低射角来有效射击它们了。接着英国人就投下鱼雷：一发瞄准舰艏，另一发瞄准舰艉。"俾斯麦"号向左转弯企图避开鱼雷，但是很快就响起爆炸声，赫尔佐克看到舰艉腾起一道水柱。[6] 爆炸的冲击使这艘军舰在海上剧烈起伏，全舰的水兵凡是没有抓住固定物体的都摔倒在甲板上。"俾斯麦"号的姿态刚刚稳定下来，大管轮施密特发出的"推测鱼雷击中舰艉"的消息就传到损管中心。对损伤情况的初步检查表明，鱼雷在船体底部开了一个大洞，海水急速涌入，淹没了舵机所在的隔舱。随着军舰在海上航行，海水就在船舱里来回振荡。人在舵机舱里要活下来都难，更不用说进行修理。

米伦海姆－雷希贝格在舰艉的射击控制中心里感受到了传遍全舰的冲击：

这次攻击肯定是刚一开始就结束了，舰艉发生了一次爆炸。我的心沉了下去。我瞟了一眼舵角指示器。上面显示"左舵12度"。这刚好是此时的正确读数吗？不对。它没有变化。一直显示着"左舵12度"。船向右舷倾斜得越来越厉害，我们很快就明白，她在不断地转弯。［……］我们的航速指示器还显示航速明显下降。［……］一击之下，整个世界似乎发生了不可逆转的改变。[7]

这次攻击瘫痪了这艘军舰的机动能力，由于船舵卡在一个很不利的角度，她开始不断地转弯。与此同时，她还开始向右舷严重侧倾。许多水兵都以为她要翻了，幸亏林德曼下令减速，才重新扶正船身。但是，"俾斯麦"号的处境已经在转瞬间从相对安全变为濒临毁灭。

库德最初的报告其实错了不止一处，因为所有"剑鱼"式飞机中除两架之外都将鱼雷射向了目标。有好几个飞行员因为在雨飚中丢失了"俾斯麦"号的踪迹，不得不回头去找"谢菲尔德"号，让她重新指示目标的方向。比尔（Beale）中尉就向这艘巡洋舰发出了请求重新指示方向的电报。他在电文中用了"目标"一词指代"俾斯麦"号。拉科姆忍不住在答复中嘲讽了一把："敌目标在前方10海里处。"

第六小队失去"俾斯麦"号的踪迹后也曾回到"谢菲尔德"号上空求助，但他们重新找到目标以后，却遭遇极为猛烈的炮火，因此一个飞行员在2000米距离上就投下鱼雷，另一个把鱼雷丢进海里以后就返回了"皇家方舟"号。欧文 – 史密斯（Owen–Smith）上尉从舰艉方向接近这艘战列舰，但是他发现从这个角度无法攻击。他试图机动到右舷寻找更好的位置，却惊讶地看到"俾斯麦"号在逐渐左转。这样一来，她把左舷越来越多地暴露在欧文 – 史密斯面前。于是他也投下鱼雷，然后返回母舰。

最后一个坚定地在近距离实施攻击的飞行员是比尔中尉。接到拉科姆的指示后，他兜了个大圈，从舰首方向接近"俾斯麦"号。这使他变成逆风飞行，恰好是库德希望避免的情况，但这个选择或许反而给他带来了幸运。不知是"俾斯麦"号上的瞭望员没有看到比尔，还是高射炮手们忙着对付其他目标，总之比尔机组没有遭遇任何炮火，就在仅仅高出海平面15米的高度接近了目标。随着鱼雷落入水中，这架"剑鱼"立即掉头离开。此时高射炮手们终于向比尔的飞机开火。比尔的后座机枪手用机枪扫射了几回，尽管这不可能给"俾斯麦"号造成伤害。几秒钟后，在"俾斯麦"号舰艉部腾起一股巨大的水柱。"后座机枪手在手舞足蹈，"弗兰德（Friend）中尉回忆说，"我则兴奋地把这个消息告诉比尔。他迅速驾驶'剑鱼'转弯，刚好看到水柱落下。所以，我们三个人都看到了我们的鱼雷命中目标。"[8]

"谢菲尔德"号在空袭过程中失去了与"俾斯麦"号的目视接触，但是她仍然能用自己的雷达跟踪目标。随着薄雾突然散去，舰桥上的军官们大惊失色，因为"俾斯麦"号并没有显露出他们意料中的狭窄轮廓。事实上她已经向左转弯，露出了整个舷侧。起初大家猜测这艘德国战列舰是为躲避鱼雷而转弯的，但随着她的主炮突然冒出火光，这个想法立刻被抛到九霄云外。莫非她转弯是为攻击"谢菲尔德"号？

第一次齐射偏近了 1000 多米，但是可以看到那些 38 厘米主炮又喷出新的火光。不到半分钟，"谢菲尔德"号就被许多水柱包围，这表明德国人的齐射已经夹中了它。一发炮弹爆炸后的弹片横扫这艘巡洋舰的上层建筑，击伤了 15 名高射炮手。拉科姆立刻下令急转弯，同时释放烟幕。在视野被烟幕遮盖之前，他在望远镜中最后一次看到的"俾斯麦"号正在朝西北偏北方向航行，直奔托维的主力舰队而去。

第三部

最后一夜

第二十六章

"你说的航向340度是什么意思？"托维问通信参谋。他读到电文时，眉头皱成一团。

"谢菲尔德"号的报告只比库德那份令人失望的电报稍晚一点，托维上将自然没有心情原谅粗心大意的报告。"恐怕拉科姆是加入了倒数俱乐部，"他斥责道。

托维认为拉科姆在恶劣的天气下误判了"俾斯麦"号的航向。他认为像拉科姆这样经验丰富的指挥官不应该犯这样的错误，但他也知道这种事情相当常见。另一些军官则认为报告中的航向其实是正确的，因为"俾斯麦"号可能为躲避空袭而转向。虽然众人意见不一，但是没有一个猜中真相。不久以后，又有一份电报传来，这一次发报的是跟踪敌战列舰的两架"剑鱼"式飞机之一，声称"俾斯麦"号正在向北航行，证实了拉科姆的报告。也许库德的报告是错的？或者"俾斯麦"号在空袭中被迫做了大幅度的规避机动，现在还没回到原来的航向？后一种解释似乎更合理。

尽管如此，这两份电报还是让英国人燃起新的希望，重新振作精神。报务室再次传来接收电报的响声时，几乎每个人的面部都因为紧张而抽搐起来。"敌舰驶向西北偏北方向，"这是第二架"剑鱼"式飞机的报告。没过多久，"谢菲尔德"号再次发来报告，声称"俾斯麦"号正在朝正北方向航行。[1]

莫菲吕特晏斯想在夜幕降临前用一系列闪避机动甩掉追踪者？还是说这艘军舰确实受伤了？如果是后一种情况，那么局势就发生了重大转折。"库德"的剑鱼回到"皇家方舟"号时（所有"剑鱼"都在战斗中幸存，并成功降落在倾斜的飞行甲板上），飞行员们就战斗情况做出了乐观而又令人困惑的报告。蒙德态度谨慎，不愿过快做出结论。在飞行员们刚刚实施的这类攻击行动中，各种事件都发生得非常快，而且飞行员承受的心理压力也非常大。因此，他们很难对实际情况留下正确的印象。乌云和雨飚也使飞行员们难以观察战友的攻击。最后蒙德终于感到有了把握，便向上级报告至少有一发鱼雷命中。稍后萨默维尔询问蒙德，是否打算在黑暗中再实施一次攻击，结果得到了否定的答复。但蒙德又补充说，"俾斯麦"号的舰尾右舷可能还中了第二发鱼雷。如果是这样，那么英军在"俾斯麦"号抵达港口前将其追上的机会将大大提高。

如果蒙德、萨默维尔和托维能看到此时德军这边的情况，那么他们就会感到安心得多。在"俾斯麦"号上，林德曼正在竭尽全力让他的军舰恢复正确航向。他在三条螺旋桨轴上尝试了他能想到的所有速度组合。有几次他确实把这艘军舰转到了合适的航向，但是损坏的船舵却使她重新转到迎风的北方，直奔敌军舰队而去。

在"俾斯麦"号上，从林德曼到损管团队的普通水兵，所有人都在讨论用什么办法可以修复损伤。船舵是由电动机构控制的，而舰上手动和电动的备用系统都有。但是这些系统全都没有用，修理人员也无法进入船舵旁边的隔舱，因为那里已经被水淹没。最糟糕的是，汹涌的海浪使海水在隔舱里剧烈振荡，导致进入隔舱全无可能。此时的海浪非常高，已经相当于大风暴时的程度。[2]

在损管中心里，轮机兵施塔茨看到一队潜水员在尝试修理损伤后返回。其中一个人的空气软管被锋利的物体割断，差点淹死在那里。所有人都是一副垂头丧气的样子。

"没法干，"厄尔斯中校在听过他们的报告以后说。"要是我们有 U 艇部队用的那种潜水装备就好了。"[3]

大家提出了许多建议。一种建议是干脆用炸药把船舵炸掉。因为船舵卡在很不利的角度，所以无法靠螺旋桨来转向。但是，如果炸掉船舵的话，螺旋桨也可能损坏。无论如何，大家还是认真讨论了这个建议。最终，这个建议因为狂风大浪而没能付诸实施，因为潜水员在这样恶劣的天气下无法安装炸药。事实上，有几个水兵自告奋勇，表示愿意执行纯粹自杀性的任务：把炸药绑在身上，然后游到船舵边，将自己和船舵一起炸掉。他们的提案也被否决了，因为即使在最合适的条件下，带着炸掉船舵所需数量的炸药游泳也是极其困难的。而在当时的天气条件下，进行这种尝试最有可能得到的结果是游泳者直接淹死，或者炸坏军舰的其他部分。[4]

也有人建议把一个老式的舵桨固定在右舷，抵消卡住的船舵的作用。这个提案有可能成功，但是这样的工作在严重的风浪条件下还是无法完成。[5]另一个主意是把一条潜艇固定到舰艉，依靠它的帮助来转向。这样的建议透着一种绝望感，在当时的环境下并不令人意外，而且它们基本上也都不切实际。战后，舒尔策－欣里希斯上校提出"俾斯麦"号也许可以尝试用倒着航行的方式到达法国。没有人知道这个主意是否能奏效，也不知道这艘战列舰在进行这种尝试时可以达到多高的航速。[6]

考虑各种方案之后，大家都感到不可能挽救"俾斯麦"号，至少在当时的天气条件下无计可施。吕特晏斯似乎很快就接受了等待着他自己、"俾斯麦"号和舰员们的命运。库德第一次掠过这艘军舰上空时，他已经向海军西方集群司令部发出了电报："遭到航母舰载机攻击。"11分钟以后，他就报告"鱼雷击中舰尾"，然后是"我舰已无法操舵"和"鱼雷击中舰艏"。在库德的"剑鱼"开始攻击后不到一个小时，吕特晏斯就报告说，这艘军舰已经失去控制，但是她将战斗到底。

随着夜幕迅速降临，跟踪"俾斯麦"号的剑鱼式飞机不得不返回母舰。如果"谢菲尔德"号还可以用她的雷达跟踪德国战列舰，那么这对皇家海军来说没有任何问题，但是一发炮弹的破片已经打坏了雷达。如果"俾斯麦"号上的舰员们能够把损坏的船舵修复到使这艘战列舰能继续驶向法国的程度，那么"谢菲尔德"号遭受的这个小概率的轻微损伤将严重影响作战。不过，英国人再次得到了幸运之神的青睐。

拉科姆的部下们刚刚因为雷达问题感到苦恼，一个瞭望员就喊了出来："几艘船！红15！"只见浪峰间几个桅顶时隐时现，那是维安的第5驱逐舰分队的五艘驱逐舰正在驶近。他刚好在"谢菲尔德"号与敌舰失去接触时赶到。"哥萨克人"号（Cossack）上一盏信号灯不停闪烁，请求拉科姆提供"俾斯麦"号最新的已知位置。随后这些驱逐舰散开队形以增加所能搜索的范围，向着拉科姆指示的方向开去。40分钟后，波兰驱逐舰"雷电"号（Piorun）报告说发现了德国战列舰，大约在同一时刻，最后一架跟踪"俾斯麦"号的"剑鱼"式飞机在"皇家方舟"号上降落。

此时维安自问：是应该满足于跟踪敌人呢，还是应该发起攻击？他不知道空袭的效果，决定尽量击伤"俾斯麦"号，使她的航速下降到可以在黎明时被托维追上的程度。如果他既能做到这一点，又不需要让自己的舰队冒不必要的风险，那么这还是值得一试的。

"雷电"号已经与"俾斯麦"号交火，后者的身影在东方不断接近的夜幕映衬下并不明显。不幸的是，这艘波兰驱逐舰和离它最近的姐妹舰"毛利人"号（Maori）却被西边的夕阳映照得清清楚楚，方便了德国人开火。于是维安命令她们后撤，机动到"俾斯麦"号北面发起攻击，与此同时，"哥萨克人"号、"锡克人"号（Sikh）和"祖鲁人"号（Zulu）尝试从南面接近这艘战列舰。各舰到位后将实施协同攻击。但是"雷电"号却没有转向，很快就接近到连她的小口径火炮都能打到敌舰的距离。这艘波兰驱逐舰与庞大的德国战列舰进行了短暂的交火。"毛利人"号的舰长觉得敌舰齐射的炮弹落得太近，便选择向左转弯，企图从南边攻击。

就在维安竭力让自己的舰队进入合适位置的时候，托维和他的参谋们终于明白了真实的情况。一直跟踪着"俾斯麦"号的"剑鱼"机组澄清了攻击机组的报告中许多不甚明了的地方。蒙德因此才能提供更为准确的报告，确认有多发鱼雷击中德国战列舰。更重要的是，飞行员观察到她以很低的航速兜了两个完整的圈子。从这个情报来看，显然鱼雷不仅命中了她，而且打中了非常要害的位置。这个情报在零点以前送到托维手上，印证了维安陆续发来的报告。最近的这一次空袭已经使"俾斯麦"号失去机动能力。

此时托维面临艰难的抉择。他是应该连夜攻击"俾斯麦"号，还是应该等到天亮再说？"俾斯麦"号可以把她遇到的任何舰船视作敌舰，毫无顾忌地对它们开火。但是，英军却有误击己方舰船的风险，尤其是在夜晚的混战中。而且，天气和光照条件也不利。托维身后的地平线清晰可辨，而"俾斯麦"号却很有可能得到暴风雨和低能见度的掩护。[7] 等到黎明时，协同攻击就会容易得多。

另一方面，等待也有风险。特别值得担心的是，德国战列舰上的舰员可能会修复损伤。如果"俾斯麦"号在托维等待的时候恢复了航速和机动能力，那么海军部应该会非常严厉地处分他。尽管如此，托维还是决定等待。按照他设想的计划，H舰队应该位于"俾斯麦"号的南面，以避免在即将打响的战斗中受损。与此同时，他自己将率领"英王乔治五世"号和"罗德尼"向东北偏东方向前进，确保切断敌舰前往法国的后路。他打算在黎明时做个180度的大转弯，迎头冲向敌舰。与此同时，威克－沃克应该从北面接应（他在接到空袭结果的通报后已经下令全速前进）。如果一切都按计划进行，"俾斯麦"号将会同时遭到来自四面八方的攻击。不仅如此，她还会被晨曦映照在托维的战列舰面前，方便英国炮手瞄准。

就在托维为黎明时的攻击而忙着调遣自己分散的兵力时，维安也在努力指挥自己的5艘驱逐舰发动协同攻击。由于天色越来越暗，这个任务很难完成。10—15米高的大浪拍打着这些驱逐舰，使她们在海上剧烈颠簸。她们不得不降低航速，否则甲板上的人员都会被卷进海里。能见度非常糟糕，少则不足300米，多则不过几海里，进一步增加了任务的难度。总之，客观条件不利于协同攻击。

另一个让维安的计划难以实现的因素是德国战列舰飘忽不定、无法预测的运动。在英国人看来，她的机动很难解释。起初，他们观察到她朝东南方向航行。在开始与"雷电"号交火后，这艘战列舰向左转弯，显然是为让她的所有大口径主炮都能够瞄准驱逐舰。"雷电"号随即退出战斗，躲到一道烟幕背后。"雷电"号的舰长并不知道，敌战列舰已经失控，她的运动是海浪和林德曼利用螺旋桨进行转弯尝试的结果。"雷电"号撤到足够安全的距离时，她的舰员瞥见"俾斯麦"号又在朝东南方向航行。而"锡克人"号在零点以后借助炮口火光发现"俾斯麦"号时，这艘德国军舰正驶向西北方。

这是一个非常漫长的夜晚，对"俾斯麦"号和驱逐舰上的官兵们来说都是如此。"雷电"号在零点时与这艘战列舰失去接触，而且没有再发现她，但是其他驱逐舰进行了迂回机动，得以从南面发起攻击。在夕阳最后一抹余晖的映照下，西北方可以隐约看到这艘德国战列舰的身影，而维安希望自己的驱逐舰在南边的夜幕掩盖下难以分辨。但是他的这个希望很快就破灭了，因为"俾斯麦"号的舰炮闪出火光，炮弹落点距离"哥萨克人"号极近，弹片甚至打断了她的无线电天线杆。维安迅速实施180度转弯。很快"祖鲁人"号就发现自己成为敌舰的目标。这一次，"俾斯麦"号同样在第一次齐射时就夹中了这艘驱逐舰，逼得她带着三个伤员掉头撤退。英国人断定德国人的火炮是雷达控制的，但这其实并不正确。德国的光学仪器质量极高，因此施奈德和阿尔布雷希特在能见度很差的情况下也能通过它们准确指挥射击。

"哥萨克人"号和"祖鲁人"号重整队形时，"锡克人"号的舰长斯托克斯（Stokes）中校担负起了跟踪敌舰并报告其行踪的责任。他跟踪了"俾斯麦"号半个小时，把距离缩短至4海里以下，结果"俾斯麦"号的主炮再次齐射。当时斯托克斯正准备进行一次鱼雷齐射，德军的炮火打乱了他的计划。他不得不指挥他的驱逐舰后撤，而鱼雷仍在舰上没有用掉。

此时维安已经知道"俾斯麦"号在空袭中受了伤。事实上，他自己的观察也清晰地表明，这艘战列舰并不像是在快速奔向法国港口的样子。如此一来，他实施攻击的主要原因已经变得无关紧要了。他可以选择中止攻击，满足于跟踪敌舰，等待托维的主力部队到达。但若"俾斯麦"号上的舰员成功修复船舵，她就能够避开追击了。维安决定继续攻击，但他放弃了协同攻击的方案，而是指示手下的舰长们各自寻找战机攻击。

米伦海姆－雷希贝格在他的射击控制塔里看到敌人的驱逐舰在黑暗中时隐时现：

> 我们不知道周围有多少驱逐舰。漆黑的夜色和频繁的雨飑令她们的身影无法辨认，所以我们不知道自己看到的究竟是反复出现的少数几艘驱逐舰，还是数量众多的驱逐舰。唯一清楚的是，我们可能会遭到无休无止的鱼雷攻击。一切都仰仗极高的警惕性和测距仪的完美运行。[8]

虽然截至此时，维安的攻击尚未给"俾斯麦"号造成任何破坏，还是对德国人的活动产生了不利影响。损管团队还在努力修理卡住的船舵，但"恺撒"和"多拉"炮塔不断喷吐火舌，导致任何人都无法留在舰艉甲板上。[9]

尽管放弃了协同攻击的大胆想法，但英国人在短时间内就实施了头几次鱼雷齐射。率先射出鱼雷的是"祖鲁人"号。舰长格雷厄姆（Graham）中校机动到"俾斯麦"号西北方的某个位置后，突然发现她正在朝西北偏北方向行驶。他从她的左舷侧接近，开始实施攻击。他刚把舰首指向这艘战列舰，后者的中型火炮就开了火。射击精度一如既往，准确得令人心惊。这艘驱逐舰间不容发地躲过炮弹，在大约 3000 米的距离射出 4 发鱼雷。就在此时，"俾斯麦"号再次做出古怪的机动，结果所有鱼雷都没有命中。

与此同时，"毛利人"号的舰长阿姆斯特朗（Armstrong）中校在和格雷厄姆几乎相同的位置尝试了攻击。阿姆斯特朗打出照明弹，但是只照亮了一片空旷的海面。随后，炮口的火光暴露了"俾斯麦"号的位置，于是阿姆斯特朗再次射出照明弹，这一次照亮了这艘德国战列舰。他迅速发起攻击。1 时 37 分，也就是格雷厄姆实施攻击后 15 分钟左右，2 发鱼雷离开"毛利人"号的发射管，消失在漆黑的海面上。片刻之后，这艘驱逐舰为躲避战列舰的炮弹而全速撤退时，舰员们看到在"俾斯麦"号的方向出现一团明亮的火光，他们相信这是自己的一发鱼雷命中目标后造成的。实际上，那是"毛利人"号打出的一发照明弹，它刚好落在战列舰的甲板上，引发了一场火灾。

就在"毛利人"号冲向"俾斯麦"号左舷的同时，维安从右舷发动攻击。他射出自己 4 发鱼雷中的 3 发，然后掉头后撤。"哥萨克人"号上的舰员也观察到了那发照明弹发出的火光，同样认为是自己的鱼雷命中了。在这艘驱逐舰后撤时，维安去了雷达操作员的舱室，收获了一个非常令他不舒服的发现。他看见雷达屏幕显示，有一道奇怪的回波离开"俾斯麦"号，向着"哥萨克人"号快速移动过来。

"那是什么？"维安问。

"'俾斯麦'号射出的炮弹，长官，"一个部下告诉他。"正在朝我们飞来。"

"接下来是一段令人不快的时刻，"维安后来写道，"最后炮弹扎进海里爆炸，引发剧烈震荡，激起几股看起来高耸在我们头上的巨大水柱。"[10]

在这几次几乎同时发生的攻击过后，是一段比较平静的时间。维安接到托维的命令，要求他按固定间隔打照明弹。这不仅是为了让英国主力舰队能找到"俾斯麦"号，也是因为托维怀疑驱逐舰报告的方位可能与他自己观测的不同，因为此时无法参照太阳来准确修正。他希望避免与"俾斯麦"号意外遭遇，也希望避免自己的舰船被射偏的鱼雷误中。

在驱逐舰继续攻击之前，"俾斯麦"号得到了一个小时的喘息机会。"锡克人"号在与这艘战列舰交火后失去接触，已经花了几个小时来搜索。直到2时以后，她的瞭望员才在两团雨飑之间重新观察到敌舰。这一次斯托克斯比较谨慎，在较远的距离上射出了鱼雷。这次攻击也失败了。维安在一个小时后又做了一次尝试，打光了自己的鱼雷。除因为燃油基本耗尽已经驶向英国的"雷电"号外，只有"毛利人"号还有鱼雷，但她在黎明前没能再次实施攻击。[11]

德国海军西方集群司令部原本确信"俾斯麦"号会在5月27日到达某个法国港口。但是出现一架带固定起落架的飞机以及一艘英国巡洋舰在"俾斯麦"号后方占位的消息冲淡了乐观的情绪。吕特晏斯关于空袭、鱼雷命中和无法操舰的报告更是将紧张不安变成了绝望。扎尔韦希特尔（Saalwächter）将军命令比斯开湾里所有的潜艇立即驶向"俾斯麦"号最后的已知位置。22时刚过，他就把这个消息通知给吕特晏斯，一个小时后他又下令侦察机在4时30分起飞，轰炸机在6时30分出动。他还保证油轮"埃尔姆兰"号黎明时可以从拉帕利斯起航。除此之外，他就做不了什么了。

零点前后，吕特晏斯又发出一份致希特勒的电报："我的元首，我们将怀着对您的忠诚和对德国胜利不可动摇的信念战斗到底。" 吕特晏斯还向海军西方集群司令部报告说，"俾斯麦"号已经失去机动能力，但没有提到她的武器有任何故障。

海军西方集群司令部答复称，已经派出拖轮协助"俾斯麦"号，但同时也暗示岸上人员对"俾斯麦"号的生还已经不抱多少希望。首先是扎尔韦希特尔的致辞："我们的祝福和思念与您和您的战舰同在。我们祝愿您在艰难的战斗中取得胜利。"然后是雷德尔的类似话语："我们全部的思念都与您和您的战舰同在。我们祝愿您在艰难的战斗中取得胜利。"

吕特晏斯把这些电报传达给了舰员们，希望鼓舞他们的士气，并让大家了解这艘战列舰的处境。但是，这些信息和他前一天的演讲一样，似乎起了反作用。这些用意良好的话语给人的印象却是：岸上的人已经相信"俾斯麦"号和她的舰员只有死路一条。差不多就在"祖鲁人"号、"毛利人"号和"哥萨克"人号开始攻击的时候，希特勒的两份电报也传到了"俾斯麦"号上。在第一份电报中，希特勒代表德国感谢了吕特晏斯。第二份电报是发给舰员的，在英国驱逐舰掉头离开、舰炮射击停止后就立即通过扬声器播报给全舰："整个德国都与你们同在。只要有一丝可能，我们就一定会成功。你们忠于职守的奉献精神将会在我们民族的生存斗争中为我们带来力量。阿道夫·希特勒。"

在后半夜，"俾斯麦"号和海军西方集群司令部又有几次电报往来。这些电报涉及天气和与空军的配合问题。最后一封电报宣布，阿达尔贝特·施奈德少校凭借摧毁"胡德"号的战功荣获了骑士十字勋章。这封电报至少在船上引发了一阵鼓掌和欢呼。

"俾斯麦"号的舰员和英国驱逐舰上的官兵都不知道，夜里的这场猫鼠游戏都被一个暗藏的观察者看在眼里。U-556号的艇长沃尔法特从深海浮上水面发送电报时，看到了云中的几颗照明弹，以及偶尔被"俾斯麦"号的炮口闪光照亮的地平线。沃尔法特就是曾经宣誓保护"俾斯麦"号的潜艇艇长。他在回港途中接到了向这艘战列舰的最后已知位置集中的群发指示。尽管他已经把最后一发鱼雷射向了"达灵顿庭院"号，因此没有任何手段攻击敌舰，他还是按照这个指示采取了行动。在5月26日夜里，他为自己没有听从航海长保存最后一发鱼雷的劝告而深深懊悔。"声望"号和"皇家方舟"号溅着浪花高速驶近。他在英国瞭望员看见他的潜艇之前快速下潜，在水下找到了完美的射击机会。在这种情况下他几乎不可能失手。"敌舰径直朝我开过来，"他在作战日志中写道，"既没有护航的驱逐舰，也没有作"之"字形机动"。

沃尔法特看到的是萨默维尔和H舰队，时间就在库德开始决定性的攻击后不久。英国舰队驶过后，他回到水面试图跟踪。他报告了敌舰的方位，希望有其他潜艇利用这个机会。英国军舰的航速比他的潜艇高出太多，因此他很快就失去了接触。将近四个小时之后，U-556号差点被一艘从黑暗中驶向自己的驱逐舰打个措手不及。沃尔法特不得不再次快速下潜，驱逐舰从德国潜艇前方隆隆驶过，没有表现出任何探测到潜艇的迹象——她很可能是正要从南边向"俾斯麦"号发起攻击的"哥萨克人"号、"祖鲁人"号或"锡克人"号。

不久沃尔法特又回到水面。汹涌的海浪使他的潜艇剧烈颠簸，而雨飚使他除照明弹和炮口闪光之外看不到多少东西。沃尔法特意识到自己无法践行守卫"俾斯麦"号的承诺了。他一遍又一遍地拍发电报，希望把其他潜艇引导到这片海域。"感觉真是糟透了，"他在作战日志中写道，"离得这么近，却帮不上一点忙。"最后他不得不选择离开，否则他的燃油就不够让他回到法国的基地了。

最后一战

1941 年 5 月 27 日（星期二）的黎明宣告了这是个阴郁的日子，深灰色的雨云笼罩天空，强劲的西风拒绝让大海有片刻安宁。英国驱逐舰在海上劈开波浪，白色的泡沫冲洗着她们的甲板。大型军舰更适应这样的天气，但扫过"皇家方舟"号飞行甲板的海风实在太大，令人担心甲板上的"剑鱼"式飞机会被刮坏。

尽管早晨天气不佳，英国舰队的士气仍然高涨。前一天，"俾斯麦"号眼看就要逃过皇家海军梦寐以求的复仇。而此时，形势已经彻底逆转，英军做好了战斗准备。所有零散物品都被固定或收藏起来。水兵们换上了干净的袜子和内衣，以免受伤时遭到细菌感染。在甲板上和炮塔里工作和负责搬运弹药的人员都穿戴了可防炮口闪光灼伤的白色装备。救生衣和钢盔也是必须穿戴的装备。意志坚定的人都在尽力整理思绪，集中精神处理自己负责的任务和战斗岗位。虽然英国巡洋舰和战列舰上的大部分官兵不免有焦虑和恐惧之感，但绝大多数人也都渴望着为"胡德"号的沉没复仇。疲劳被忘在了脑后。只要过了这最后一关，打完这场最后的战斗，这些人就可以安心入睡，回到陆地上安全地享受娱乐。

在"俾斯麦"号上，气氛则完全相反。水兵们本来都相信，这次航行中危险的部分已经结束。他们已经在讨论回家休假或是去法国游玩的计划。但是，突然之间就发生了概率极低的鱼雷命中事件。年纪较轻的水兵或许还不是很清楚自己的处境有多绝望。在他们的想象中，自己有不死之身。战争中确实会有人死去，但那是其他人，不是他们。眼下的情况很危险，但他们总有办法活下来。年纪较长、较有经验的人则更为现实。对于即将打响的战斗他们不可能有很多了解，但是他们都意识到，英国人一定会派出能确保消灭他们的强大兵力。但他们只是把这些想法藏在心里，以免在年轻人中间传播不必要的恐慌情绪。对每一个人来说，唯一的生存机会建立在尽量履行好自身职责的基础上。

军官们都清楚，操舵系统受损对己方在这场战斗中的胜率会有什么影响。他们对扬声器里要求舰员注意德国潜艇和飞机的呼吁可以一笑置之，因为他们明白，这只不过是鼓舞士气的花招。

在损管中心，轮机兵约瑟夫·施塔茨已经下定决心，在即将打响的战斗中无论发生什么，他都要留在自己的岗位上，如果战斗以悲剧收场，那他就跟着这条船沉到海底。一段长时间的平静之后，雅赖斯上尉要求大家注意听他讲话。"我们现在还有一点时间，"他说。"让我们再一次想想祖国吧。"

"好的，最重要的是，还要想想老婆和孩子，"有人补充说。[1]

米伦海姆－雷希贝格最后一次光顾军官食堂时，他发现那里弥漫着一种沉重的寂静，只能偶尔听到一些意气消沉的评论。突然间，有个军官说了一句令米伦海姆－雷希贝格刻骨铭心的话："我老婆今天就要当寡妇了，可她现在还不知道。"

"那真是悲凉，"米伦海姆－雷希贝格后来写道，"太悲凉了，实在待不下去。"[2]

他离开军官食堂，来到舰桥，发现那里也是一片寂静。令他惊讶的是，林德曼已经穿上救生衣，而且一副心不在焉的样子。

他看见我进来，却没有给我回礼，我特意保持着敬礼的姿势看着他，希望他能说点什么。他一个字都没有说。他甚至看都不看我一眼。我感到了极大的不安和茫然。毕竟我当过他的副官，而我们现在面临的处境在我看来也很不寻常，他总该有点评论。我愿意付出很多东西，只要他能对我说一个字，一个能够让我知道他对将要发生的事有什么感受的字。但是我等来的只有沉默，所以我只能自己来解读。[3]

军官们决定让一架水上飞机飞到法国，带走"俾斯麦"号的作战日志、在舰上拍摄的电影和一位战地记者撰写的文章。两个幸运的飞行员因此得到了避开迫在眉睫的灭顶之灾的机会，他们穿好飞行服，等着自己的阿拉道飞机被从机库移到弹射器上。这两名飞行员走上甲板后立刻被一群水兵围住了，后者已经写好了给父母、朋友、妻子或未婚妻的遗言，希望飞行员把这些问候带回家。飞行员怀着解脱的庆幸和抛弃其他所有人的愧疚，把水兵的纸条放进口袋，爬进了飞机。但是飞机却无法起飞。过了一段时间人们才发现，"威尔士亲王"号一发炮弹的破片击穿了给弹射器提供动力的压缩空气容器。弹射器无法修理，因此两位飞行员又被留了下来，和他们的战友分享共同的命运。

与此同时，托维正在努力调集他的舰队，准备发起协同攻击。虽然"俾斯麦"号已经受伤，但还不能将她视作没有还手之力的对手。英国人不会忘记，她在几分钟内就击沉了"胡德"号。维安的驱逐舰提供的位置报告似乎与托维自己的数据不符，而且他也没有看见任何照明弹。他希望从西北偏西方向迎头接近敌舰。但不知道敌舰的准确方位他就做不到这一点。驱逐舰"毛利人"号发给他的最新报告说，敌舰的航向是300度。日出后15分钟，托维将航向转到东方。在北面，他能看见"罗德尼"号；两舰的间距不像"威尔士亲王"号和"胡德"号那样近，这使得达尔林普尔－汉密尔顿有足够的空间作独立机动。

和托维一样，萨默维尔也有自己的问题要考虑，部分原因也是不可靠的位置报告。他担心H舰队与"俾斯麦"号意外遭遇，那么后者就有可能在托维赶到战场之前击伤乃至击沉"皇家方舟"号或"声望"号。此外，由于雨飑降低了能见度，"声望"号还可能被托维的战列舰误击。而截至此时，航空侦察还没有任何结果。

在3时之前，萨默维尔已经问过蒙德是否能再实施一次鱼雷机攻击。蒙德的答复是，飞机已经就绪，但在日光亮到可以分清敌我之前，他不想让机队起飞。到了3时，蒙德反过来询问，是否彻底取消攻击比较好。他对误击"谢菲尔德"号的事件记忆犹新，而在恶劣的天气下，即使能够实施空袭，要避免同样的错误也比较难。萨默维尔表示同意，并通报给了托维。为确定敌人的位置，萨默维尔掉头北上，不久就遇到了"毛利人"号，后者报告了敌舰的准确位置。对这个情报感到满意的萨默维尔重新南下。他可以让自己的舰队置身于即将发生的战斗之外了。

与此同时，又有一艘英国军舰奔赴战场。重巡洋舰"多塞特郡"号在为SL74船队护航时接到了海军部转发的"卡特琳娜"飞机的报告。舰长本杰明·马

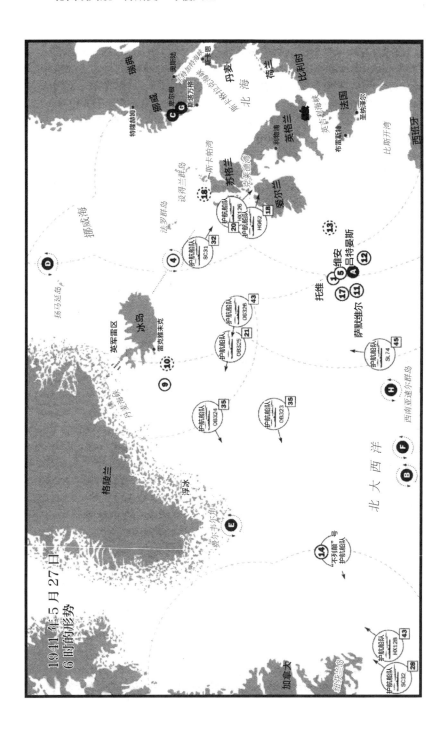

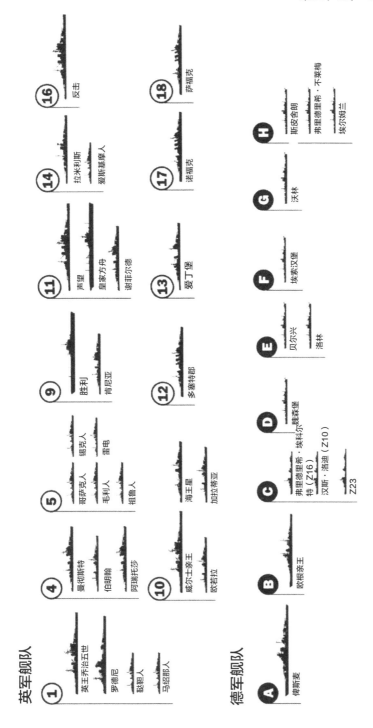

英军舰队

① 英王乔治五世 / 罗德尼 / 鞑靼人 / 马绍那人

④ 曼彻斯特 / 伯明翰 / 阿瑞托莎

⑤ 哥萨克人 / 毛利人 / 锡克人 / 雷电 / 祖鲁人

⑨ 胜利 / 肯尼亚

⑪ 声望 / 皇家方舟 / 谢菲尔德

⑩ 威尔士亲王 / 欧若拉

⑫ 海王星 / 加拉蒂亚

⑬ 爱丁堡

⑭ 拉米利斯 / 爱斯基摩人

⑯ 反击

⑰ 诺福克

⑱ 萨福克

德军舰队

Ⓐ 俾斯麦

Ⓑ 欧根亲王

Ⓒ 弗里德里希·埃科尔德（Z16）/ 汉斯·洛迪（Z10）/ Z23

Ⓓ 弗里德里希·埃科尔德 / 魏森堡 / 特（Z16）

Ⓔ 贝尔兴 / 洛林

Ⓕ 埃索汉堡

Ⓖ 沃林

Ⓗ 斯皮舍明 / 弗里德里希·不莱梅 / 埃尔姆兰

丁（Benjamin Martin）上校发现自己的巡洋舰正处在便于截击"俾斯麦"号的位置。于是他让护航船队继续北上，自己带着"多塞特郡"号加速驶向比斯开湾。她正在从东南方向接近"俾斯麦"号。

在5月27日最先看到"俾斯麦"号的是"诺福克"号上的威克－沃克少将。5月25日至5月26日，他一直在向西航行。此时，他发现"俾斯麦"号就在前方的海雾中。但是，他错把这个船影认作了"罗德尼"号，还发送了识别信号。不过他立刻意识到了自己的错误。德国人并没有以识别信号回答，而是用"俾斯麦"号的主炮开了火。几分钟后，她的炮弹就落在"诺福克"号周围，这艘英国巡洋舰立刻掉头，很快就退到了安全距离。威克－沃克需要等待托维到达。他并没有等待很久，很快地平线上就露出了"英王乔治五世"号和"罗德尼"号的桅杆和上层建筑。"我们这时候已经非常累了，"菲利普斯回忆说。"过去几天一直没怎么睡。但是我们的战列舰现在要打敌舰了。"

所有的努力终于有了回报。接下来只要击败已经遭到重创的敌人就好。各艘英国舰船之间飞快地交换着信号，8时43分，"英王乔治五世"号上的扬声器宣布"俾斯麦"号已在视野中。

英国战列舰上的舰员们发出欢呼，舰桥上的许多军官也喜上眉梢，因为漫长的追击终于成功结束。他们终于看到了她：这艘让他们追了四天的船。此前他们已经多次感到绝望，她仿佛永远都不会被他们追上。"在远方的雨幕掩盖下，"休·格恩齐（Hugh Guernsey）少校写道，"是一艘船矮胖、粗壮的身影，船型非常宽，正直奔我们而来。"

"我认为这是我见过的最壮丽的船，"驱逐舰"鞑靼人"号（Tartar）上的尉官卢多维克·肯尼迪（Ludovic Kennedy）回忆，他是"拉瓦尔品第"号已故舰长的儿子。"身躯庞大——有50000吨。但她虽然美丽，我们还是意识到必须将她摧毁。"[4]

在"罗德尼"号上，达尔林普尔－汉密尔顿上校既自豪又担心地想起了自己在"英王乔治五世"号上担任高射炮手的儿子。随后他抓起内部广播系统的话筒，说："我们要上了！祝大家好运！"

一秒钟后，前部炮塔的炮管就喷出火光，这艘战列舰前方的海面被冲击波暂时压平，6 发 40.6 厘米的炮弹开始飞向 "俾斯麦" 号。时间是 8 时 47 分，海上刮着西北风，距离是 25000 米。

"警铃还在响，" 米伦海姆 – 雷希贝格记得，"我从舰桥返回，进入了我的战斗岗位。" 他抓起指挥电话的听筒，得知等待已经结束："两艘战列舰在舰首左舷方向。"[5]

我转动我的指挥仪，看到两个巨大的身影，不会错，那就是 "英王乔治五世" 号和 "罗德尼" 号，距离大约 24000 米。她们显得从容不迫，像是要去执行死刑一样，并排朝我们直驶而来……[6]

米伦海姆 – 雷希贝格在耳机中听到施奈德平静地发出命令："主炮和副炮准备就绪，请求开火许可。"[7]

但打响第一炮的是达尔林普尔 – 汉密尔顿。第一排炮弹射出时，英国战列舰的航向是东南偏东，"英王乔治五世" 号在前，"罗德尼" 号在其左舷侧稍稍拖后。"俾斯麦" 号从南方接近，航向为西北偏北，基本上正对英舰的舰首，只是略微偏向英舰的右舷侧。从 "俾斯麦" 号的位置看，"诺福克" 号位于右舷 30 度方向，"多塞特郡" 号位于右舷 90 度方向。这两艘巡洋舰都与她保持着安全的距离。

不久，"英王乔治五世" 号继 "罗德尼" 号之后也开了火。米伦海姆 – 雷希贝格知道炮弹只需不到一分钟时间就能飞临目标，但他感觉这段时间似乎要长得多。"终于，" 米伦海姆 – 雷希贝格写道，"重型炮弹激起成吨的海水，像白色的蘑菇一样腾空而起，足有 70 米高。但它们离我们还很远。"[8]

"俾斯麦" 号比 "罗德尼" 号晚了三分钟开火。在英国战列舰上可以一眼看到 "俾斯麦" 号主炮发出的巨大橙色火光。一团浓密的烟云在风雨交加的海面上飘散，颜色比英军火炮的烟云要暗得多。炮弹只需要半分钟多一点的时间就能走完双方舰队之间的距离，而此时英国人还无法判断其目标是 "罗德尼"

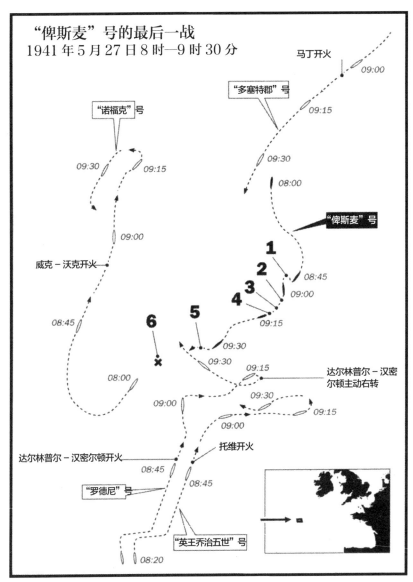

"俾斯麦" 号的最后一战
1941 年 5 月 27 日 8 时—9 时 30 分

马丁开火

"多塞特郡" 号

"诺福克" 号

"俾斯麦" 号

威克－沃克开火

达尔林普尔－汉密尔顿主动右转

达尔林普尔－汉密尔顿开火

托维开火

"罗德尼" 号

"英王乔治五世" 号

1. 吕特晏斯开火

2. "俾斯麦" 号的前部主炮被 "罗德尼" 号的一次齐射打哑

3. 米伦海姆－雷希贝格承担起指挥 "俾斯麦" 号的炮火的责任

4. "俾斯麦" 号的后部射击控制中心被打坏

5. 厄尔斯下令凿沉 "俾斯麦" 号

6. "俾斯麦" 号在 10 时 39 分沉没

号还是"英王乔治五世"号。

托维手下的一名军官迅速估算了德国炮弹到达目标所需的时间。他看着自己的表，开始大声地倒计时。

"看在上帝的份上，"托维打断了他，"闭嘴吧！"和舰桥里其他所有人一样，他戴上了自己的钢盔，还在耳朵里塞了棉花，以免被旗舰主炮射击时的巨响震聋。包括他在内，所有人都明白敌人的齐射若命中舰桥会发生什么，而他不想知道这种事会在什么时候发生。

托维用望远镜观察着炮弹在敌方战列舰附近激起的水柱。"罗德尼"号在几次齐射之后似乎找准了距离，但托维自己的炮手们却偏离目标很远。"俾斯麦"号被雨飚掩盖了一半，因此很难准确观测击中水面的炮弹。但是旗舰上的雷达操作员应该能够更好地估算距离。为什么炮火没有更准一点？

托维的思考被一阵呼啸和爆炸声打断，那是德国人第一次齐射的炮弹来了。目标显然是"罗德尼"号，而令托维愤怒的是，他看得出"俾斯麦"号的炮火要比他自己的舰队更准确。"罗德尼"号前方腾起一连串水柱，其中有些离她非常近，落下时海水甚至浇到了她的甲板上。"我注视着'罗德尼'号，"格恩齐回忆，"想知道她是否被击中，但她就像一块大石板一样静卧在北方的地平线上，然后突然又来了一次全炮齐射。"[9]

驱逐舰"鞑靼人"号上的军官托马斯·凯利（Thomas Kelly）曾经在"胡德"号上服役了十多年，他目睹了"俾斯麦"号第一次齐射的炮弹砸在"罗德尼"号周围。"我们能够听到'俾斯麦'号的炮弹发出的声响，"他回忆说，"这次齐射夹中了'罗德尼'号。我转身对舰长说，'天哪，长官，可别又来一次！'我满脑子都想着'胡德'号。"[10]

据米伦海姆－雷希贝格记录，枪炮长施奈德对前三次齐射的观察结果依次是'近弹''夹中'和'远弹'。"我只能根据电话里听到的内容判断，这一仗有一个极好的开局；因为'俾斯麦'号不断摇摆，我只能时不时地瞥见敌舰。"[11]

达尔林普尔－汉密尔顿迅速对德军的炮火作出反应。他早已准备了一系列将会加大施奈德瞄准难度的机动，此时开始实施。他首先向左转弯，从而拉大了"罗德尼"号和"英王乔治五世"号之间的距离。但与此同时，这艘英国战列舰上的射击指挥人员在估算与"俾斯麦"号的距离时犯了严重错误，结果不得不重新开始试射。

在几分钟的时间里，双方的炮火都没什么效果。虽然施奈德的第一次齐射落点离目标非常近，但由于"俾斯麦"号在海上的不规则运动使一切炮术计算都困难无比，他无法继续打出准确的射击。弹道计算机需要来自操舵系统的数据，以补偿军舰运动产生的误差，但这在船舵受损的情况下无从谈起。枪炮军官们不得不进行简易计算来补偿军舰本身的运动，但是其准确度和速度都无法与操舵系统正常工作时相比。此外，船身不可预测的运动也使炮塔儿乎需要一刻不停地转动。

此时，英国人已经找到"英王乔治五世"号的炮瞄雷达不能提供可靠数据的原因。原来雷达操作员没有考虑到双方的距离正在迅速缩短。来自"俾斯麦"号的回波突然从屏幕上消失时，他们还在按照先前的距离搜索她。结果在第一次齐射过了 6 分钟以后，他们才重新在屏幕上看到"俾斯麦"号的回波。估算出的距离是 20500 米。于是"英王乔治五世"号打了一次夹叉距离为 200 米的双齐射。这次射击正中目标，据英军记录有一发炮弹击中"俾斯麦"号的船体前半部。[12]

"罗德尼"号也测准了距离，两艘战列舰随即开始对敌舰每分钟 4 次齐射的狂轰滥炸。舰上的中型火炮也加入战斗，而"诺福克"号也用她的 20.3 厘米主炮开了火。德国战列舰被无数水柱掩盖。托维下令向南转弯，以便"英王乔治五世"号能够用所有火炮实施舷侧齐射。"罗德尼"号不久也跟着转弯，但在此之前她已经取得了儿次命中，而它们将对此后的战斗产生深远影响。

在"罗德尼"号上，唐纳德·坎贝尔（Donald Campbell）上校从高炮射击指挥台将整个战场看得清清楚楚。他看到了一发发炮弹如何升上天空，在弹道的最高点仿佛停滞一会，然后朝"俾斯麦"号落下。与此同时敌舰也在射击，双方的弹道在瞬间交错，坎贝尔因此能看到它们短暂地聚集在略高于敌舰桅杆的地方。很快"俾斯麦"号周围的海面上就腾起三股水柱，这意味着有两发炮弹击中目标。其中一发击中中央射击指挥台，很可能杀死了施奈德和他身边的人。另一发击中的位置更靠前，"布鲁诺"炮塔立时被火焰和棕色的浓烟包围。

坎贝尔只注意到了部分击中敌舰的炮弹，因为他像被施了催眠术一样，目光紧盯着从"俾斯麦"号射出的炮弹。它们飞过弹道的最高点、开始下落时，他甚至能看到它们古铜色的表面闪闪发亮。这次齐射似乎瞄得很准，炮弹可能正朝着坎贝尔的鼻尖飞来。他忍不住做出了本能的反应——低头躲避，尽管这个动作绝对提供不了任何保护。"罗德尼"号的左右舷侧都腾起了水柱；这是一次完美无缺的准确齐射，但是英国战列舰幸运地未中一弹。一块拳头大小的弹片呼啸着飞过坎贝尔的战位，打坏了射击控制系统的几个关键部件，最终落在地板上。一个水兵洋洋得意地将它拾起，但是一秒钟后他就疼得尖叫起来，因为这块炽热的金属灼伤了他的手。[13]

这一刻标志着"俾斯麦"号的战败和她漫长垂死挣扎的开始。在此后的几分钟里，她的前部射击控制塔再度被击中，两个主炮塔也陷入沉默。在这一阶段，"多塞特郡"号也接近到了可以开火的距离。因此，"俾斯麦"号遭到了两艘战列舰和两艘重巡洋舰的痛击。

"让那些八英寸炮持续不断地怒吼是件苦差，"沃尔特·富奇（Walter Fudge）回忆说。他是"多塞特郡"号的炮手，和"俾斯麦"号也有特殊的关系。当初富奇在普利茅斯接受岸上训练时，有一天上午他所在的一班人接到了在兵营广场上列队的命令。富奇和几个战友到晚了，因此在队列中排得比较靠后。一个军官点出 24 个人，命令他们打点行装。这些人都接到了去"胡德"号上服役的命令。富奇排在第 26 位，当时他非常失望。但是，一天前他却听说"胡德"号被击沉，只有三个人活了下来。他一方面为躲过厄运而庆幸，另一方面又为失去战友而惋惜。而此时，复仇对他来说近在眼前。"有一段时间，我们的炮塔每隔 8 秒就射出两发 8 英寸炮弹，没有一发哑弹，"他写道。"我个人感到五味杂陈。最大的想法是要干掉他们，不然他们就会干掉我们。和别人一样，我或多或少也在紧张地等待着我们被'消灭'的时刻，但那一刻始终没有到来。"[14]

炮弹接二连三地击中"俾斯麦"号。大部分命中船体前半部。在后部射击控制中心里，米伦海姆－雷希贝格得知施奈德已经战死，前部的炮塔都被打哑。轮到他来指挥后部的炮塔了。此时"英王乔治五世"号和"罗德尼"号已经完成了右转弯，"俾斯麦"号则向左转了一点。因此双方舰队以相反的航向经过彼此的舷侧。因为"英王乔治五世"号的位置比"罗德尼"号靠前得多，而后者位于从米伦海姆－雷希贝格所在的位置观察不到的死角中，所以他不得不将火力转移到"英王乔治五世"号上。他的第一次齐射落在英军旗舰的右侧，略微偏远。他立刻做出修正：

"左调10，下调4，一次齐射！"

"正中远弹！"

"下调4，一次齐射！"

"正中近弹！"

"上调2，齐速射！"

第四次齐射夹中了目标，就在米伦海姆－雷希贝格刚刚下令所有主炮连续射击时：

> 我的后部射击指挥仪发生剧烈的震动，我手下的两名士官和我自己的头都重重撞在目镜上。怎么回事？我试图重新在视野中寻找目标时，根本看不到它；我只能看到一片蓝色。我看着人们一般看不到的东西，贴在透镜和反光镜表面，使成像更清晰的"蓝膜"。我的射击指挥仪被打碎了。该死！我刚刚找准目标的距离，就没法继续战斗了。[15]

因为光学仪器被摧毁，米伦海姆－雷希贝格也就无能为力了。这时候差不多是9时15分，他命令后部炮塔各自为战。他的部下请求他准许他们离开战位——据他们所知，弃舰的命令已经下达了——但是米伦海姆－雷希贝格让他们留下。只要英军的炮弹还在不断击中这艘军舰，有装甲保护的塔楼里就比甲板上安全。

"英王乔治五世"号到了"俾斯麦"号南面的位置，她自己和"罗德尼"号的火炮产生的硝烟在"俾斯麦"号和这艘英军旗舰之间形成一道烟幕，遮挡了视线。

达尔林普尔－汉密尔顿也驶过敌舰舷侧，甚至在此过程中打了一次鱼雷齐射。[16]他很清楚，如果继续向南行驶，硝烟将会严重妨碍作战。此外，这个航向也会使他被夹在"英王乔治五世"号和"俾斯麦"号之间。因此达尔林普尔－汉密尔顿没有坐等旗舰转 180 度的大弯，而是利用了托维给他让出的活动空间。他向右转弯，使"罗德尼"号离开旗舰的射界，进入与"俾斯麦"号平行的航向。很快，从"罗德尼"号就能清晰地看到德国战列舰。几分钟后，"英王乔治五世"号也做了 180 度的转弯，因此这艘旗舰进入了"俾斯麦"号左舷舰艉方向的位置，而"罗德尼"号基本上就在她的左舷正横方向。

　　战斗到了这一阶段，厚厚的云层已经开始散开。白云之间露出几片蓝色的天空。大海的颜色原先一直反映着云层表面那种令人压抑的灰色，此时突然转成暗绿色，被海风掀起的浪峰还闪着粼粼波光。远远望去，"俾斯麦"号深色的船体被暗褐色的烟雾笼罩，中间夹杂着火焰肆虐形成的黄色斑点，与炮弹击中附近水面激起的白色水柱形成鲜明对比。

　　"多拉"炮塔的炮手们接到各自为战的命令后又奋战了 6 分钟。随后一根炮管发生爆炸，使炮塔里的好几个人死于非命。9 时 25 分，"俾斯麦"号前部的炮塔又进行了一次齐射，但这是前主炮打出的最后几发炮弹了。接下来"恺撒"炮塔继续射击了四分钟，随后它的主炮也陷入沉默。最后的炮弹中有一发击中了离"罗德尼"号前部船体非常近的水面。这艘英国战列舰鱼雷发射装置的舱门被打坏，操作鱼雷发射装置的几个水兵也被震得够呛。但是除此之外，这艘英国战列舰没有任何损伤。在这场战斗中，中弹的只有"俾斯麦"号。"安东"炮塔的炮管耷拉在船舷边缘，"布鲁诺"炮塔的后半部分也被轰飞。在用望远镜观察"俾斯麦"号的英国军官眼里，"多拉"炮塔炮管爆炸的后果清晰可见。那根裂开的炮管看上去就像剥了皮的香蕉一样。水上飞机的机库喷出滚滚浓烟，全舰明显向左舷倾斜。此外，中央射击指挥台显然已被摧毁，前桅楼被炸进了海里，舰体内部许多地方烈火熊熊，通信系统肯定已经部分或全部被毁。[17] "那艘船里面是个什么样子，"驱逐舰"鞑靼人"号上的年轻军官乔治·惠利（George Whalley）写道，"真是让人想也不敢想；她的大炮被炸毁，船上全是大火，船员都受到伤害；一切人类在受到伤害时肯定都是一样的。"

　　尽管如此，一部分副炮还在继续战斗，黑、白、红三色的德国海军旗依然在风中飘扬。

结　局

　　虽然"俾斯麦"号上的官兵相距最远不过 250 米，但他们各自的活动却有巨大差别。战斗岗位在火炮甲板上或炮塔中的人都在为求生而奋战。其他许多人在战斗初期的活动相对较少。他们通常的工作包括行政管理事务、炊事、洗衣和其他非战斗活动。许多人作为担架手或医务护理人员等协助作战，其他人却可以在这艘军舰上较为安全的地方躲避。由于赫尔佐克下士不需要操作他的高射炮，他和几个战友便奉命待在他们位于舰艉火炮甲板上的住舱里。头顶上不断传来的响声和这些声音预示的结果都令他们心情沉重。赫尔佐克走到自己的柜子前面，给自己灌了几口酒。然后他就躺在自己的吊床上，倾听着战斗情况。不一会儿他就感到昏昏欲睡。他模模糊糊地听到扬声器里宣布，吕特晏斯和林德曼都已阵亡。过了一阵，林德曼阵亡的消息又被否认了。后来不远处传来一声巨响，紧接着又能听到伤者的尖叫。这一切发生时，赫尔佐克都在吊床上处于半睡半醒的状态。战斗在他看来是那么的不真实。[1]

　　在下层甲板的中央轮机舱里，格哈德·尤纳克少校听到战斗的声音逐渐减弱。他已经知道"俾斯麦"号的武器会发出怎样的声响。在这九天的航行中，他已经许多次听到这些声音。但是远处传来的声响和敌军炮弹击中舰体的振动对他来说都是新鲜事物。不久他就明显感到，战斗正在朝着对"俾斯麦"号不利的方向发展。通风管道开始滴水，并且传出弹片击中金属的声音，听上去就像冰雹砸在铁皮屋顶上。

　　在损管中心里，厄尔斯中校认为搜集受损情况报告和指挥损管团队已经越来越没有意义。船身的侧倾加上风浪带来的颠簸，时不时地使装甲甲板发生一定程度的倾斜，大大降低了它对英军炮弹的防护效果。或许装甲甲板已经被击穿，让炮弹钻进了舰艉轮机舱和右舷锅炉舱。可能正是那些地方的爆炸，再加上与舰桥通讯中断，促使厄尔斯下决心。[2]战斗已经结束，"俾斯麦"号输了。此时只剩两件事要做：一是不能让"俾斯麦"号落到敌人手里，二是尽可能多地挽救舰员。

"做好自沉准备，"他下达命令，"确保全体舰员离舰。"这道命令被传达到所有还能够联系到的舱室，然后厄尔斯、雅赖斯和其他人就撤出了损管中心。但他们离开舱室时，轮机兵施塔茨却不愿和他们一起走。他能听到头顶上炮弹命中的声音，因此固执地坚持他先前的决定：绝不离开甲板下方的安全区域。或许就是这个决定救了他一命。雅赖斯在门口停留了一会儿，向施塔茨敬了个礼，然后就把他独自留下了。

在轮机控制站，二等水兵赫伯特·布鲁姆（Herbert Blum）看到轮机长莱曼把电话"小心翼翼地放下，好像那是玻璃做的一样"，然后转身面对他身边的人。"我们要放弃这艘军舰，并且凿沉她，"他用惯常的和蔼语气平静地说道。"我会转发这道命令。你们现在就可以走了。"

这是莱曼最后一次被人见到。布鲁姆和他的战友们离开了轮机控制站。他们打算先去火炮甲板，然后去主食堂。在那里可以找到通往遮蔽甲板的路。

两艘英国战列舰将距离拉近到仅3000米。"俾斯麦"号的速度已经大大减慢，"罗德尼"号为不超到她前头，不得不沿"之"字形路线航行。在这样近的距离，舰炮基本上可以直接瞄准目标开火。托维尽快缩短距离的战术奏效了。考虑到距离如此短，英国人估计炮弹甚至可以穿透"俾斯麦"号的主装甲带，钻进要害的轮机舱和弹药库，从而确保将她迅速击沉。但是炮弹似乎始终没有打到这些要害部位。[3]

"诺福克"号和"多塞特郡"号也拉近了距离，这使她们得以射出多发鱼雷。但这艘德国战列舰还是拒绝沉没。托维的燃油余量已经消耗到了极限。此外他也很清楚，德国空军随时可能介入战斗，德国潜艇可能也潜伏在附近。"来人，拿我的飞镖来，"他懊恼地发出感叹，"咱们看看能不能用它们打沉这条船！"

实际上，托维不必为击沉这艘熊熊燃烧的敌舰而苦恼。10时将至时，内部通话系统的电话铃响起，尤纳克接到了他在"俾斯麦"号上接到的最后一道命令。[4]这就是由厄尔斯下达、并由莱曼从轮机控制站转发的自沉命令："做好自沉准备。"

尤纳克命令自己的部下在通海阀上放置炸药，又派了几个人打开竖井通道的舱门。他试图再次联系莱曼，但这一次线路中断了。尤纳克命令一个他信得过的军官去轮机控制站了解情况。

"胡德"号的毁灭发生得非常快，她的一千多名舰员在短得令人难以置信的时间里失去了生命。相反，"俾斯麦"号的垂死挣扎却很漫长，舰员决定凿沉她以后，她还是继续承受着一次又一次打击。米伦海姆－雷希贝格命令部下留在后部射击指挥站的决定是正确的。只要这个小塔楼没有被直接命中，外面呼啸乱飞的弹片就不会伤害到他们。在遮蔽甲板上则发生了各种惨剧。许多人的战斗岗位是在甲板下面，只要留在这些地方，大多数人是相当安全的，伤亡很有限。但是在弃舰命令发出后，大家纷纷跑上露天甲板，其中许多人当场命丧黄泉。在军舰上层建筑上爆炸的炮弹将成千上万片利如剃刀的弹片洒向甲板。有些弹片很小，充其量只能让人破皮出血，另一些则大得足以削断手脚。有的人在瞬间就被杀死。一些人被冲击波抛上半空，重重砸在舱壁、甲板和舷缘上，或者直接落入海中。许多人被震倒在甲板上，在晕头转向中试图站起身来，却被横飞的弹片大卸八块。

技师威廉·格内罗茨基（Wilhelm Generotzky）刚刚跑到上层甲板，就看见了两名无法忍受对溺死的恐惧的空军准尉。只见那两人握了握手，各自把手枪的枪口抵在太阳穴上，给周围的大屠杀增添了小小的一笔。"要是我有枪，"格内罗茨基听见身边的一个准尉轮机员说，"我也会这么干。"[5]

英国军舰的炮弹逐渐把"俾斯麦"号的甲板变成一片废料场。命中上层建筑高处的炮弹使许多碎片落到遮蔽甲板上。探照灯、吊艇柱和高射炮都被炸得飞出底座，使甲板乱上加乱。有一个副炮炮塔的锁定机构被一发炮弹摧毁，导致炮手们被困在里面。在炮塔外面能够听到他们的呐喊，但是援救他们的一切尝试都是徒劳。受损的炮塔门怎么都打不开。

随着伤亡迅速增加，德军的医生、护士和担架手都在尽力帮助伤员。甲板上的残骸碎片严重妨碍了一切运动，使担架手们无法工作。医生除帮助自己找到的少数伤员以外，也做不了什么。但是，英军的炮弹无法分辨医护人员和战斗人员。医生们只能工作到自己也成为死伤者为止。

有秩序地撤离这艘军舰已经没有任何可能。"俾斯麦"号的交通艇已经变成散落一地的碎片。人们奋力将救生艇和橡皮筏放到海面上，但是它们大部分已经在英军炮火下受损，许多在落到水面之前就已经完全毁坏。

但是格奥尔格·赫尔佐克下士运气很好：

　　我顺着梯子爬到火炮甲板上。我在那里看到战友们把充气橡皮艇丢到船外，然后跟着跳下去。我自己［和］几个战友一起，试图把一条充气橡皮艇丢到船外。但是我们没有成功，因为有一发炮弹落在附近，弹片使这条橡皮艇没法用了。我自己也中了一块弹片（在左小腿上，是皮肉伤。），于是我们躲到"D"炮塔后面。那里有一条充气橡皮艇。我们就把它解开了。然后我们把这条橡皮艇扔到右舷外面，跟着它跳了下去。我运气很好，一下子就抓住了这条橡皮艇。其他战友奋力朝这条小筏子游过来。只有曼泰（Manthey）和亨奇（Höntzsch）成功游到了。我们试图把更多战友捞上来，但是所有努力都失败了。[6]

　　与此同时，战斗岗位处于海平面下方的人为不被困死在船舱里正在奋力逃生。许多人没能逃出来，因为他们的逃生路线被变形的舱门、受损的舱壁或毁坏的梯子切断了。爆炸和烈火在各个舱室和走道中肆虐。各种材料燃烧产生的毒气是无形而致命的危险。在火炮甲板上，成群结队的人被堵在遮蔽甲板下面，因为梯子只能让数量有限的人通过。恐慌情绪很少爆发，但是等在后面的人们纷纷用呼喊和咒骂催促着他们的战友。厄尔斯带着他的一队人到了主食堂，发现有将近300人挤在通往舰艉的一扇门前。通往遮蔽甲板的舱门被炸坏，堵住了出口，而且外面大火熊熊，前进也是不可能的。散发着邪恶气味的黄绿色烟雾弥漫于火炮甲板，使没有防毒面具的人咳嗽不止。

　　"所有人都必须离舰！"厄尔斯喊道。"她就要沉了。你们不能再往前走了。那里全是火！"

　　这是他最后的几句话。一发直接命中的炮弹将雨点般的弹片射进船舱。转瞬间，这个人满为患的房间就成了一个屠场。当场有一百多人非死即残。齐默尔曼下士刚刚赶到这里，就目睹了厄尔斯和另一个军官被炸成碎片。[7]

　　二等水兵布鲁姆刚好在那发炮弹爆炸前来到主食堂。冲击波将他掀翻在地，但是他晕晕乎乎地又重新站起身来。他看见周围全是死去的战友和缺胳膊断腿、蹒跚而行的人。死尸、断肢和内脏在血泊中漂浮，眼看就要铺满整片地板。这些噩梦般的场景和布鲁姆想象中的地狱非常相似，使他在恐惧中又有了逃生的力气。他爬到被打坏的舱门边，用力挤过小小的开口，来到遮蔽甲板上。在那里，英军炮弹的呼啸声和爆炸声盖过了伤员的惨叫。[8]

齐默尔曼下士跟着布鲁姆逃生。他也从损坏的舱门挤了出去。"我来到右舷边，"他回忆说，"第一眼看到的是一片屠场景象。已经不可能辨认出那里原来的模样。真是太可怕了。"[9]

在"俾斯麦"号最后的时刻，发生了许多痛苦的离别。一些亲密的朋友被拆散了。布鲁诺·齐克尔拜因（Bruno Zickelbein）下士原本在火炮甲板上和一等水兵汉斯·西尔伯林（Hans Silberling）在一起，但是命令要求后者去轮机控制站报到。年龄稍大的西尔伯林在19岁的下士眼里一直是个父亲般的长者，两人的友谊非常深厚。西尔伯林明白这道命令的含义。"这就是结束，"他说。"我们再也不会相见了。给家乡的人捎上我最亲切的问候。"他们四手相握，两人的眼里都闪着泪光。随后西尔伯林便从人间蒸发，留下齐克尔拜因独自一人。[10]

"我跑到外面的时候，看见了我认为根本不可能看到的景象。"舒尔特（Schuldt）回忆说。他经过一番挣扎，成功到达遮蔽甲板。"一切都在着火；船上到处都能听到或看到爆炸。我至少看到了一百个死人。有的没有腿或胳膊，有的只剩脑袋。"

舒尔特遇到了指挥他的战位的军官。那人背靠舱壁坐着，两条腿都已经齐膝而断。他抬头看了看舒尔特，恳切地问道："你有香烟吗？"

舒尔特在军官身边跪了下来，用颤抖的双手点了一支烟。"那真是太惨了，我没法形容，"他说。"我把香烟给了他，并且答应他，如果我自己能活下来，就给他家里捎个信。"[11]

轮机兵约瑟夫·施塔茨终于下决心离舰，这个决定在很大程度上是受了两个和他同期受训的战友的影响，这两人是塞费特（Seifert）和莫里茨（Moritz），他们跑到损管中心里极力劝说施塔茨跟他们走。三人沿着通信竖井艰难地向上攀登，这个竖井只有75厘米宽，里面还有很多电线，留给人攀爬的空间很有限。

最后他们终于到了竖井口，却看见前部射击控制塔楼已经被打飞。施塔茨发现了几个比他早几分钟离开损管中心的人。其中一个是米伦海姆–雷希贝格的朋友雅赖斯上尉。他们全都死了。

就在此时，一发炮弹落在不远处，将这三个人都震倒在地。一块弹片击中了施塔茨的肩膀，但他受的伤并不重。而莫里茨似乎已经死了。

"你被打中了吗？"施塔茨听到有人问他，抬头一看，原来卡迪纳尔上尉也在舰桥上，就是他曾经宣称鱼雷击中船舵的风险几乎为零。施塔茨从竖井爬出来的时候没注意到他。"只是一点皮肉伤，"他说，"但是我们得赶紧下到甲板上。"

他们正要离开舰桥的时候，发现莫里茨还活着，但是他的胸口被一块弹片切开了。他们小心翼翼地把这个奄奄一息的人拉到有装甲舷缘掩护的地方。施塔茨不知道该怎么救助莫里茨。他只能像安抚孩子的父亲一样摩挲着莫里茨的头。莫里茨凝视着施塔茨，强颜欢笑说："把我的问候带回科隆。"不一会儿，他的眼睛就失去了生气。[12]

几发炮弹打在近得令人害怕的地方。塞费特慌了神。他想直接从舰桥跳进水里，但是因为距离太远，他落在甲板上的一堆残骸上，当场死亡。不过，施塔茨和卡迪纳尔还是成功下到了甲板上，没有再遇到什么波折。

在甲板下面的轮机舱里，尤纳克还在焦急地等待着信使带回爆破命令，但是时间一分一秒地不断流逝。最终，尤纳克不得不放弃希望，接受信使无法返回的事实。他要么死了，要么就是出于别的原因无法返回。该怎么办？侧倾的角度还在增加。浓烟从锅炉里不断渗出，众人不得不戴上防毒面具工作。尤纳克只能自行决定。他催促自己的部下中断手上的工作，设法跑到甲板上去。然后他指示准尉轮机员点燃了导火索。他们两个是最后离开轮机舱的人。

10时15分，"英王乔治五世"号射出的一发炮弹击中了"俾斯麦"号的上层建筑的底部。这发炮弹引发一场大火，一路烧到舰桥上，点燃了许多信号弹。它们炸出一片五彩缤纷的火球。在"罗德尼"号上，坎贝尔看见敌舰从头到尾发生一连串爆炸，将各种残骸碎片高高抛向空中，使许多活人和死人被烈火炙烤。他先前已经看到有人三三两两地跳进海里消失。此时越来越多的人争相跳海，企图逃离"俾斯麦"号上的地狱。"上帝啊，"他发出了连身边的人都能听到的惊呼。"我们为什么还不住手？"

几乎与此同时，警铃发出了停止射击的信号。坎贝尔看了看自己的表。上面显示的时间是 10 时 21 分。他如释重负地叹了一口气。

托维判断，虽然"俾斯麦"号还浮在水面上，但她已经被彻底摧毁，再也不会对德国人有任何用处了。此时已经发现了一架德国的"秃鹰"式侦察机，这位英国指挥官相信德国空军随时可能发动空袭。而且，再不结束作战也不行了，否则剩下的燃油可能不够让他的军舰回到英国基地。他要求其他军舰跟随旗舰行动，这让各舰的舰长颇为意外。难道要在"俾斯麦"号还浮在水面上的时候终止作战吗？萨默维尔终于出动了一个包括 12 架"剑鱼"的机群，它们很快就赶到战场，但是保持一定距离外。飞行员看到敌舰后方有不计其数的人在水里扑腾。"双方舰队的火炮对决基本上已经结束，"一名飞行员回忆。他从自己的观察员座位凝视战场。"'俾斯麦'号已经成为一口冒烟的大锅，正在随着波浪起伏。她还在以几节的速度前进着。"

飞行员们看到"罗德尼"号和"英王乔治五世"号掉头北上，在托维终止作战四分钟后，萨默维尔向他询问战况。托维告诉他，自己的燃油已经告急，因此正在返回港口。"俾斯麦"号仍然漂浮在水面上。还有剩余鱼雷的军舰应该设法用鱼雷击沉她。"用炮击无法击沉她，"这是这位海军上将的结论。

只有"多塞特郡"号还有鱼雷。马丁舰长早就在等待雷击这艘燃烧的废船的命令。他很快就从"诺福克"号上的威克－沃克那里接到了命令。"多塞特郡"号随即靠近"俾斯麦"号，准备给她致命一击。[13]

在右舷锅炉舱里，大管轮施密特将水泵的抽水方向逆转，并打开了附近的所有水密舱门。他听到尤纳克的炸药在离他不远的轮机控制站起爆。显然，他必须尽快上甲板。一个水兵跑进来大喊："全都上甲板去！"

与此同时，尤纳克和他的部下正在往上层跑。经过中层和上层船舱甲板时，他们本以为会看到一片忙乱的景象，却发现那里已经空无一人，英军炮火的响声也消失了。"下面的几层甲板上灯火通明，"他回忆说，"弥漫着一片祥和的气氛，就像在港口的星期天下午一样——直到我们在下面安放的炸药爆炸，寂静才被打破。"[14]

他们到达火炮甲板以后，看到的景象就变得糟糕多了。大部分电灯都已熄灭，一群群惊慌失措的人试图穿过浓烟弥漫的走道找到出路。尤纳克很幸运。他遇到一群水兵，后者正在设法穿过一个被堵塞了一部分的舱门前往遮蔽甲板。在尤纳克的劝说下，他们脱掉救生衣，然后一个接一个挤过出口，到了甲板上。

到了这个时候，这艘船的侧倾已经相当严重，一部分甲板已经浸没在水下。甲板上挤满了想要离开这艘劫数难逃的军舰的人。尤纳克听到了悲伤的哭泣、痛苦的尖叫、火焰的呼啸和海水涌入船舱的轰鸣，但他的注意力一度被一个无关紧要的发现吸引：天上的云层已经散了。他已经好多天没有体会过阳光照在脸上的感觉了。此时两声巨响震撼大海，是"多塞特郡"号发射的鱼雷击中了这艘即将万劫不复的军舰的右舷。几分钟后，左舷又传来第三声爆炸。尤纳克和一大群人一起来到舰艉的火炮附近。那里还有包括米伦海姆－雷希贝格在内的另几名军官，以及数以百计的水兵和士官。浓烟严重影响了视线，但是尤纳克依然能看到军旗在舰艉的旗杆上迎风舞动。

米伦海姆－雷希贝格命令大家给救生艇充气，并做好跳海的准备。他和他的部下在射击控制塔楼里一直等到英军停止射击为止，但是留给他们逃离沉船的时间不多了。侧倾已经变得更加严重。他们最后一次向军旗敬礼，然后跳进海中。

尤纳克想给身边的人鼓鼓劲。"别担心，弟兄们，"他冲着他们喊道。"我还会再抱到一个汉堡姑娘的！"然后他就和大家一起跳进冰冷的海水中，但是许多人跳得不够远。海浪把他们冲向船身，使他们撞昏过去。[15]

尤纳克始终没有见到林德曼的下落，但是水里的几名水兵曾经瞥见两个人影沿着遮蔽甲板慢慢向前走。那就是林德曼和紧跟在他身后的勤务兵。随着这艘军舰越沉越深，舰首被逐渐抬起，舰长用手势示意身后的年轻人跳海自救，但是后者拒绝了，仍然忠诚地跟随着自己的长官。这两人最后到达船头时，林德曼做出立正的姿势，将手伸向自己的白色军帽。这幅场面让目击者永生难忘——"就像书里画的一样，但我是亲眼看见的"——随后整艘船就翻过身来，开始沉入大海。[16]

米伦海姆－雷希贝格一直游到不会被下沉的军舰吸进大海的距离才停下。他转过身来，看着"俾斯麦"号倾覆：

> 她舰体的整条右舷，一直到龙骨的位置，全都露出水面。我仔细观察，想找到在战斗中受伤的痕迹，却惊讶地发现一点痕迹都看不到。她的左舷在战斗中一直经受着打击，也许那一面的船身会不一样。[17]

在弃舰逃生的德国水兵眼前，"俾斯麦"号的舰艉首先下沉。她的舰体上涌出几股小喷泉，还有一些巨大的水泡冒上了漂着油污的水面。响亮的汩汩水声在空中回荡。

然后她就彻底消失了，仿佛从未存在过一样。她带走了吕特晏斯、林德曼，可能多达1400名海军官兵，以及对英国商船运输成功实施巡洋作战的一切计划和梦想。"俾斯麦"号从自己最后一战的地方下沉近5000米，最终撞上海底的一座火山时，上面已经没有一个活人。她随后沿着山坡滑下，陷进海底的淤泥中，并将永远留在那里。

对那些从沉船上逃生的人来说，另一个巨大的危险正在逼近。风大浪急、寒冷刺骨、还混杂着油污的大海绝对称不上仁慈。他们必须奋力挣扎，才能让自己的头部保持在水面上。伤员的感受特别痛苦，而他们的体力也随着失血而快速流失。冰冷的海水首先使他们的手脚麻木，然后轮到腿和手臂。一个又一个脑袋消失在波涛之下，再也没有出现。施塔茨是和卡迪纳尔上尉一起跳进海水里的。他们曾经一度被冲散，但是后来施塔茨又看见了卡迪纳尔。然而上尉的头部呈现出一个奇怪的角度，在施塔茨看来他简直像是睡着了一样。游近以后施塔茨才发现，卡迪纳尔因为不想淹死，已经朝自己的脑袋开了一枪，

施塔茨一度以为全舰只剩自己一个了，因为他在浪涛中看不见任何战友。他尽力避免吞咽混着油污的海水，并且发现自己的皮夹克裹着的空气帮助了自己浮在水上，多少感到一点安慰。他不知道有多少人在跳海前遵从了不要脱掉衣服的建议。

他不知道自己游了多久，最后终于看见一艘军舰的船头直冲自己而来。那

是巡洋舰"多塞特郡"号，后面还跟着驱逐舰"毛利人"号。她们停了下来，显然是想搭救幸存者：一场和时间的赛跑开始了，因为施塔茨无法预测这些担心德国潜艇袭击的英国军舰会停留多久。

德国水兵花了好一阵才游到巡洋舰附近，看见英国舰员已经准备了攀爬绳网、救生索和救生圈。沃尔特·富奇也在救助落海幸存者的水兵之列。郡级巡洋舰以稳定性出色而著称，但前提是在高速航行时。她们停下时，就难免被海浪剧烈摇晃。光是在甲板上保持站立就非常困难，更不用说帮助水里的幸存者。

富奇此前一直守在他的战斗岗位上，因此根本没看到"俾斯麦"号是什么样。直到"俾斯麦"号沉没后，他才获准出舱，来到甲板上。但他看见数以百计的人向"多塞特郡"号游来时，脑海中不由闪过一个念头。"都是因为老天保佑，在水里拼命游泳的才不是我。当时我只觉得那些人都很可怜，而且我可以说，我们全舰的人都是一样的感受。完全没有那种通常的'你们不该招惹皇家海军'的态度，只有真心实意的怜悯。"[18]

17岁的乔治·贝尔（George Bell）是马丁舰长的勤务兵，他也抱着同样的想法。"说实话，在'胡德'号沉没以后我们确实有一种仇恨的感觉，"他回忆说，"但是救援行动一开始，这种感觉就完全被忘掉了。我们只是在搭救遭遇海难的水手。"[19]

英国人在绳索末端打了绳圈，然后放到水面帮助德国人。一些人还有力气把绳圈套在自己的腰上或腿上，让英国人把自己拉上船。另一些人因为游泳、受伤和冰冷的海水，已经筋疲力尽。他们在神志不清的状态下游到英国巡洋舰旁边，虽然能用麻木的手指碰到这艘巡洋舰，但最后还是淹死了。

米伦海姆-雷希贝格是成功爬上"多塞特郡"号的人之一。经过几次尝试后，他抓住一根绳索，将自己的脚套进了绳圈里。但是他实在太累了，在爬到船舷上缘时脚下一滑，又掉进了海里。凭着出奇的好运，他又抓住了同一根绳子，让同一个英国水兵再次拉了上去。这一次，米伦海姆-雷希贝格没有尝试自己翻过船舷上缘，而是让人把自己拉到了甲板上。他立刻本能地想帮助英国水兵搭救其他幸存者，但是人家很快就把他带到了甲板下面。

施塔茨也被拉到了船上。他望向水面时，才意识到就在离自己不远的地方有许多战友也在漂浮。一名英国水兵给他指点该去的地方时，他不禁想到，卡迪纳尔要是没有自杀，应该也会得救。

格内罗茨基几次想抓住从"多塞特郡"号上垂下的绳索，但是每次这艘军舰都会摇晃，而他因为无力拉住自己的全部体重，每次都会脱手，重新掉进海里。混乱中还有人踩在他头上，把他压到海面以下。一个大浪又把他甩向"多塞特郡"号的船体，使他的腿在撞击中受了伤。格内罗茨基几乎要放弃了，但他看见英国人在舰艉又放下更多绳索时，又游过去抓住了一根带有绳圈的绳索。最后他终于把自己套了进去，让两个英国水兵拉到船上。

此时已经有大约 80 名德国水兵被拉上"多塞特郡"号，其中包括米伦海姆－雷希贝格、尤纳克、施密特、布鲁姆、施塔茨和格内罗茨基，但仍有数百人在水里等待救援。然而"多塞特郡"号的航海长突然看见在这艘巡洋舰右舷外大约 2 海里的水面冒出一股细小的烟柱。他立刻报告了马丁舰长。短暂思考了这个现象之后，军官们一致认为这些烟雾可能来自一艘潜艇。虽然舰桥上所有军官都没有异议，但是作出可怕决定的责任还是要由马丁来负。当时"多塞特郡"号附近幸存者的呐喊在舰桥里都听得到，马丁身边的军官一起把目光投向他们的舰长。马丁犹豫了一会儿，把自己的军舰遭到雷击的风险与数百水兵将会淹死的后果做了权衡。他只能把自己军舰的安全放在最优先的位置。"我们别无选择，"他对值班军官说，"全速前进。"

轮机舱接到了命令，"多塞特郡"号开始颤动，而随着螺旋桨的转动，水里的德国人能看到水下不断冒出气泡。他们在惊恐中向船舷边工作的英国水兵挥手呐喊，恳求这些几个小时前还是死敌的人不要丢下他们不管。甲板下的英国水兵能够听到德国人用拳头敲击船身发出的闷响。"多塞特郡"号加速时，有些德国人还抓住绳索不放，直到他们冻僵的双手再也无法维持抓力为止。有几个已经爬到绳网上或者正在被绳索拉起的德国人还是得救了，其中一个已经耗尽气力的人是被英国水兵爬到船舷外面拉上去的。其他人基本都丧生了。

被带进船舱以后，米伦海姆－雷希贝格把自己湿透的衣服换成英国人给他的干衣服，随后感觉到了正在加速的机器传来的振动，立刻意识到将要发生什么事。他知道这艘船即将离开，却无法理解原因，因为水里还有很多人。他十分确定这片海域没有潜艇，而如果是德国空军的部队来了，他应该会听到空袭警报。"我绞尽脑汁地思考，"他回忆说，"但是我唯一留下印象的是恐惧感，我们的人就在水里，几百号人，眼睁睁看着'多塞特郡'号开走，在安全似乎近在咫尺的时候被判了死刑。我的天哪，我真是死里逃生。"[20]

"这种可怕的事情，"沃尔特·富奇说，"不是我们任何人的错，也不是德国人的错。这就是战争！"[21]

尾　声

随着"多塞特郡"号和"毛利人"号驶离"俾斯麦"号最后一战的战场，几小时前上演的一场大戏也就没有留下多少证据。乘风破浪的战舰消失了，炮火产生的硝烟被海风吹散。再也没有战斗或警报的声音。能听到的只有呜咽的风声和浪花飞溅声。

这就是 U–74 号的艇长肯特拉特（Kentrat）上尉驾着潜艇来寻找"俾斯麦"号的幸存者时看到的景象。过了一阵，他远远望见了一艘英国巡洋舰和两艘驱逐舰，但是除敌舰之外他没有看到任何东西，而且这些敌舰不久也消失了。他搜索了整整一天却毫无收获，直到黄昏时才找到一条载着三名德国下士的救生艇。他们就是曼泰、赫尔佐克和亨奇。这三个落难的船员被带到 U–74 号上，得到了毛毯和食物。[1] 肯特拉特又继续搜索了两天，但是没有再遇到任何幸存者。[2]

还有两个人也靠着救了赫尔佐克等三人的那种救生艇活了下来。他们的救生艇上本来还有其他人，但是因为不小心咽下了被燃油污染的水，人们一个接一个地失去意识，被汹涌的海浪卷走。没过多久，小艇上就只剩下五个人。他们看到了远处的军舰驶离战场。随后海上就只有他们的小艇。一架德国侦察机曾经在低空飞过他们头顶，转了个弯以后又朝反方向飞回去。救生艇上的人不知道自己有没有被看到。

我们五个人又漂流了约两个小时，"奥托·毛斯（Otto Maus）下士回忆说。"我们感到空气和海水都变暖了。我估计这条救生艇大概是在 17 时前后翻掉的。我和两个战友——洛伦岑（Lorenzen）和押解船员部队的一个人——又重新游到小艇上。但是另两个人——一个下士机械师和一个司令部的下士——都淹死了。[3]

随着夜幕降临，毛斯睡了一小会。他醒来时，看见那个押解船员部队的人用一种奇怪的姿势躺在救生艇的边缘。此人已经淹死了。毛斯和洛伦岑一起从死者身上解下救生衣，然后让他消失在大海中。救生艇上有一把信号枪，他们打了好几发信号弹，但是全都没有用。破晓时风浪稍稍平静了一些，但还是看不到任何船只。饥渴的感觉越来越严重，阳光把他们覆盖着盐粒的脸庞和双手晒得生疼，一整天都没有任何救援。夜幕再度降临时，他们都相信救援永远不会出现了。不过，事实上他们的劫难已经临近结束。

"看！"毛斯突然大喊一声，惊醒了正在打瞌睡的洛伦岑。"一条船！"

"我的战友把我叫醒了，"洛伦岑回忆说。他也看清了黑暗的地平线上的那艘船。"那艘船立刻转舵，朝我们开过来。"[4]

德国气象观测船"萨克森瓦尔德"号（Sachsenwald）来到这片海域以后，徒劳无功地搜索了一天多，但是只能找到大片的油污、木头碎片、衣服和几件救生衣，剩下的就是尸体。到了第二天的黄昏，船员们已经对找到幸存者不抱什么希望，却从舰桥上看到了毛斯和洛伦岑发射的信号弹。"萨克森瓦尔德"号的船长用双筒望远镜仔细察看亮光传来的地方，发现了一条载着两个人的小筏子。他立刻调转船头开过去，距离足够近时，他听到了两个幸存者的呼喊："你们是德国人吗？"

"是的，"船长做出回答，小筏子上随即传来有气无力的欢呼声。毛斯和洛伦岑被拉上"萨克森瓦尔德"号，得到了食物和饮水，随后就陷入沉睡中。这艘气象观测船又搜索了一整夜和大半个白天。此后由于船上的食品即将耗尽，她不得不开向港口。[5]毛斯和洛伦岑也就成了最后被发现的"俾斯麦"号幸存者。

在伦敦，温斯顿·丘吉尔刚刚开完一次内阁会议，带着令人失望的消息前往下议院。克里特岛的战事非常不利。失败和撤退也就是几天以后的事。他在向议会发表讲话时，承认克里特岛传来的情报表明形势岌岌可危。而在从伊拉克到利比亚的战线上，各种报告也一样令人气馁，只不过还不像克里特岛的情报那样毫无希望。为减轻这些坏消息带来的影响，他乐观地向议员们报告了本土舰队传来的消息：击沉"胡德"号的德国战列舰有望在不久以后被消灭。他刚刚结束讲话，一个秘书就带着一份加急电报赶来。丘吉尔的议会私人秘书接过电报，立刻将它递给了首相。尽管电报所说的事件是丘吉尔一手安排的，但它到来的时机还是巧得不能再巧。

"请您包涵，发言人先生，"他从座椅上站起来说道，"我刚刚得到消息，'俾斯麦'号已经被打沉了。"[6]

下议院欢声雷动，一时间，克里特岛、北非和中东都被大家忘到脑后。失败的一天变成了胜利的一天。

在伦敦的英皇十字区火车站，特德·布里格斯向比尔·邓达斯和鲍勃·蒂尔伯恩道别，登上火车前往他在德比（Derby）城圣潘拉斯（St. Panras）的家。他们在搭乘"皇家乌尔斯特人"号（Royal Ulsterman）抵达苏格兰后，先去了海军部报到，然后被准许回家等待海军部对"胡德"号沉没一事的调查结果。只要三个战友在一起，布里格斯就始终保持着一副看透生死的老兵的面目，把自己和其他人都骗了过去。但此时，孤身一人搭乘火车的他满脑子都想着那次惊险的经历。那么多人都死了，为什么他却活了下来？

他的母亲已经知道他要回家，理所当然地去了车站接他。"胡德"号沉没的消息在 5 月 24 日被 BBC 报道以后，她就和数以千计的父母、妻子和其他亲戚一样，在恐惧中等待着官方确认自己的亲人遇难，但仅过了一个小时她就接到一份电报，上面说她的儿子还活着，是仅有的三个幸存者之一。她看到儿子走下火车时，一直挥之不去的疑虑终于消失。她一声不吭地抱紧了他，然后带着他坐上一辆出租汽车，回到他们在修女街上的家。

在出租汽车里，布里格斯坐在母亲身边，机械地回答着各种问题：他感觉怎样，是不是饿了，知不知道自己能在家里待多久，等等。渐渐地，一直支撑着他的精神壁垒开始崩溃。他们走下出租车，回到家里时，他突然放声大哭，并且开始在颤抖中说起各种胡话。他的母亲花了将近一个星期的时间才让他恢复正常。

不过，"俾斯麦"号带来的威胁毕竟消失了。对英国的普通人来说，这个消息也许充其量只能让他们小小地松一口气。"胡德"号的沉没曾经引出了一些令人不安的问题：难道皇家海军再也没有能力履行阻止欧洲大陆的敌人入侵英伦三岛的职责了吗？而此时这种担忧烟消云散。皇家海军已经赢了。

但是，这最后的胜利并不能让托维、威克－沃克和其他高级军官感到安心。因为对作战过程非常了解，所以他们都明白这一仗胜得有多险。同样的不安全感在海军部里最为明显。清醒地分析过这几天的行动之后，可以清楚地看出，造成"俾斯麦"号毁灭的并不仅仅是皇家海军的行动、决策和实力。纯粹的运气同样发挥了突出的作用，幸运之神首先青睐了德国人，随后又照顾了英国人。

但是，对运气的依赖只不过是巡洋作战理念所固有的缺陷之一。自开战以来，这种战法的成果一直少得可怜。截至 1940 年 12 月 31 日，德军总共击沉了 450 万吨商船。潜艇包办了 57% 的击沉吨位，而水面舰艇仅仅贡献了 12%。此外，空中力量贡献了 13%，而水雷的战果至少占 17%。在这些武器中，水面舰艇的贡献显然是最小的。在 1941 年上半年，它们的战果也没有显著改善。"格奈森瑙"号和"沙恩霍斯特"号虽然征战了两个月，却仅仅击沉或俘获 22 艘船，合计不过 115600 吨。在 1941 年的前六个月，大型战舰击沉的船只总计只有 188000 吨。作为对比，德军的潜艇和飞机仅在 1941 年 4 月这一个月里就把 575000 吨船只送进了海底。就连造价远远低于大型战舰的德国辅助巡洋舰，在 1941 年上半年也使同盟国损失了 191000 吨。德国水面舰艇要想在对英战争中发挥重要作用，就必须取得非常显著的进步，但这看起来是完全不可思议的。事后看来，虽然德国潜艇的战果要大得多，但依然远不足以迫使英国人屈服。水面舰艇要实现这样的结果就更不可能了。

为什么德国巡洋舰取得的战果如此稀少？德国军舰往往在航速和续航力上都强于英国的同类舰艇，这也是巡洋作战策略所提出的战法中至关重要的因素。分布在大西洋上的燃油补给舰更是增加了德国人在这方面的优势。吕特晏斯强调的谨慎原则似乎也很明智，考虑到 1941 年 5 月下半月的这一系列事件就更是如此。很难想象德国人还能靠什么办法来提高他们的胜率。既然如此，看来就是这个战略本身有缺陷。

第二次世界大战中，德国潜艇击沉的商船总吨位达到惊人的 1400 万吨。如此重大的损失曾经使英国的进口货物流量间歇性地受到限制，但并不能使进口彻底中断。美国商船足可抵消这些损失而有余。此外德国潜艇造成的损失也被规模非常庞大的商船队所稀释。德国人在单个月份里最多只能将运往大不列颠群岛的货物击沉 10%。即使德国人能够将这样的击沉比例维持几个月，也不足以造成严重的短缺。此外我们还必须强调，大部分损失都是潜艇造成的——德国水面舰艇的战果只占其中的一小部分。如此看来，对德国人更有好处的做法显然是减少战列舰和巡洋舰的产量，把省下来的产能用来建造潜艇。公平地讲，必须承认早在"俾斯麦"号和"欧根亲王"号离开格丁尼亚之前，这样的转产过程德国人就已经启动多时了。不过战列舰的威望总要高于潜艇，而在和平时期看似很有政治价值的武器在战时可能被证明不太实用。1939 年战争爆发后，德国人就把生产重点从水面舰艇转到了潜艇上，但这种转变需要假以时日才能产生重大影响。

德国人似乎满心希望凭借对英国海洋贸易的攻击来造成某种"系统崩溃"，但是没有什么证据能支持他们的这种信念。把敌国视作一套脆弱的系统，通过规模虽小但针对性很强的袭扰就可使其分崩离析，抱持这种理念的并非只有德国海军一家。最著名的例子之一就是美国陆军航空兵，他们在间战时期曾经发展出一套"工业网络"理论。这套理论认定，通过对系统中某些节点的针对性打击就可以使敌国的经济崩溃。该理论在第二次世界大战中的实践并不成功，但是，把敌国视作脆弱系统的想法，在第二次世界大战结束之后仍被某些人念念不忘。

通过小规模针对性打击使脆弱系统崩溃的概念或许确实很诱人，因为它许诺以微小的人力物力投入来换取巨大的成果。也许军队在间战时期特别容易受到这类想法的左右，因为那时人们对第一次世界大战中代价高昂的消耗战仍然有着鲜明而可怕的记忆。遗憾的是，"系统崩溃"说起来容易，做起来难。德国海军的领导者无疑是受到了这种思维的误导，但另一方面，它也迎合了他们的需要，为他们提供了一套能够支持海军争取国防预算和确保海军参与未来战争的战略。尽管皇家海军具有压倒性的数量优势，但它承担了太多义务，无法把全部资源用来与德国海军的舰船交战，而雷德尔希望自己的舰船能利用这个机会打击英国的商船运输。然而，在生死存亡之际，英国人肯定会优先保护进口贸易，而不是地中海、印度洋或远东。

寻找护航船队的难度是巡洋作战策略失败的主要原因之一。如果没有数量众多的舰船来监视大西洋的广大海域，那么护航船队躲过搜索就是不可避免的。遗憾的是，德国海军的造船能力有限，其中一部分产能还不得不用于修理出征返回的军舰。更何况，数量劣势恰恰就是德国人满足于攻击护航船队的原因。如果德国海军的军舰数量大大增加，那它就可以直接挑战英国的制海权了。"柏林"行动清楚地证明了寻找护航船队的难度有多大，而如果不能以足够快的速度找到它们，德国人击沉商船的速度就永远无法达到足以危及英国进口贸易的地步。从某种意义上讲，德国人的理念有着内在的矛盾：如果双方的搜索能力都很差，那么德国人就无法击沉足够的商船；但是如果双方的搜索能力都很强，那么英国人就会找到德国袭击舰，并最终击沉她们。因此，要让这套战略发挥作用，德国军舰就必须显著提高其搜索能力，同时英国人必须原地踏步。但是，一切趋势都指向了相反的方向。

德国第一艘航空母舰"齐柏林伯爵"号（Graf Zeppelin）在 1936 年 12 月开工建造。这种军舰将会大大提高德军的海上搜索能力，但是雷德尔元帅在 1940 年 4 月终止了该计划，因为根据估计，这艘航母最早要在 1941 年底才能形成战斗力。这个决定或许是正确的。德国海军的另几项造舰计划也因为预计的完工时间太晚而被中止。与此同时，他们的敌人却增强了自身了搜索能力。

德国人或许曾经有过一个挑战英国海权的机会。如果德国海军等待"蒂尔皮茨"号完成作战准备，派出由"俾斯麦"号、"蒂尔皮茨"号、"沙恩霍斯特"号和"格奈森瑙"号组成的联合舰队，那就会使皇家海军处于非常困难的境地。由于本土舰队没有足够的战列舰——皇家海军需要将兵力分散到全世界的许多地方——这样的挑战将会令托维非常棘手。在"莱茵演习"行动中他曾经组建了两支特混舰队，每支舰队各有一艘战列巡洋舰和一艘战列舰。但是，考虑到"俾斯麦"号和"蒂尔皮茨"号的火力优势和防护优势，派一支这样的特混舰队（例如"胡德"号和"威尔士亲王"号）对抗由四艘主力舰组成的德国舰队是非常冒险的。如果托维选择把自己的四艘主力舰集中在一起，固然可以缩小实力差距，但这样的力量要保证对付四艘德国战舰还是差得很远。考虑到英国军舰的防护劣势、"英王乔治五世"号和"威尔士亲王"号的主炮磨合问题，以及德国军舰更为优秀的火控系统，托维在这样的战斗中很可能会处于下风。更何况，如果他集中所有主力战舰，就很难迫使德国人接受战斗。吕特晏斯在进攻的时间和地点上将有更大的选择自由。

吕特晏斯确实主张动用多艘德国战列舰实施作战，但雷德尔元帅还是急切地发动了缩水的"莱茵演习"行动。雷德尔很可能认为这么做的风险很小。因此，按照他的思路，不必等待更多战列舰完成作战准备。吕特晏斯所期望的那种作战可以在"莱茵演习"行动之后实施。雷德尔的判断也不无道理。毕竟，自从战争爆发以来，德军已经在大西洋上实施了多次袭击行动，仅仅损失了"海军上将斯佩伯爵"号一艘战舰而已。考虑到"俾斯麦"号的航速和战斗力，雷德尔没有理由认为这一次的结果会更糟。

"俾斯麦"号的沉没显然意味着损失了一艘非常有价值的战舰，减少了可用于开展巡洋作战的资源。但这个损失本身可以归咎于糟糕的运气和行动初期的失误，而不是巡洋作战理念的固有缺陷。不过，虽然雷德尔没有发现，但这一理念的根本缺陷依然存在。正如我们已经强调过的，发现护航船队的难度是它的根本弱点，导致德国人击沉商船的速度不足以达到影响英国战争活动的程度。这个问题本身就具有决定性的意义，而在1941年春夏两季，其他困难也开始显露。其中一个就是英军的舰载雷达。它显著减少了德国军舰悄悄进入大西洋的机会。在雷达的帮助下，本土舰队可以严密地封锁丹麦海峡和冰岛与法罗群岛之间的水域，阻止德国战舰通过。随着"萨福克"号的雷达装舰使用，英国人雷达研制领域已经追上领先一步的德国人。她的雷达大体上与德国的EM Ⅱ雷达旗鼓相当，可能还要稍好一点儿。在"柏林"行动期间"格奈森瑙"号的作战日志中可以找到多条关于雷达效能的记录。德国人基本上不会对英国的雷达技术发展感到意外。"莱茵演习"行动策划阶段的讨论清楚地表明，德国人确实在怀疑，英国人很快就会给自己的军舰装备雷达。

另一个事件对德军计划的威胁之严重也不亚于此，那就是英军俘获U-110号。在"莱茵演习"行动结束后不久，英国人就破解了德国海军使用的埃尼格玛密码。从此皇家海军就能够追踪德军在大西洋上部署的油轮和补给船。为让敌人以为自己的密码仍然安全,皇家海军决定从海上的 8 艘德国船中只选出 6 艘加以击沉或俘获。但由于不幸的巧合,剩下的 2 艘船也在 6 月 4 日意外遭遇英国战舰。尽管如此,德国人仍然对埃尼格玛密码信任有加。德军掌握破译英军密码的能力已有多年,但是很少拥有可以利用这些情报的武器。另一方面,英军却不受这样的限制,皇家海军可以充分利用"超级机密"的情报。损失多艘油轮和补给舰后,德国人就无法在大西洋上开展作战。这对德国海军是一个非常沉重的打击,但具有讽刺意味的是,只有这个问题的起因是他们可以控制的,当然前提是他们知道自己的密码系统出了问题。

在德国公众看来,"俾斯麦"号的损失是一次国家级的失败,一如"胡德"号的损失给英国人带来的感受。德国人民焦急地等待幸存者名单公布时,在"俾斯麦"号上服役的阿达尔贝特·施奈德等人发出的信件和明信片也到达了目的地,成为已死之人迟到的问候。6 月 7 日,英国海军部公布了"多塞特郡"号和"毛利人"号搭救的德军官兵姓名。德国方面也公布了"萨克森瓦尔德"号和 U-74号救起的五个人的名字。至此,这场悲剧的残酷事实大白于天下。"俾斯麦"号带着几乎所有的舰员消失了。

1941 年 6 月初,雷德尔和希特勒进行了一次尴尬的会谈。"俾斯麦"号的损失使元首的情绪变得低落而暴躁。正如他所说,失去这艘战列舰是对德国国家声誉的严重打击,而且整个作战也是不成功的。"俾斯麦"号沉没了,"欧根亲王"号已在 6 月 1 日进入布雷斯特接受维护。当然,希特勒希望调查此次失败的原因。雷德尔以简单的评论作为开场白,他提醒希特勒,德国海军一直没有得到足够的资源,不得不从一开始就以残破之师对抗皇家海军。双方的差距不仅没有缩小,而且随着英军的航母和战列舰陆续服役,还越拉越大了。

这一切都是希特勒早就知道的,他也不需要别人给他上历史课。"为什么'俾斯麦'号在击沉'胡德'号以后没有返回德国?"他反问道。

雷德尔争辩说,如果经由丹麦海峡返回德国,将会受到空袭和轻型舰艇的威胁,比继续开进大西洋并转往圣纳泽尔要危险得多。显然吕特晏斯就是这么想的,而且他起初还极力想把敌人引进他策划的潜艇陷阱。在发现燃油不足以进行大规模机动以后，他才不得不放弃了这个计划。雷德尔指出："海军西方集群司令部建议'俾斯麦'号在海上继续隐藏几天，但燃油问题使这个提案也不再可行。"

"还有'威尔士亲王'号呢，"希特勒说。"为什么吕特晏斯没有继续打击这艘军舰，直到把它也打沉为止？"

海军元帅对这个问题的回答是，从吕特晏斯的作战指示来看，他是想避免与敌人的主力舰交战，把精力集中在击沉商船上。与"威尔士亲王"号继续交战将会使"俾斯麦"号遭受更多损伤，考虑到这次作战行动的主要目的，这么做是毫无道理的。虽然后来发现"俾斯麦"号此前已经负伤，但这一决定还是明智的。

希特勒似乎没有在这个问题上过多责难雷德尔。他自己也承认过，他对海军战略的了解很有限，而且他在这方面的兴趣也一直不大。几个星期以后，他就要发动他最为宏大的作战计划，而战列舰、潜艇或鱼雷机在其中并没有一席之地。

德国水面舰队扮演的角色很快就会发生改变，这一事实也传到了被俘的米伦海姆-雷希贝格少校耳中。在伦敦北部"三军联合详细审讯中心"大楼的三楼，他能看到特伦特公园里的草坪、树林和池塘。这风景给人的印象是那么宁静，简直能令他忘记战争正在进行——不过只要他转过头来望向东南方，就可以从那些防空阻塞气球上看出欧洲的战火仍在燃烧。米伦海姆-雷希贝格在"多塞特郡"号上得到了舰员们的优待，离开该舰之后，他和来自"俾斯麦"号的其他战俘一样，被移交给英国陆军。最后他被转移到现在的地点，一个被称为"考克佛斯特"（Cockfosters）的审讯中心。

在孤独而漫长的铁窗生涯中，米伦海姆-雷希贝格有充足的时间来回忆他在"俾斯麦"号上的各种经历：港口、突破、丹麦海峡中的厮杀，以及最后只有他和极少数战友幸存的可怕战斗。为什么他们失败了？他们的这次出海对祖国有没有贡献？2000多名德国海军官兵在作战中的牺牲是合乎情理的吗？这位年轻的军官只清楚一件事：他有大量的时间来反复思考这些问题。

拉尔夫·伊泽德（Ralph Izzard）少校是审讯米伦海姆-雷希贝格的英国军

官之一，战争爆发前他曾是《每日邮报》驻柏林的记者。伊泽德在6月第一次出现在米伦海姆－雷希贝格的牢中，差不多与雷德尔会见希特勒是同一时间。虽然互为敌手，伊泽德还是和被俘的德国军官相处得很好。因为伊泽德没能从米伦海姆－雷希贝格口中问出多少情报，他们的对话便非常频繁，而且往往持续很长时间。米伦海姆－雷希贝格很喜欢这样的对话，因为这可以排解牢狱生活的单调，伊泽德也会在各种日子选择不同的场合探访米伦海姆－雷希贝格，有时甚至会选在德国空军实施夜间空袭时。他想知道这个战俘对自己同胞的轰炸有什么反应。有时两个人都会一言不发，静静倾听远方传来的炸弹和防空武器的声音。

有一天上午，伊泽德进入牢房时，米伦海姆－雷希贝格立刻注意到发生了什么大事。"哦，你知道吗，"英国人问道，"你们已经对俄国开战了？"

米伦海姆－雷希贝格被完全惊呆了，一时间不知道该如何回答。他从不相信希特勒对于撕毁互不侵犯条约会有什么顾忌，但这个消息还是太可怕了。同时在两条战线开战，会有什么后果？[7]"不知道，"最后他终于挤出了几个字，"我怎么会知道呢？"

"是啊，"伊泽德接着说道。"今天戈培尔不得不起了个大早，就为告诉德国人民，俄国佬终究还是不折不扣的猪猡！"

原注

前言

[1] “欧根亲王”号作战日志，1941 年 5 月 23 日。

[2] 另请参见罗斯基尔（S.W Roskill）著《海上战争》（The War at Sea，伦敦：皇家文书局，1954 年）。

第一章：以往战争的教训

[1] 蒂姆·克莱顿（Tim Clayton）和菲尔·克雷格（Phil Craig）著，《最辉煌的时刻》（Finest Hour，伦敦：斯托顿出版公司，1999 年），第 70 页。

第二章：初步尝试

[1] 比德林迈尔（G. Bidlingmeyer）著，《海军大型舰艇在大洋运输战中的运用》（Einsatz der schweren Kriegsmarineeinheiten im ozeanischen Zufuhrkrieg，内卡尔格明德：沙恩霍斯特书友会，1963 年），第 81—82 页。

[2] 实际上，“德意志”号已经悄悄溜过了封锁线，但英国人还不知道她已经到了德国港口附近。见罗斯基尔著《海上战争》，第 82 页，比德林迈尔著，《海军大型舰艇在大洋运输战中的运用》，第 64—66 页和第 82—85 页。

[3] 斯蒂芬·卡什莫尔（Stephen Cashmore）和戴维·比尤斯（David Bews）作，“宁折不弯——皇家海军‘拉瓦尔品第’舰”（Against All Odds – HMS Rawalpindi），高地档案馆，http://www.iprom.co.uk/archives/caithness/rawalpindi.htm。

[4] 比德林迈尔著，《海军大型舰艇在大洋运输战中的运用》，第 83—87 页。

第三章：准备

[1] 埃尔弗拉特（U. Elfrath）与赫尔佐克（B. Herzog）著，《战列舰“俾斯麦”号——技术数据、设备、武器、装甲、战斗和覆灭》（Schlachtschiff Bismarck–technische Daten, Ausrüstung, Bewaffnung, panzerung, kampf und Untergang，弗赖德贝格：波德尊－帕拉斯出版公司，1982 年），第 6 页。请注意，我们没有直接引用该书中的比例，因为英国军舰的总重量计算方法与德国军舰不同，为获得可比较的数字，我们将“俾斯麦”号的总重量计为 41700 吨。

[2] 塔兰特（V. E. Tarrant）著，《英王乔治五世级战列舰》（King George V Class Battleships，伦

敦：兵甲出版公司，1999 年），第 30 页。

[3] 布伦内克（J. Brennecke）著，《战列舰"俾斯麦"号》（Schlachtschiff Bismarck，慕尼黑：科勒出版公司，1960 年），第 115 页。

[4] 布伦内克著，《战列舰"俾斯麦"号》第 97—98 页。

[5] 因为不可能直接测量此类机器的输出功率，所以有不同版本的数字流传也就不足为奇。这些数字其实是根据蒸汽压力、实际航速和各种其他因素计算得出的。

[6] 布伦内克，《战列舰"俾斯麦"号》第 85 页。

[7] 要想穿透装甲，炸弹不仅要够重，还必须以足够高的速度击中目标，而这就要求将炸弹从高空投下。但是，这种做法的缺点就是降低了投弹精度。

[8] 塔兰特著，《英王乔治五世级战列舰》，第 25 和第 30 页；伦顿（H.T. Lenton）和科莱奇（J. J. Colledge）著，《第二次世界大战中的军舰》（Warships of WWII，伦敦：伊恩·阿兰出版社，1980 年），第 18—21 页。

[9] 布伦内克著，《战列舰"俾斯麦"号》第 116 页。

[10] 米伦海姆－雷希贝格著，《战列舰"俾斯麦"号》，第 36—41 页。

第四章：巡洋作战

[1] 虽然英国的辅助巡洋舰与德国的颇为相似，但战略形势的不同使两国对这种舰船的运用有很大差异。

[2] 比德林迈尔著，《海军大型舰艇在大洋运输战中的运用》，第 124—126 页。

[3] 比德林迈尔著，《海军大型舰艇在大洋运输战中的运用》，第 126—130 页；罗斯基尔著，《海上战争》，第 288—290 页。

[4] 比德林迈尔著，《海军大型舰艇在大洋运输战中的运用》，第 130—134、第 146—147 页。

[5] 比德林迈尔著，《海军大型舰艇在大洋运输战中的运用》，第 134—146 页。

[6]《1939—1945 年关于海军事务的元首会议录》（Fuehrer Conferences on Naval Affairs 1939—1945，伦敦：格林希尔出版公司，1990 年），第 163 页。

[7] 比德林迈尔著，《海军大型舰艇在大洋运输战中的运用》，第 146—148 页。

[8] 比德林迈尔著，《海军大型舰艇在大洋运输战中的运用》，第 148—156 页。

[9] 有关细节，请参见舰队军事机密文件 50/40 A1 附录 1 "大西洋作战用通令"（Anlage 1 zu flotte GKdos 50/40 A1, 'Allgemeiner Befehl für die Atlantikunternehmung'），弗赖堡联邦档案馆军事档案部 RM 92/5246。

[10] 里斯－琼斯（G. Rhys-Jones）著，《"俾斯麦"号的沉没》（The Loss of the Bismarck，伦敦：

卡塞尔出版公司，1999 年），第 33 页起。

[11] 里斯－琼斯著，《"俾斯麦"号的沉没》，第 33 页起。

[12] "格奈森瑙"号作战日志，第 11—12 页。

[13] "格奈森瑙"号作战日志，第 11—12 页。

[14] 关于通信的指示是在舰队司令部 1941 年 1 月 12 日命令 10/41 "舰队司令部关于"柏林"行动的通信命令"（Flottenkommando B.Nr. 10/41 Chefs, 12. Januar 1941, 'Nachrichtenanordnungen des Flottenkommandos für das Unternehmen Berlin'）中给出的，弗赖堡联邦档案馆军事档案部 RM 92/5246。

[15] 作战命令在"格奈森瑙"号作战日志中以附录形式收录；见"格奈森瑙"号作战日志，1941 年 1 月 2 日—3 月 22 日，第 11 页。

第五章："你们现在就假装死掉了"

[1] 米伦海姆－雷希贝格著，《战列舰"俾斯麦"号》，第 49 页。

[2] 米伦海姆－雷希贝格著，《战列舰"俾斯麦"号》，第 49 页。

[3] 在不同的资料中，可以找到与此略有出入的数字，这可能是因为精度下降到多少才算"太差"在一定程度上取决于主观的判断。

[4] 米伦海姆－雷希贝格著，《战列舰"俾斯麦"号》，第 54 页；埃尔弗拉特与赫尔佐克著，《战列舰"俾斯麦"号——技术数据》，第 18—22 页。

[5] 布伦内克著，《战列舰"俾斯麦"号》第 176 页。

[6] 米伦海姆－雷希贝格著，《战列舰"俾斯麦"号》，第 50—51 页。

[7] 米伦海姆－雷希贝格著，《战列舰"俾斯麦"号》，第 219 页起。

[8] 罗伯特·斯特恩（Robert C. Stern）著，《波涛之下的战斗：战争中的 U 艇》（Battle beneath the Waves: Uboats at War，伦敦：卡塞尔出版公司，1999 年），第 95—96 页。

[9] 米伦海姆－雷希贝格著，《战列舰"俾斯麦"号》，第 208—213 页。

第六章："有史以来第一次……"

[1] "格奈森瑙"号作战日志，1941 年 1 月 23—23 日。

[2] "格奈森瑙"号作战日志，1941 年 1 月 24 日；里斯－琼斯著，《"俾斯麦"号的沉没》，第 35 页。

[3] 里斯－琼斯著，《"俾斯麦"号的沉没》，第 35 页。

[4] "格奈森瑙"号作战日志，1941 年 1 月 25—27 日；舰队司令部军事机密文件 50/41，1941 年 1 月 21 日，第 3 页，弗赖堡联邦档案馆军事档案部 RM 92/5246。

[5] "格奈森瑙"号作战日志，1941 年 1 月 25—27 日；舰队司令部军事机密文件 50/41，1941 年 1 月 21 日，第 3 页，弗赖堡联邦档案馆军事档案部 RM 92/5246。

[6] 里斯－琼斯著，《"俾斯麦"号的沉没》，第 36—37 页。

[7] "格奈森瑙"号作战日志，1941 年 1 月 27—28 日。

[8] "格奈森瑙"号作战日志，1941 年 1 月 28 日。

[9] "格奈森瑙"号作战日志，1941 年 1 月 28 日。

[10] "格奈森瑙"号作战日志，1941 年 1 月 28 日。另见轮机舱作战日志，舰队司令部军事机密文件 50/41，1941 年 1 月 21 日，第 3 页，弗赖堡联邦档案馆军事档案部 RM 92/5246，第 41 页。

[11] "格奈森瑙"号作战日志，1941 年 1 月 28 日。另见轮机舱作战日志，舰队司令部军事机密文件 50/41，1941 年 1 月 21 日，第 3 页，弗赖堡联邦档案馆军事档案部 RM 92/5246，第 41 页。

[12] 里斯－琼斯著，《"俾斯麦"号的沉没》，第 37—38 页。

[13] "格奈森瑙"号作战日志，1941 年 1 月 28 日。

[14] 罗斯基尔著，《海上战争》，第 373 页。

[15] 罗斯基尔著，《海上战争》，第 373 页；里斯－琼斯著，《"俾斯麦"号的沉没》，第 38—39 页。

[16] 里斯－琼斯著，《"俾斯麦"号的沉没》，第 40 和 43 页。

[17] "格奈森瑙"号作战日志，1941 年 1 月 28 日—2 月 1 日。

[18] 里斯－琼斯著，《"俾斯麦"号的沉没》，第 40—41 页。

[19] 比德林迈尔著，《海军大型舰艇在大洋运输战中的运用》，第 165 页。

[20] "格奈森瑙"号作战日志，1941 年 2 月 3—4 日。

[21] "格奈森瑙"号作战日志，1941 年 2 月 3—4 日；里斯－琼斯著，《"俾斯麦"号的沉没》，第 43—44 页。请注意，里斯－琼斯书中给出的距离数据与"格奈森瑙"号作战日志不符。也许里斯－琼斯把角度数据与距离数据搞混了，因为德国人记载数据的方式多少有些不同寻常。

第七章："柏林"行动

[1] "格奈森瑙"号作战日志，1941 年 2 月 4—5 日。

[2] "格奈森瑙"号作战日志，1941 年 2 月 4—6 日；里斯－琼斯著，《"俾斯麦"号的沉没》，第 44—45 页。

[3] "格奈森瑙"号作战日志，1941 年 2 月 8 日；里斯－琼斯著，《"俾斯麦"号的沉没》，第 45 页。

[4] "格奈森瑙"号作战日志，1941 年 2 月 8 日。

[5] "格奈森瑙"号作战日志，1941 年 2 月 8 日；里斯－琼斯著，《"俾斯麦"号的沉没》，第 46 页。

[6] 里斯－琼斯著，《"俾斯麦"号的沉没》，第 46—47 页。

[7] 罗斯基尔著，《海上战争》，第 374 页。

[8] 德国的大型水面军舰有着相当一致的轮廓，这给敌人识别她们增加了难度。

[9] "格奈森瑙"号作战日志，1941 年 2 月 9—10 日。

[10] "格奈森瑙"号作战日志，1941 年 2 月 10 日。

[11] "格奈森瑙"号作战日志，1941 年 2 月 11 日。

[12] "格奈森瑙"号作战日志，1941 年 2 月 11—15 日。

[13] "格奈森瑙"号作战日志，1941 年 2 月 16—19 日；里斯－琼斯著，《"俾斯麦"号的沉没》，第 49 页。

[14] "格奈森瑙"号作战日志，1941 年 2 月 18 日。2 月 5 日晚，两艘战列舰测试了各自的雷达装备。结果表明，雷达最远可以在 18000 米发现姐妹舰。如果两舰的夹角有利，最远可以在 22000—23000 米探测到彼此。见"格奈森瑙"号作战日志，1941 年 2 月 5 日。在 2 月 23 日，"格奈森瑙"号的雷达曾在 25 千米外发现"沙恩霍斯特"号；见"格奈森瑙"号作战日志，1941 年 2 月 23 日。

[15] 里斯－琼斯著，《"俾斯麦"号的沉没》，第 49—50 页。

[16] 里斯－琼斯著，《"俾斯麦"号的沉没》，第 46 和第 50 页。

[17] "格奈森瑙"号作战日志，1941 年 2 月 20—21 日。

[18] 本书关于 2 月 22 日战斗的描述是根据"格奈森瑙"号作战日志的一份附录写成的。由于某种原因，正式的作战日志中并未描述这些战斗。这份附录载于弗赖堡联邦档案馆军事档案部 RM 92/5246 第 133 页起的部分。

[19] 弗赖堡联邦档案馆军事档案部 RM 92/5246，第 133 页起。

[20] 弗赖堡联邦档案馆军事档案部 RM 92/5246，第 133 页起。

[21] 弗赖堡联邦档案馆军事档案部 RM 92/5246，第 133 页起。

[22] 弗赖堡联邦档案馆军事档案部 RM 92/5246，第 133 页起。

[23] 弗赖堡联邦档案馆军事档案部 RM 92/5246，第 133 页起；"格奈森瑙"号作战日志，1941 年 2 月 22—26 日。

[24] "格奈森瑙"号作战日志，1941 年 2 月 28 日。

[25] "格奈森瑙"号作战日志，1941 年 2 月 28 日。

[26] "格奈森瑙"号作战日志，1941 年 2 月 28 日；船医莱佩尔海军医务上尉关于战列舰"格奈森瑙"号 1941 年 1 月 22 日—3 月 22 日远洋作战行动的经验报告（Erfahrungsbericht des Schiffsarztes Marineoberarzt Dozent Dr. Lepel über die Fernunternehmung des Schlachtschiffes 'Gneisenau' vom 22. I.–22. III. 1941），弗赖堡联邦档案馆军事档案部 RM 92/5246。

[27] "格奈森瑙"号作战日志，1941 年 2 月 26—27 日。

[28] "格奈森瑙"号作战日志，1941 年 2 月 28 日；里斯－琼斯著，《"俾斯麦"号的沉没》，第 55—57 页。

[29] 舰队与"亚得里亚"号会合途中，吕特晏斯曾派出一架飞机。这架飞机飞到特隆赫姆，带去一份综合报告和吕特晏斯打算实施的后续行动计划。但这架飞机后来未能返回"沙恩霍斯特"号。

[30]《海军司令部作战日志1939—1945》(Kriegstagebuch der Seekriegsleitung 1939–1945, 黑尔福德：米特勒与佐恩出版社，1990 年)，第 17 卷，第 393 页（1941 年 1 月 29 日）；"格奈森瑙"号作战日志，1941 年 3 月 2—4 日。

[31] "格奈森瑙"号作战日志，1941 年 3 月 5 日。

[32] "格奈森瑙"号作战日志，1941 年 3 月 5 日；里斯－琼斯著，《"俾斯麦"号的沉没》，第 59 页。

[33] "格奈森瑙"号作战日志，1941 年 3 月 5—6 日。另见关于通信的报告，弗赖堡联邦档案馆军事档案部档案 RL 92/5246 中的第 204 页。

[34] "格奈森瑙"号作战日志，1941 年 3 月 5—6 日。

[35] "格奈森瑙"号作战日志，1941 年 3 月 7 日。

[36] "格奈森瑙"号作战日志，1941 年 3 月 7 日；里斯－琼斯著，《"俾斯麦"号的沉没》，第 60—61 页。

[37] 里斯－琼斯著，《"俾斯麦"号的沉没》，第 61 页。

[38] "格奈森瑙"号作战日志，1941 年 3 月 7—8 日。

[39] "格奈森瑙"号作战日志，1941 年 3 月 8 日；罗斯基尔著，《海上战争》，第 375—376 页。

[40]《海军司令部作战日志1939—1945》，第 19 卷，第 154、第 158、第 173 页；里斯－琼斯著，《"俾斯麦"号的沉没》，第 64 页。

[41]《海军司令部作战日志1939—1945》，第 19 卷，第 173 页；"格奈森瑙"号作战日志，1941 年 3 月 8 日；里斯－琼斯著，《"俾斯麦"号的沉没》，第 64 页。

[42] "格奈森瑙"号作战日志，1941 年 3 月 8—12 日；里斯－琼斯著，《"俾斯麦"号的沉没》，第 58、第 64—65 页。

[43] "格奈森瑙"号作战日志，1941 年 3 月 12—15 日。

[44] 比德林迈尔著，《海军大型舰艇在大洋运输战中的运用》，第 190—198 页。

[45] "格奈森瑙"号作战日志，1941 年 3 月 15 日。

[46] "格奈森瑙"号作战日志，1941 年 3 月 16 日。

[47] "格奈森瑙"号作战日志，1941 年 3 月 16 日。

[48] 罗斯基尔著，《海上战争》，第 376—377 页。

[49] "格奈森瑙"号作战日志，1941 年 3 月 19—20 日；罗斯基尔著，《海上战争》，第 377 页；里斯－琼斯著，《"俾斯麦"号的沉没》，第 67—70 页。

[50] 比德林迈尔著，《海军大型舰艇在大洋运输战中的运用》，第 190—198 页。

第八章："莱茵演习"行动

[1] "沙恩霍斯特"号有 3 架阿拉道 196 式飞机，"格奈森瑙"号有 1 架。

[2] 布伦内克著，《战列舰"俾斯麦"号》第 126—127 页。

[3] 这份指令收录于布伦内克著，《战列舰"俾斯麦"号》第 137—143 页。

[4] 布伦内克著，《战列舰"俾斯麦"号》第 138 和第 152 页。

[5] 布伦内克著，《战列舰"俾斯麦"号》第 151 页。

[6] 布伦内克著，《战列舰"俾斯麦"号》第 139—140 页。

[7] 见布伦内克书中第 139 页收录的 1941 年 4 月 2 日指令。雷德尔在自己的回忆录中以非常赞赏的口吻评价了吕特晏斯指挥海军设想的此类作战的能力；见雷德尔著，《我的人生》（Mein Leben，两卷本，图宾根：施利希特迈尔出版社，1956—1957 年），第 2 卷，第 262 页。

[8] 布伦内克著，《战列舰"俾斯麦"号》第 150 页。

[9] 《海军司令部作战日志 1939—1945》，第 20 卷，第 44 页（1941 年 4 月 4 日）。

[10] 《海军司令部作战日志 1939—1945》，第 20 卷，第 72 和 90 页（1941 年 4 月 6 日和 7 日）；布伦内克著，《战列舰"俾斯麦"号》第 145 页；肯尼迪（L. Kennedy）著，《追击：击沉"俾斯麦"号》（Pursuit: The Sinking of the Bismarck，伦敦：卡塞尔出版公司，2001 年），第 28 页。

[11] 《海军司令部作战日志 1939—1945》，第 20 卷，第 90 页（1941 年 4 月 7 日）；第 73 页（1941 年 4 月 6 日）。

[12] 布伦内克著，《战列舰"俾斯麦"号》第 144 页。

[13] 布伦内克著，《战列舰"俾斯麦"号》第 144—145 和第 478 页。

[14] 《海军司令部作战日志 1939—1945》，第 20 卷，第 115 页（1941 年 4 月 9 日）。

[15] 《海军司令部作战日志 1939—1945》，第 20 卷，第 90、第 143、第 163 页（1941 年 4 月 7 日、11 日、12 日）；布伦内克著，《战列舰"俾斯麦"号》第 146 页。

[16] 潜艇则不然，因为她们可以躲到防弹掩体中。巡洋舰和战列舰过于庞大，进不了掩体。

[17] 有关讨论见《海军司令部作战日志 1939—1945》，第 20 卷，第 156—159 页（1941 年 4 月 12 日）。

[18] 《海军司令部作战日志 1939—1945》，第 20 卷，第 156—157 页（1941 年 4 月 12 日）。

[19] 《海军司令部作战日志 1939—1945》，第 20 卷，第 156—159 页（1941 年 4 月 12 日）。

[20] 《海军司令部作战日志 1939—1945》，第 20 卷，第 157—158 页（1941 年 4 月 12 日）。

[21]《海军司令部作战日志 1939—1945》，第 20 卷，第 126 和第 137 页（1941 年 4 月 10 日）。

[22]《海军司令部作战日志 1939—1945》，第 20 卷，第 127 页（1941 年 4 月 10 日）。

[23]《元首会议录》，第 191 页（1941 年 4 月 20 日）。

[24]《海军司令部作战日志 1939—1945》，第 20 卷，第 298 页（1941 年 4 月 21 日）。另见雷德尔著，《我的人生》，第 2 卷，第 264—266 页。

[25]《海军司令部作战日志 1939—1945》，第 20 卷，第 371—372 页（1941 年 4 月 26 日）。

[26]《海军司令部作战日志 1939—1945》，第 20 卷，第 371—372 页（1941 年 4 月 26 日）。

[27]《海军司令部作战日志 1939—1945》，第 20 卷，第 347 页（1941 年 4 月 24 日）。

[28] 在 4 月 2 日的指令中，明显流露出了利用新月时段的意图；见布伦内克著，《战列舰"俾斯麦"号》第 139 页。

[29]《海军司令部作战日志 1939—1945》，第 20 卷，第 347 页（1941 年 4 月 24 日）。

[30] 里斯－琼斯著，《"俾斯麦"号的沉没》，第 82 页。

[31] 里斯－琼斯著，《"俾斯麦"号的沉没》，第 82 页。

[32] 布伦内克著，《战列舰"俾斯麦"号》第 149 页。

第九章：本土舰队

[1] 要进一步了解这方面的信息，请参见罗斯基尔著，《海上战争》，第 41—61 和第 112—121 页。

[2] 罗斯基尔著，《海上战争》，第 8 和第 293—296 页。

[3] 塔兰特著，《英王乔治五世级战列舰》，第 30—34 页。

[4] 伦顿和科莱奇著，《第二次世界大战中的军舰》，第 57—59 页；罗斯基尔著，《海上战争》，第 268、第 298、第 307、第 382、第 396、第 421—423、第 426、第 428—430、第 433—434、440、第 491、第 534 页。

[5] 罗斯基尔著，《海上战争》，第 268 页。

[6] 格伦费尔（R. Grenfell）著，《"俾斯麦"事件》（The Bismarck Episode，伦敦：费伯书局，1948 年），第 20 页起；里斯－琼斯著，《"俾斯麦"号的沉没》，第 99 和第 149 页。

[7] 罗斯基尔著，《海上战争》，第 396 页。

[8] 罗斯基尔著，《海上战争》，第 382 页。

[9] 布伦内克著，《战列舰"俾斯麦"号》，第 162—172 页。

第十章：视察

[1] 米伦海姆－雷希贝格著，《战列舰"俾斯麦"号》，第 85—86 页。

[2]《海军司令部作战日志 1939—1945》，第 20 卷，第 407 页（1941 年 4 月 28 日）和第 21 卷，第 168 页（1941 年 5 月 13 日）。

[3] 米伦海姆－雷希贝格著，《战列舰"俾斯麦"号》，第 87 页。布伦内克著，《战列舰"俾斯麦"号》，第 164—166 页称这次视察发生在 5 月 12 日。但是，"俾斯麦"号的作战日志表明，5 月 5 日才是正确日期。

[4] 米伦海姆－雷希贝格著，《战列舰"俾斯麦"号》，第 87—88 页。

[5] 米伦海姆－雷希贝格著，《战列舰"俾斯麦"号》，第 88—89 页。

[6] 布伦内克著，《战列舰"俾斯麦"号》，第 167—169 页。

[7] 米伦海姆－雷希贝格著，《战列舰"俾斯麦"号》，第 81 页。

[8] 肯尼迪（L. Kennedy）著，《追击：击沉"俾斯麦"号》（Pursuit: The Sinking of the Bismarck，伦敦：科林斯出版公司，1954 年），第 31—32 页。

[9] 斯蒂芬·布迪安斯基（Stephen Budiansky）著，《智慧的较量：第二次世界大战密码破译全史》（Battle of Wits: The Complete Story of Codebreaking in World War II，企鹅书屋，伦敦：2001 年），第 249—250 页。

[10] 米伦海姆－雷希贝格著，《战列舰"俾斯麦"号》，第 81 页。

[11] 肯尼迪著，《追击》，第 34 页。

[12]《海军司令部作战日志 1939—1945》，第 21 卷，第 243 和第 254 页（1941 年 5 月 17 日和 18 日）；布伦内克著，《战列舰"俾斯麦"号》，第 149 和第 173 页。

[13] 斯蒂芬·罗斯基尔（Stephen Roskill）著，《战争中的海军 1939—1945》（The Navy at War 1939–45，伦敦：华兹华斯出版社，1998 年），第 126 页。

[14] 布迪安斯基著，《智慧的较量》，第 340—341 页。

[15] 罗纳德·卢因（Ronald Lewin）著，《超级机密参战秘闻》（Ultra Goes to War:The Secret Story，伦敦：企鹅书屋，2001 年），第 206 页。

第十一章：出发

[1] "俾斯麦"号作战日志，1941 年 5 月 18 日。

[2] "俾斯麦"号作战日志，1941 年 5 月 18 日。

[3] "俾斯麦"号作战日志，1941 年 5 月 18 日；米伦海姆－雷希贝格著，《战列舰"俾斯麦"号》，第 92 页。

[4] 米伦海姆－雷希贝格著，《战列舰"俾斯麦"号》，第 92 页；布伦内克著，《战列舰"俾斯麦"号》，第 175—176 页。

[5] 布伦内克著，《战列舰"俾斯麦"号》，第 176—178 页；《海军司令部作战日志 1939—1945》，第 21 卷，第 292 页（1941 年 5 月 20 日）。

[6]《海军司令部作战日志 1939—1945》，第 21 卷，第 272 页（1941 年 5 月 19 日）。

[7] "俾斯麦"号作战日志，1941 年 5 月 19 日。

[8] "俾斯麦"号作战日志，1941 年 5 月 20 日；米伦海姆－雷希贝格著，《战列舰"俾斯麦"号》，第 93—94 页。

[9] 米伦海姆－雷希贝格著，《战列舰"俾斯麦"号》，第 94 页。

[10] "俾斯麦"号作战日志，1941 年 5 月 20 日；米伦海姆－雷希贝格著，《战列舰"俾斯麦"号》，第 94—95 页。另见米伦海姆－雷希贝格著，《战列舰"俾斯麦"号》瑞典语译本（Slagskeppet Bismarck，赫加奈斯：威肯出版社，1987 年）的译者注释，尤其是第 82 页的注释。

[11] 见《战列舰"俾斯麦"号》瑞典语译本第 82 页的译者注释。

[12] 米伦海姆－雷希贝格著，《战列舰"俾斯麦"号》，第 95 页。

[13] 阿诺德·豪格（Arnold Hauge）著，《同盟国护航船队体系 1939—1945：组织、防御和运作》（The Allied Convoy System 1939–45: Its Organization, Defence and Operation，查塔姆出版社，2001 年），第 132 页。

[14] 肯尼迪著，《追击》，第 135 页。

[15] "俾斯麦"号作战日志，1941 年 5 月 20 日。

[16] "欧根亲王"号作战日志，1941 年 5 月 21 日；布伦内克，《战列舰"俾斯麦"号》，第 180—181 页。

[17] "俾斯麦"号作战日志，1941 年 5 月 21 日；米伦海姆－雷希贝格著，《战列舰"俾斯麦"号》，第 98 页。

[18] 罗斯基尔著，《海上战争》，第 395—396 页。

[19] 史学家至今都没有查明究竟是瑞典情报机构中的哪个人将情报交给伦德的。英方资料提到一个所谓的特恩贝里（Törnberg）少校，但当时的瑞典情报机关中查无此人。他们指的有可能是特恩贝里（Ternberg）上尉。见《战列舰"俾斯麦"号》瑞典语译本第 82—83 页的译者注释。

[20] 肯尼迪著，《追击》，第 35 页。

[21] 肯尼迪著，《追击》，第 35 页。

[22] 肯尼迪著，《追击》，第 35—36 页。

[23] 格伦费尔著，《"俾斯麦"事件》，第 12—13 页；肯尼迪著，《追击》，第 39 页。

[24] JGDC/DLW，对第 1490 号报告的解释（Interpretation of Report No. 1490），英国国家档案局，裘园，伦敦，

《前线：击沉"俾斯麦"号》（Battlefront: Sinking of the Bismarck）；肯尼迪著，《追击》，第41—42 页。

[25] 肯尼迪著，《追击》，第 44 页。

[26] JGDC/DLW，对第 1490 号报告的解释，英国国家档案局，裘园，伦敦，《前线：击沉"俾斯麦"号》；海军参谋史，第 5 号战斗总结，"追击和击沉'俾斯麦'号"（Battle Summary No. 5, 'The Chase and Sinking of the Bismarck'），英国国家档案局，裘园，伦敦，Adm 234/322，第 3—4 页；罗斯基尔著，《海上战争》，第 396 页。

[27] 肯尼迪著，《追击》，第 42 页。

[28] 海军参谋史，第 5 号战斗总结，第 4 页。

第十二章：在挪威加油？

[1] "欧根亲王"号作战日志，1941 年 5 月 21 日。我们推测"俾斯麦"号能够装载的燃油量最多 8200 立方米出头（例如，可参见 1941 年 5 月 6 日的轮机部门作战日志）。若以 17 节航行，"俾斯麦"号的续航力是 8900 海里，因此到卑尔根的航程大约是她的最大航程的 10%。如此算来，她肯定消耗了 800 立方米左右的燃油。而在离开格丁尼亚时，她的燃油量已经比最大燃油容量少了 200 吨。

[2] "欧根亲王"号战争日记，1941 年 5 月 21 日；"俾斯麦"号战争日记，1941 年 5 月 21 日。

[3] 《海军司令部作战日志 1939—1945》，第 21 卷，第 292 页（1941 年 5 月 20 日）。

[4] 米伦海姆－雷希贝格著，《战列舰"俾斯麦"号》，第 101—102 页。

[5] "欧根亲王"号作战日志，1941 年 5 月 21—22 日；"俾斯麦"号作战日志，1941 年 5 月 22 日。

[6] "欧根亲王"号作战日志，1941 年 5 月 22 日；"俾斯麦"号作战日志，1941 年 5 月 22 日。

[7] "欧根亲王"号作战日志，1941 年 5 月 22 日；"俾斯麦"号作战日志，1941 年 5 月 22 日。

[8] 肯尼迪著，《追击》，第 50 页。

[9] "欧根亲王"号作战日志，1941 年 5 月 22 日；"俾斯麦"号作战日志，1941 年 5 月 22 日。

第十三章：霍兰和托维离港出海

[1] 1941 年 5 月 30 日本土舰队信函 659/H.F.1325 附件，"关于追击'俾斯麦'号作战的报告"（'Report of Operations in Pursuit of the Bismarck'），第 2 页，英国国家档案局，裘园，伦敦，ADM 199/1188。

[2] "关于追击'俾斯麦'号作战的报告"，第 2 页。

[3] "关于追击'俾斯麦'号作战的报告"，第 2 页；格伦费尔著，《"俾斯麦"事件》，第

29—30 页。

[4] 海防司令部，《空军部关于海防司令部在 1939—1942 年历次海战中所起作用的论述》（The Air Ministry Account of the Part Played by Coastal Command in the Battle of the Seas. 1939–1942，由宣传部代空军部发布；伦敦和汤布里奇，白衣修士出版社，S.O. 代码 No. 70–411）。

[5] 格伦费尔著，《"俾斯麦"事件》，第 32—33 页。

[6] 格伦费尔著，《"俾斯麦"事件》，第 33—34 页。

[7] 格伦费尔著，《"俾斯麦"事件》，第 34—35 页；纪录片《击沉"俾斯麦"号》（Sink the Bismarck），美国历史频道，皇家海军"胡德"舰协会，http://www.hmshood.com/crew/remember/tedflagship.htm。

[8] 戴维·默恩斯（David Mearns）与罗布·怀特（Rob White）著，《"胡德"与"俾斯麦"：一场传奇大战的深海发现》（Hood and Bismarck: The Deep-Sea Discovery of an Epic Battle，伦敦：4 频道图书公司，2001 年），第 67 页。

[9] 格伦费尔著，《"俾斯麦"事件》，第 34—35 页。

[10] "关于追击'俾斯麦'号作战的报告"，第 2—3 页。

[11] 默恩斯与怀特著，《"胡德"与"俾斯麦"》，第 18—20 页。

[12] 默恩斯与怀特著，《"胡德"与"俾斯麦"》，第 20—25 页。

[13] 特德·布里格斯著，《旗舰"胡德"号：英国最强战舰的命运》（Flagship Hood: The Fate of Britain's Mightiest Warship），皇家海军"胡德"舰协会，http://www.hmshood.com/crew/remember/tedflagship.htm。

[14] 默恩斯与怀特著，《"胡德"与"俾斯麦"》，第 68 页。

第十四章：突破

[1] "欧根亲王"号作战日志，1941 年 5 月 22 日。

[2] "俾斯麦"号作战日志，1941 年 5 月 22 日。

[3] "欧根亲王"号作战日志，1941 年 5 月 23 日。

[4] "俾斯麦"号作战日志，1941 年 5 月 22 日；《海军司令部作战日志 1939—1945》，第 21 卷，第 323 页（1941 年 5 月 22 日）。

[5] 伦顿和科莱奇著，《第二次世界大战中的军舰》，第 17 页；罗斯基尔著，《海上战争》，第 75 页；肯尼迪著，《追击》，第 50 和第 231 页。

[6] "俾斯麦"号作战日志，1941 年 5 月 23 日。

[7] "俾斯麦"号作战日志，1941 年 5 月 23 日。

[8] 米伦海姆－雷希贝格著，《战列舰"俾斯麦"号》，第112—113页；"俾斯麦"号作战日志，1941年5月23日。

[9] 米伦海姆－雷希贝格著，《战列舰"俾斯麦"号》，第112—113页；"俾斯麦"号作战日志，1941年5月23日。

[10] 米伦海姆－雷希贝格著，《战列舰"俾斯麦"号》，第113页。

[11] 海军参谋史，第5号战斗总结，第3页起。

[12] 肯尼迪著，《追击》，第43页。

[13] 罗斯基尔著，《海上战争》，第396—397页和这两页之间的地图；海军参谋史，第5号战斗总结，第5页。

[14] 罗斯基尔著，《战争中的海军1939—1945》，第128页。

[15] 罗斯基尔著，《海上战争》，第396—397页和这两页之间的地图。

[16] 格伦费尔著，《"俾斯麦"事件》，第38—39页；肯尼迪，《追击》，第53—55页。

[17] 肯尼迪著，《追击》，第54页。

[18] 格伦费尔著，《"俾斯麦"事件》，第40页。

[19] 格伦费尔著，《"俾斯麦"事件》，第40页。

[20] 格伦费尔著，《"俾斯麦"事件》，第40页。

第十五章：遭遇追击

[1] 里斯－琼斯著，《"俾斯麦"号的沉没》，第104页。

[2] 米伦海姆－雷希贝格著，《战列舰"俾斯麦"号》，第113页。

[3] 格伦费尔著，《"俾斯麦"事件》，第43页；罗斯基尔著，《海上战争》，第397页；米伦海姆－雷希贝格著，《战列舰"俾斯麦"号》，第113—114页；海军参谋史，第5号战斗总结，第5—6页。

[4] 米伦海姆－雷希贝格著，《战列舰"俾斯麦"号》，第113—114页。

[5] 米伦海姆－雷希贝格著，《战列舰"俾斯麦"号》，第113—114页；海军参谋史，第5号战斗总结，第5—6页；肯尼迪著，《追击》，第57—58页。

[6] "关于追击'俾斯麦'号作战的报告"，第3页；格伦费尔著，《"俾斯麦"事件》，第43—44页。

[7] 我们对"欧根亲王"号燃油状况的估计是基于下列事实：她在离开卑尔根时有3233立方米燃油（"欧根亲王"号作战日志，1941年5月21日），5月23日8时有2466立方米（"欧根亲王"号作战日志，1941年5月23日）。因此她在5月23日20时可能有燃油2100立方米左右。

[8] "欧根亲王"号如果用完她燃油舱所能容纳的3950立方米燃油，可以用32.5节航行60个小时。

请参见施马伦巴赫著，《三面旗帜下的巡洋舰"欧根亲王"号》（Kreuzer prinz Eugen unter drei Flaggen，汉堡：克勒斯出版社，2001 年），第 43 页。另请参见上一条注释。

[9] 布伦内克著，《战列舰"俾斯麦"号》，第 209—210 页。

[10] 布伦内克著，《战列舰"俾斯麦"号》，第 209—210 页；"欧根亲王"号作战日志，1941 年 5 月 23 日；米伦海姆－雷希贝格著，《战列舰"俾斯麦"号》，第 115 页。

第十六章：相遇航向

[1] 里斯－琼斯著，《"俾斯麦"号的沉没》，第 100 页。

[2] 罗斯基尔著，《海上战争》，第 398 页，注释 2；塔兰特著，《英王乔治五世级战列舰》，第 48 页。

[3] 霍夫（R. Hough）著，《最漫长的战斗：1939—1945 年的海战》（The Longest Battle: The War at Sea 1939-1945，伦敦：潘氏图书公司，1986 年），第 95 页。

[4] 海军参谋史，第 5 号战斗总结，第 7 页；肯尼迪著，《追击》，第 71 页。

[5] 格伦费尔著，《"俾斯麦"事件》，第 46 页。

[6] 威林斯著，《为英王陛下效力》（On His Majesty's Service，纽波特：海军军事学院出版社，1983 年），第 189 和 197 页。

[7] 海军参谋史，第 5 号战斗总结，第 6 页；肯尼迪著，《追击》，第 106 页。

[8] 里斯－琼斯著，《"俾斯麦"号的沉没》，第 106 页；"俾斯麦"号作战日志，1941 年 5 月 24 日。

[9] 肯尼迪著，《追击》，第 71 页起；里斯－琼斯著，《"俾斯麦"号的沉没》，第 106 页起。

[10] 里斯－琼斯著，《"俾斯麦"号的沉没》，第 115 页。

[11] 布里格斯著，《旗舰"胡德"号》。

[12] 海军参谋史，第 5 号战斗总结，第 7 页；罗斯基尔著，《海上战争》，第 396 和第 397 页之间的地图。

[13] 海军参谋史，第 5 号战斗总结，第 7 页。

[14] 海军参谋史，第 5 号战斗总结，第 7 页；罗斯基尔著，《海上战争》，第 401 页。

[15] 海军参谋史，第 5 号战斗总结，第 7 页；罗斯基尔著，《海上战争》，第 401 页；格伦费尔著，《"俾斯麦"事件》，第 48 页；肯尼迪著，《追击》，第 72 页。

[16] 里斯－琼斯著，《"俾斯麦"号的沉没》，第 107 页；"俾斯麦"号作战日志，1941 年 5 月 24 日。

[17] 里斯－琼斯著，《"俾斯麦"号的沉没》，第 107 页。

[18] 里斯－琼斯著，《"俾斯麦"号的沉没》，第 117 页。

[19] 海军参谋史，第 5 号战斗总结，第 7 页；罗斯基尔著，《海上战争》，第 401 页；塔兰特著，

《英王乔治五世级战列舰》，第 30—33 页。

[20] "鲍勃·蒂尔伯恩传记"（'Biography of Bob Tilburn'），皇家海军"胡德"舰协会，http://hmshood.com/crew/biography/bobtilburn_bio.htm。

[21] 布里格斯著，《旗舰"胡德"号》。

第十七章：丹麦海峡中的战斗

[1] 肯尼迪著，《追击》，第 80 页起。

[2] 皇家海军"胡德"舰沉没事件调查委员会报告，PRO，ADM 116/4352，第 24 页。

[3] 米伦海姆－雷希贝格著，《战列舰"俾斯麦"号》，第 121 页。

[4] 布里格斯著，《旗舰"胡德"号》。

[5] 海防司令部，《空军部关于海防司令部在 1939—1942 年历次海战中所起作用的论述》。

[6] 皇家海军"胡德"舰沉没事件调查委员会报告，第 25 页。

[7] 肯尼迪著，《追击》，第 86 页。

[8] 有一种常见的说法是，"胡德"号是在被一发炮弹击穿薄弱的甲板装甲后爆炸的。这种说法很可能是从战前英军的担忧中引申出来的。但是，用它解释"胡德"号的爆炸原因似乎很不合理。那发致命的炮弹射出时，双方的距离大约是 15000 米。在这个距离上，"俾斯麦"号的主炮只需要很小的仰角就能命中目标（只有 8 度左右），而炮弹击中水平表面时的落角也只有 10 度。以如此小的角度击穿甲板装甲是非常困难的。只有在目标本身转动了相当大的角度时才可能击穿。在战斗刚开始时的距离上，情况将大不相同，但那次灾难性的命中发生时，距离已经接近到 10000 米左右。因此，霍兰的计划似乎起到了他想要的效果。不幸的是，危险并未结束。"俾斯麦"号主炮的炮口初速要大于英军的主炮：例如，有资料称"俾斯麦"号主炮的炮口初速是 850 米/秒（见埃尔弗拉特与赫尔佐克著，《战列舰"俾斯麦"号——技术数据》，第 22 页），而英王乔治五世的炮口初速是 754 米/秒（见塔兰特著，《英王乔治五世级战列舰》，第 31 页）。这意味着德军的炮弹弹道更低，击穿垂直装甲的能力也大于英军的炮弹，但也意味德军炮弹在击中甲板装甲时的角度不太理想。我们不应该夸大德方和英方舰炮的差距，但也许霍兰曾假设德方主炮的弹道特性与英方主炮近似。如果是这样，那么在他估计中德国人能够击穿甲板装甲的距离可能要比实际情况短，而他可能也低估了他们能够击穿侧面装甲的距离。

[9] 英国军舰的炮塔从舰首到舰尾依次编号为 A、B、X 和 Y。

[10] 威廉（William）、朱伦斯（J. Jurens）著，《皇家海军"胡德"号沉没原因再论》（The Loss of HMS Hood: A Re-Examination）；默恩斯与怀特著，《"胡德"与"俾斯麦"》，第 199—200 页。

[11] 皇家海军"胡德"舰沉没事件调查委员会报告，第 27 页。

[12] 海防司令部，《空军部关于海防司令部在 1939—1942 年历次海战中所起作用的论述》。

[13] 默恩斯与怀特著，《"胡德"与"俾斯麦"》，第 207 页。

[14] 肯尼迪著，《追击》，第 87、第 93 页。

[15] 米伦海姆－雷希贝格著，《战列舰"俾斯麦"号》，第 122—123 页。米伦海姆－雷希贝格没有提供那个助手的姓名，我们也没能查清他是谁。

[16] 米伦海姆－雷希贝格著，《战列舰"俾斯麦"号》，第 121—122 页。

[17] 纪录片《击沉"俾斯麦"号》。

[18] 米伦海姆－雷希贝格著，《战列舰"俾斯麦"号》，第 122 页。

[19] 默恩斯与怀特著，《"胡德"与"俾斯麦"》，第 207 页。

[20] 默恩斯与怀特著，《"胡德"与"俾斯麦"》，第 202 页。

[21] 纪录片《击沉"俾斯麦"号》。

第十八章："啤酒桶波尔卡"

[1] 里斯－琼斯著，《"俾斯麦"号的沉没》，第 132 页。

[2] 默恩斯与怀特著，《"胡德"与"俾斯麦"》，第 127 页。

[3] 肯尼迪著，《追击》，第 91—92 页。

[4] 海军参谋史，第 5 号战斗总结，第 10 页；罗斯基尔著，《海上战争》，第 407 页。

[5] 海军参谋史，第 5 号战斗总结，第 10 页。

[6] 海军参谋史，第 5 号战斗总结，地图 2；格伦费尔著，《"俾斯麦"事件》，第 76—77 页。

[7] 格伦费尔著，《"俾斯麦"事件》，第 67—70 页；海军参谋史，第 5 号战斗总结，地图。

[8] 肯尼迪著，《追击》，第 108—109 页；海军参谋史，第 5 号战斗总结，第 9 页。

[9] 米伦海姆－雷希贝格著，《战列舰"俾斯麦"号》，第 128 页。

[10] 米伦海姆－雷希贝格著，《战列舰"俾斯麦"号》，第 128—129 页。

[11] 布伦内克著，《战列舰"俾斯麦"号》，第 257 页。

[12] 杰克·泰勒，"亲历者回忆——我们只找到三个"（I was there－We found only three），皇家海军"胡德"舰协会，http://hmshood.com/crew/remember/electra_taylor.htm。

[13] 霍夫著，《最漫长的战斗》，第 97 页。

第十九章：别了，俾斯麦！

[1] 米伦海姆－雷希贝格著，《战列舰"俾斯麦"号》，第 128—129 页。

[2] 米伦海姆－雷希贝格著，《战列舰"俾斯麦"号》，第128—129页。

[3] "俾斯麦"号作战日志，1941年5月24日；埃尔弗拉特与赫尔佐克著，《战列舰"俾斯麦"号——技术数据》，第22页。

[4] "俾斯麦"号作战日志，1941年5月24日；米伦海姆－雷希贝格著，《战列舰"俾斯麦"号》，第136—137页。

[5] "俾斯麦"号作战日志，1941年5月24日；米伦海姆－雷希贝格著，《战列舰"俾斯麦"号》，第136—137页。

[6] "俾斯麦"号作战日志，1941年5月24日；米伦海姆－雷希贝格著，《战列舰"俾斯麦"号》，第137页。

[7] "俾斯麦"号作战日志，1941年5月24日；米伦海姆－雷希贝格著，《战列舰"俾斯麦"号》，第136—137页。

[8] 截至5月24日08时，托维的舰队已经航行了大约600海里。此时托维和吕特晏斯的距离是300海里。如果双方保持此时的航向和航速，托维每小时只能将距离拉近一到两海里。至少过150个小时他才能追上。以28节的航速计，150个小时将航行4600海里，这个距离比"英王乔治五世"号在这一航速下的最大航程多了50%。考虑到已经消耗了一部分燃油，她显然是不可能追上对手的。见罗斯基尔著，第409页地图；里斯－琼斯著，《"俾斯麦"号的沉没》，第133页；塔兰特著，《英王乔治五世级战列舰》，第31页。

[9] 里斯－琼斯著，《"俾斯麦"号的沉没》，第132页；格伦费尔著，《"俾斯麦"事件》，第67—68页。

[10] 里斯－琼斯著，《"俾斯麦"号的沉没》，第135—136页；格伦费尔著，《"俾斯麦"事件》，第76—77页。

[11] "关于追击'俾斯麦'号作战的报告"，第4页；罗斯基尔著，《海上战争》，第407—408页。

[12] "关于追击'俾斯麦'号作战的报告"，第4页；罗斯基尔著，《海上战争》，第407—409页；威林斯著，《为英王陛下效力》，第198页。请注意，这些资料关于"胜利"号离队时间的说法各不相同。

[13] 格伦费尔著，《"俾斯麦"事件》，第84页。

[14] 格伦费尔著，《"俾斯麦"事件》，第83—92页。

[15] 肯尼迪著，《追击》，第109页。

[16] "俾斯麦"号作战日志，1941年5月24日；米伦海姆－雷希贝格著，《战列舰"俾斯麦"号》，第138—139页；施马伦巴赫著，《巡洋舰"欧根亲王"号》，第126页；格伦费尔著，《"俾斯麦"事件》，第90—91页；肯尼迪著，《追击》，第109页起。

[17] 肯尼迪著，《追击》，第 111 页。

第二十章：空袭

[1] 海军参谋史，第 5 号战斗总结，第 14 页。

[2] 米伦海姆－雷希贝格著，《战列舰"俾斯麦"号》，第 142 页。

[3] 马克·霍兰（Mark E. Horan）作，"凭着勇气和决心"（With Gallantry and Determination），http://www.kbismarck.com/article2.html。

[4] 肯尼迪著，《追击》，第 119 页。

[5] 纪录片《击沉"俾斯麦"号》。

[6] 纪录片《击沉"俾斯麦"号》。

[7] 纪录片《击沉"俾斯麦"号》。

[8] 米伦海姆－雷希贝格著，《战列舰"俾斯麦"号》，第 144 页。

[9] 纪录片《击沉"俾斯麦"号》。

[10] 肯尼迪著，《追击》，第 120 页。

[11] 霍兰作，"凭着勇气和决心"。

第二十一章："已经与敌舰失去接触"

[1] "俾斯麦"号作战日志，1941 年 5 月 24—25 日；米伦海姆－雷希贝格著，《战列舰"俾斯麦"号》，第 145 页。

[2] 纪录片《击沉"俾斯麦"号》。

[3] "俾斯麦"号作战日志，1941 年 5 月 24—25 日。

[4] "俾斯麦"号作战日志，1941 年 5 月 24—25 日。

[5] 布伦内克著，《战列舰"俾斯麦"号》，第 268—272 页；"俾斯麦"号作战日志，1941 年 5 月 24 日。

[6] 布伦内克著，《战列舰"俾斯麦"号》，第 268—269 页。

[7] "关于追击'俾斯麦'号作战的报告"，第 4—5 页；格伦费尔著，《"俾斯麦"事件》，第 96 页。

[8] 威林斯著，《为英王陛下效力》，第 199 页。

[9] 格伦费尔著，《"俾斯麦"事件》，第 97 页。

[10] 格伦费尔著，《"俾斯麦"事件》，第 97 页。

[11] 格伦费尔著，《"俾斯麦"事件》，第 91 和 97—99 页。

[12] 布伦内克著，《战列舰"俾斯麦"号》，第 284—286 页；格伦费尔著，《"俾斯麦"事件》，

第 97—98 页；罗斯基尔著，《海上战争》，第 409 页。

[13] 布伦内克著，《战列舰"俾斯麦"号》，第 284—288 页。

[14] 格伦费尔著，《"俾斯麦"事件》，第 98 页。

[15] 霍夫著，《最漫长的战斗》，第 104 页。

[16] "关于追击'俾斯麦'号作战的报告"，第 5 页；海军参谋史，第 5 号战斗总结，第 16 页；格伦费尔著，《"俾斯麦"事件》，第 98 页。

[17] "关于追击'俾斯麦'号作战的报告"，第 5 页；罗斯基尔著，《海上战争》，第 408—410 页。

[18] 塔兰特著，《英王乔治五世级战列舰》，第 83 页；罗斯基尔著，《海上战争》，第 408—409 页。

第二十二章：神秘的电讯

[1] "俾斯麦"号作战日志，1941 年 5 月 25 日。

[2] "俾斯麦"号作战日志，1941 年 5 月 25 日。

[3] 英国军舰的位置是根据罗斯基尔著，《海上战争》，第 408 页后的地图得出的。我们不清楚"俾斯麦"号的确切位置，因为她后来的作战日志在她沉没时遗失了。唯一可考的位置是吕特晏斯发报时英方测定的方位。

[4] "俾斯麦"号作战日志，1941 年 5 月 25 日；里斯－琼斯著，《"俾斯麦"号的沉没》，第 160 页。

[5] 肯尼迪著，《追击》，第 130—131 页。

[6] 海军参谋史，第 5 号战斗总结，第 17—19 页。

[7] 肯尼迪著，《追击》，第 130 页；里斯－琼斯著，《"俾斯麦"号的沉没》，第 164—165 页。

[8] 威林斯著，《为英王陛下效力》，第 204—207 页。

[9] 威林斯著，《为英王陛下效力》，第 204—207 页。

[10] 威林斯著，《为英王陛下效力》，第 204—207 页。

[11] 关于这个问题的详细讨论可以参见里斯－琼斯著，《"俾斯麦"号的沉没》，第 235—240 页。

[12] 肯尼迪著，《追击》，第 130—131 页。

[13] "俾斯麦"号作战日志，1941 年 5 月 25 日；肯尼迪著，《追击》，第 131—132 页。

[14] 米伦海姆－雷希贝格著，《战列舰"俾斯麦"号》，第 161 页。

[15] 米伦海姆－雷希贝格著，《战列舰"俾斯麦"号》，第 158 页。这个讲话有一处很奇怪：吕特晏斯声称自己接到了前往某个法国港口的命令。但实际上，这是他自己做出的决定。也许讲话的记录者记错了。这个资料的唯一来源是被 U-74 号和"萨克森瓦尔德"号救起的 5 名德国水兵的回忆。

[16] 米伦海姆－雷希贝格著，《战列舰"俾斯麦"号》，第 165 页。

[17] 米伦海姆－雷希贝格著，《战列舰“俾斯麦”号》，第165—166页。

[18] 里斯－琼斯著，《“俾斯麦”号的沉没》，第174—175页。

第二十三章：“发现战列舰”

[1] 海军参谋史，第5号战斗总结，第19页。

[2] 里斯－琼斯著，《“俾斯麦”号的沉没》，第164—165页。

[3] 据说这个亲属实际上就是耶顺内克的儿子。如果确实如此，那么此人没有随父姓，因为在“俾斯麦”号的舰员名单中找不到姓耶顺内克的人。

[4] 布迪安斯基著，《智慧的较量》，第190页。

[5] 里斯－琼斯著，《“俾斯麦”号的沉没》，第168页。

[6] 罗斯基尔著，《战争中的海军1939—1945》，第136页。

[7] 玛丽·凯利（Mary Kelly）著，《秘密使命》（Secret Mission），http://www.irelandseye.com/aarticles/history/events/worldwar/secret.shtm。

[8] 纪录片《击沉“俾斯麦”号》。

[9] 史密斯少尉关于侦察和搜索“俾斯麦”号的报告。

[10] 肯尼迪著，《追击》，第152页；海防司令部，《空军部关于海防司令部在1939—1942年历次海战中所起作用的论述》。

第二十四章：第二次空袭

[1] 菲利普·维安著，《今日战事》（Action this Day，伦敦：穆勒出版社，1960年），第57页。

[2] 肯尼迪著，《追击》，第155—156页。

[3] 里斯－琼斯著，《“俾斯麦”号的沉没》，第182页。

[4] 霍兰作，“凭着勇气和决心”。

[5] 霍夫著，《最漫长的战斗》，第108页。

[6] 肯尼迪著，《追击》，第163页。

[7] 米伦海姆－雷希贝格著，《战列舰“俾斯麦”号》，第170—171页。

第二十五章：十万分之一的概率

[1] 霍兰作，“凭着勇气和决心”。

[2] 米伦海姆－雷希贝格著，《战列舰“俾斯麦”号》，第177页。

[3] 霍夫著，《最漫长的战斗》，第108页。

[4] 默恩斯与怀特著，《"胡德"与"俾斯麦"》，第 141 页起。

[5] 肯尼迪著，《追击》，第 169 页。

[6] 肯尼迪著，《追击》，第 175 页。

[7] 米伦海姆－雷希贝格著，《战列舰"俾斯麦"号》，第 180 页。

[8] 肯尼迪著，《追击》，第 172 页。

第二十六章：最后一夜

[1] 肯尼迪著，《追击》，第 170 页。

[2] 布伦内克著，《战列舰"俾斯麦"号》，第 316—327 页；米伦海姆－雷希贝格著，《战列舰"俾斯麦"号》，第 187—193 页。

[3] 威廉·加茨克（William H. Garzke）和罗伯特·达林（Robert O. Dulin）作，"'俾斯麦'号的最后一战"（Bismarck's Final Battle），http://www.navweaps.com/index_inro/INRO_Bismarck_p2.htm.

[4] 布伦内克著，《战列舰"俾斯麦"号》，第 316—327 页；米伦海姆－雷希贝格著，《战列舰"俾斯麦"号》，第 187—193 页。

[5] 布伦内克著，《战列舰"俾斯麦"号》，第 316—327 页；米伦海姆－雷希贝格著，《战列舰"俾斯麦"号》，第 187—193 页。

[6] 布伦内克著，《战列舰"俾斯麦"号》，第 316—327 页；米伦海姆－雷希贝格著，《战列舰"俾斯麦"号》，第 187—193 页。

[7] "关于追击'俾斯麦'号作战的报告"。

[8] 米伦海姆－雷希贝格著，《战列舰"俾斯麦"号》，第 195 页。

[9] 加茨克和达林作，"'俾斯麦'号的最后一战"。

[10] 维安著，《今日战事》，第 60 页。

[11] 黎明刚开始，"毛利人"号就在近 9000 米的距离上射出了她最后的几发鱼雷。在这么远的距离上几乎不可能命中。

第二十七章：最后一战

[1] 米伦海姆－雷希贝格著，《战列舰"俾斯麦"号》，第 226 页。

[2] 米伦海姆－雷希贝格著，《战列舰"俾斯麦"号》，第 212 页。

[3] 米伦海姆－雷希贝格著，《战列舰"俾斯麦"号》，第 212—214 页。

[4] 纪录片《击沉"俾斯麦"号》。

[5] 米伦海姆－雷希贝格著，《战列舰"俾斯麦"号》，第 222 页。

[6] 米伦海姆－雷希贝格著，《战列舰"俾斯麦"号》，第 222 页。

[7] 米伦海姆－雷希贝格著，《战列舰"俾斯麦"号》，第 222 页。

[8] 米伦海姆－雷希贝格著，《战列舰"俾斯麦"号》，第 222 页。

[9] 肯尼迪著，《追击》，第 200 页。

[10] 纪录片《击沉"俾斯麦"号》。

[11] 米伦海姆－雷希贝格著，《战列舰"俾斯麦"号》，第 222—223 页。

[12] 里斯－琼斯著，《"俾斯麦"号的沉没》，第 204 页。

[13] 米伦海姆－雷希贝格著，《战列舰"俾斯麦"号》，第 248 页。

[14] "二战中的巡洋作战"（WW2 Cruiser Operations），http://www.world-ar.co.uk/index.php3.

[15] 米伦海姆－雷希贝格著，《战列舰"俾斯麦"号》，第 224—225 页。1989 年，"俾斯麦"号的残骸被找到，人们发现米伦海姆－雷希贝格的仪器所在的装甲塔楼上方的部分被一发直接命中的炮弹打飞了。

[16] "罗德尼"号在水线以下有两具鱼雷发射管。

[17] 肯尼迪著，《追击》，第 203 页。

第二十八章：结局

[1] 肯尼迪著，《追击》，第 208 页。

[2] 加茨克和达林作，"'俾斯麦'号的最后一战"。

[3] 有人对托维的做法提出批评，认为他不该拉近距离，而应该在更远的距离上射击。他们认为，近距离上的弹道过于平直，导致英军的炮弹只能击中"俾斯麦"号的上层建筑和厚重的舷侧装甲。如果在更远的距离射击，炮弹有可能以较大的落角击中甲板装甲并将其击穿。这套理论似乎并不牢靠。首先，要想让炮弹达到需要的落角，射击距离必须非常远，随之而来的就是极差的精度。考虑到德国潜艇和飞机的威胁，以及英军的燃油严重短缺，延长战斗时间显然很不利。而且，托维并不了解"俾斯麦"号的防护布局，无法确定采用这种战术时的最佳距离。所以他只能采取更为合理的解决方案。在近距离上，战列舰主炮的穿透力极强，能够抵御这种打击的装甲板必须厚到不可思议的程度。因此，可以合理地假设他的战舰能够在近距离穿透"俾斯麦"号的主装甲带。如此看来，托维的策略还是足够明智的。"俾斯麦"号没有被当场击沉确实令人惊讶。"罗德尼"号和"英王乔治五世"号共发射了 719 发主炮炮弹和 2157 发副炮炮弹。据估计，其中可能多达四分之一命中了"俾斯麦"号。如果这个结论没错，那也就难怪托维会说："这都能击沉一打战列舰了。"如果"俾斯麦"号被多达 150—200 发重型炮弹击中，那已经大大超过

其他任何战列舰所经受过的打击。这表明"俾斯麦"号的整体防护水平确实非常优秀，1989 年她的残骸被发现时也印证了这一点。

[4] 这一事件发生的确切时间已不可考，但似乎最有可能在 10 时左右或稍早一点。

[5] 米伦海姆－雷希贝格著，《战列舰"俾斯麦"号》，第 259—260 页。

[6] 纪录片《击沉"俾斯麦"号》。

[7] 纪录片《击沉"俾斯麦"号》。

[8] 肯尼迪著，《追击》，第 209 页起。

[9] 纪录片《击沉"俾斯麦"号》。

[10] 米伦海姆－雷希贝格著，《战列舰"俾斯麦"号》，第 235—236 页。

[11] 纪录片《击沉"俾斯麦"号》。

[12] 米伦海姆－雷希贝格著，《战列舰"俾斯麦"号》，第 235—236 页。

[13] 究竟是什么原因导致"俾斯麦"号沉没，战后一直存在争议。德国方面宣称是舰员凿沉了她，而英国方面对此提出质疑，强调是"多塞特郡"号发射的鱼雷击沉了她。尽管如此，毫无疑问德国人确实执行了自沉操作。幸存者无论被哪艘船救起，他们的证言都是一致的。残骸在 1989 年被发现时，它有力地证明了"俾斯麦"号是自沉的。"俾斯麦"号的船体保存得非常好，这意味着它在下沉到海底途中很早就被灌满了海水，否则在水压的作用下它会向内破裂。因外力而沉没的船将会包含大量空气，而以正确方法自沉的船会快速被海水灌满。在 5000 米的深度，海水的压力极大，任何船体都承受不了，除非船的内部已经被水充满。因此，"多塞特郡"号的鱼雷很可能加快了沉船进程，但即使没有中雷，"俾斯麦"号也会沉没。

[14] 菲茨西蒙斯（B. Fitzsimons）编，《第二次世界大战中的战舰》（Warships of the Second World War，伦敦：BPC 出版有限公司，1973 年），第 18 页。

[15] 默恩斯与怀特著，《"胡德"与"俾斯麦"》，第 150 页。

[16] 米伦海姆－雷希贝格著，《战列舰"俾斯麦"号》，第 254 页。

[17] 米伦海姆－雷希贝格著，《战列舰"俾斯麦"号》，第 254 页。

[18] 沃尔特·富奇亲自通过电子邮件告诉作者。

[19] 纪录片《击沉"俾斯麦"号》。

[20] 米伦海姆－雷希贝格著，《战列舰"俾斯麦"号》，第 263 页。

[21] 沃尔特·富奇与作者的个人通信。

第二十九章：尾声

[1] 肯尼迪著，《追击》，第 216 页。

[2] 我们至今仍不清楚导致马丁舰长终止救援行动的是U-74号，还是一次错误的观察结果。不过，看起来肯特拉特观察到的巡洋舰确实是"多塞特郡"号。

[3] http://www.kbismarck.com/.

[4] http://www.kbismarck.com/.

[5] 肯尼迪著，《追击》，第216页起。

[6] 罗杰·帕金森（Roger Parkinson）著，《热血、辛劳、眼泪和汗水：从敦刻尔克到阿拉曼的战史，基于1940—1942年的内阁文件写成》（Blood, Toil, Tears and Sweat: The War History from Dunkirk to Alamein, based on the Cabinet Papers of 1940 to 1942）。

[7] 对米伦海姆－雷希贝格来说，此事的后果清晰得令人痛苦：这将是一场旷日持久的战争，而对他本人而言，意味着非常漫长的牢狱生涯。希特勒对苏联的进攻也给德国海军造成了深远而直接的影响。从这一刻起，德国的战争将以陆战为主，海军和空军将日益成为陆军的附庸。大舰巨炮的时代一去不复返了。